Vorlesung über Experimentalphysik I

Mechanik, geometrische Optik, Wärme

2. Teil

von
Edgar Lüscher
o. Prof. für Experimentalphysik an der Technischen Hochschule München
mit
Übungsaufgaben von
Prof. Karl Luchner
Privatdozent

Bibliographisches Institut/Mannheim/Wien/Zürich
B.I.-Wissenschaftsverlag

Satz: Zechnersche Buchdruckerei, Speyer
Druck und Bindearbeit: Verlag Anton Hain, Meisenheim/Glan
Printed in Germany
ISBN 3-411-00114-3
F

INHALTSVERZEICHNIS

1. TEIL (HTB 111*)

---

2. TEIL FORTSETZUNGSBAND (HTB 114*)

EXPERIMENTALPHYSIK I

MECHANIK · GEOMETRISCHE OPTIK · WÄRME

ZWEITER TEIL

Fortsetzungsband des ersten Teils Experimentalphysik I
(Band 111*)

6. DER HARMONISCHE OSZILLATOR

6.1 Die harmonische Schwingung

Neben der gleichförmig beschleunigten Bewegung kommt in der Natur häufig die angenähert harmonische Schwingung oder Sinusbewegung vor. Ein Körper führt dann eine harmonische Schwingung aus, wenn er an eine Ruhelage gebunden ist und eine Kraft auf ihn wirkt, deren Betrag proportional mit der Auslenkung aus dieser Ruhelage wächst. In den folgenden Beispielen sind einige harmonische Schwingungen aufgezählt.

Beispiel 1:

Eine Stimmgabel führt eine harmonische Schwingung aus, wenn sie angeregt wurde. Wir wollen vorläufig vom Abklingen (Dämpfung) der Schwingung absehen. Zur Demonstration verwenden wir eine in Abb. 6.1 aufgezeichnete Versuchsanordnung.

An der Stimmgabel ist ein Federkiel befestigt, der auf einer mit Ruß belegten Platte, die mit konstanter Geschwindigkeit unter der Stimmgabel durchgezogen wird, die Bewegung als Ort-Zeit-Diagramm aufzeichnet. Das Ort-Zeit-Diagramm ergibt eine reine Sinuskurve.

Beispiel 2:

Analog zu Beispiel 1 können wir die Bewegung eines Pendels im Ort-Zeit-Diagramm verfolgen, wenn wir die Federkielspitze am

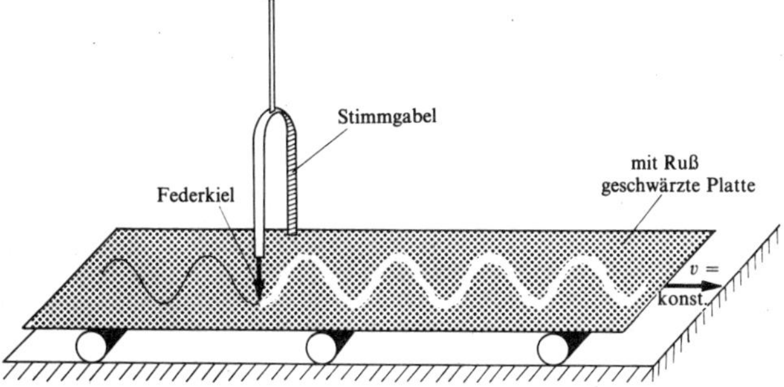

Abb. 6.1 Harmonische Schwingung einer Stimmgabel

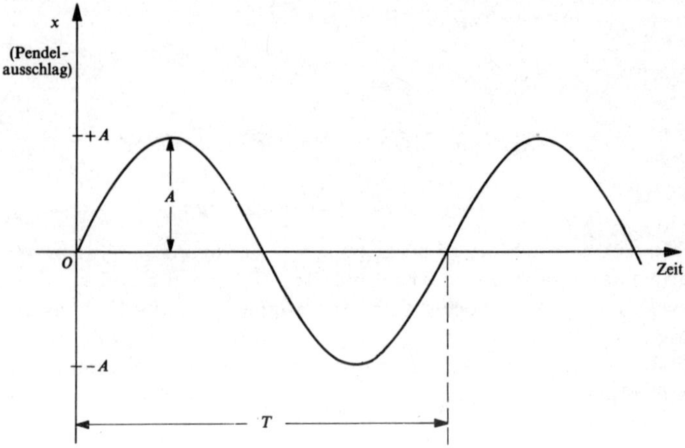

Abb. 6.2 Ort-Zeit-Diagramm einer Pendelschwingung

Pendel befestigen. Wieder erhalten wir als (x-t)-Darstellung (Abb. 6.2) eine Sinuskurve.

Die maximale Auslenkung A des Pendels aus der Ruhelage nennen wir *Amplitude*. Die Dauer einer Hin- und Herbewegung bezeichnet man als die *Schwingungsdauer* T. Die Frequenz ν der Schwingung ist gegeben durch die Beziehung

$$\nu = \frac{1}{T} \; . \tag{6.1}$$

Die Bewegung des Pendels, kleine Amplituden vorausgesetzt, entspricht der Bewegung der Projektion eines mit konstanter Winkelgeschwindigkeit ω auf einem Kreis mit dem Radius A umlaufenden Körpers nach Abb. 6.3.

Dabei ist die momentane Auslenkung x

$$x = A \cdot \sin \varphi \tag{6.2}$$

und der Winkel φ

$$\varphi = \omega \, t \; ; \tag{6.3}$$

ω ist die bekannte Kreisfrequenz und ist mit ν durch die Beziehung:

$$2 \, \pi \, \nu = \omega$$

verknüpft.

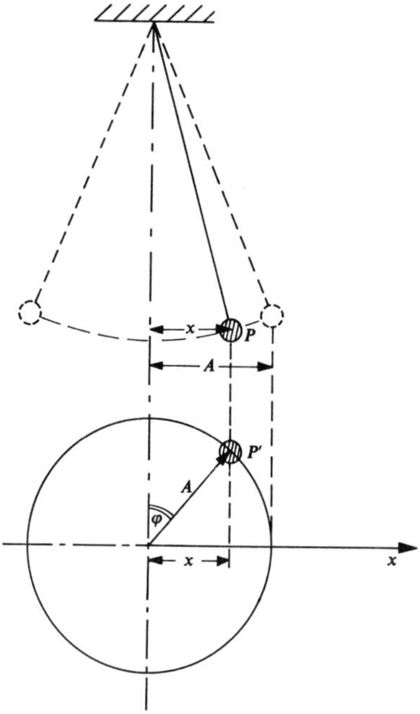

Abb. 6.3 Harmonische Schwingung als Projektion einer gleichförmigen Bewegung im Kreise

Beispiel 3:

Auch ein Federpendel und ein Torsionspendel (z. B. Unruhe der klassischen Uhr) führen harmonische Bewegungen aus. Ein Federpendel ist schematisch in Abb. 6.4 gezeichnet.

Die rücktreibende (Feder-)Kraft ist proportional der Auslenkung x

$$K = -k \cdot x \,. \tag{6.4}$$

Das Minuszeichen steht, weil die Kraft entgegengesetzt der x-Richtung ist nach (Abb. 6.4). k ist die Federkonstante. Beträgt die Pendelmasse m, so können wir nach Newton ansetzen

$$K = -k \cdot x = m \cdot b = m\,\ddot{x}\,, \tag{6.5}$$

oder umgeformt

$$\frac{d^2x}{dt^2} = -\frac{k}{m}x \,. \tag{6.6}$$

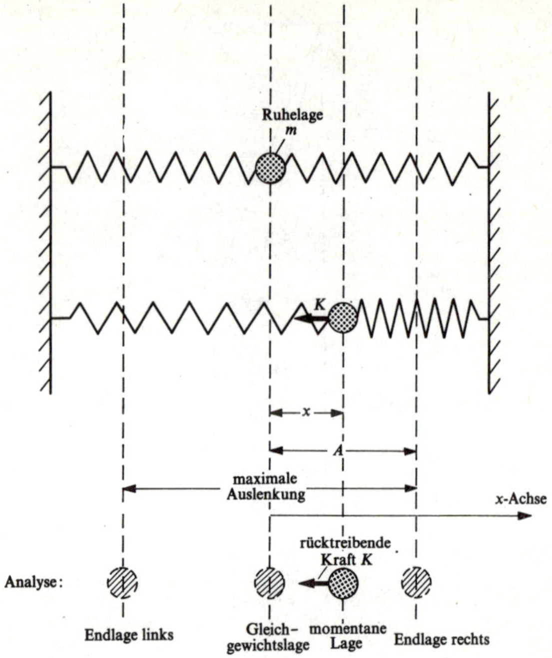

Abb. 6.4 Beispiel eines Federpendels

Dies ist die (lineare) Differentialgleichung der harmonischen Schwingung. Die Lösung der Gleichung (6.6) lautet

$$x(t) = A \cdot \sin\left(\sqrt{\frac{k}{m}} \cdot t + \varphi_0\right) \tag{6.7}$$

oder abgekürzt:

$$x(t) = A \cdot \sin(\omega t + \varphi_0) \quad . \tag{6.7a}$$

In dieser Lösung (6.7a) haben wir bereits die Randbedingung der maximalen Auslenkung $x_{\max} = A$ berücksichtigt. Der bei jeder allgemeinen Integration auftretenden Integrationskonstanten haben wir mit dem Phasenwinkel φ_0 Rechnung getragen. Diese Integrationskonstante hängt von der Anfangsbedingung ab. Starten wir unsere Beobachtung, und daher auch die Integration, exakt mit der Ruhelage, so ist $\varphi_0 = 0$. Da die Lösung (6.7a) jedoch allgemein gültig sein soll, muß sie eine beliebige Anfangslage, ausge-

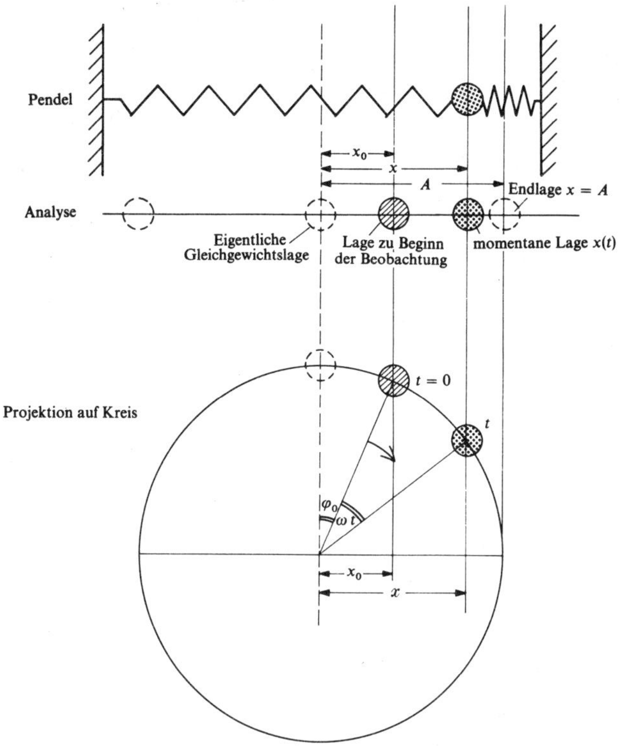

Abb. 6.5 Anfangsphasenlage

drückt durch den Winkel φ_0, in (Abb. 6.5) mit einem Beispiel dargestellt, einschließen.

Man nennt φ_0 den Phasenwinkel oder die *Phasenkonstante* (engl.: phase angle). Aus Abb. 6.5 entnehmen wir, daß

$$\varphi_0 = \arcsin \frac{x_0}{A} . \qquad (6.8)$$

Ferner ist in unserem Beispiel des Federpendels

$$\omega = \sqrt{\frac{k}{m}} \qquad (6.9)$$

und die Schwingungsdauer T

$$T = \frac{2\,\pi}{\omega} = 2\,\pi \sqrt{\frac{m}{k}} . \qquad (6.10)$$

Aus der Beziehung (6.7a) erhalten wir die Ausdrücke für die momentane Geschwindigkeit $v\,(t)$ und die Beschleunigung $\ddot{x}$:

$$v\,(t) = \frac{\mathrm{d}x}{\mathrm{d}t} = \omega \cdot A \cdot \cos\,(\omega\, t + \varphi_0)\,, \tag{6.11}$$

$$b = \ddot{x} = \frac{\mathrm{d}v}{\mathrm{d}t} = -\,\omega^2 \cdot A \cdot \sin\,(\omega\, t + \varphi_0)\,. \tag{6.12}$$

Da $x = A \cdot \sin\,(\omega\, t + \varphi_0)$ ist, kann man (6.12) wieder als Funktion von x schreiben

$$b = -\,\omega^2 \cdot x\,. \tag{6.13}$$

Wir wollen zu diesem Federpendel eine Energiebetrachtung anstellen. Für die beiden ausgezeichneten Punkte, Gleichgewichtslage und Endlage (Abb. 6.6), sind die Energieverhältnisse in folgender Tabelle 6.1 zusammengestellt.

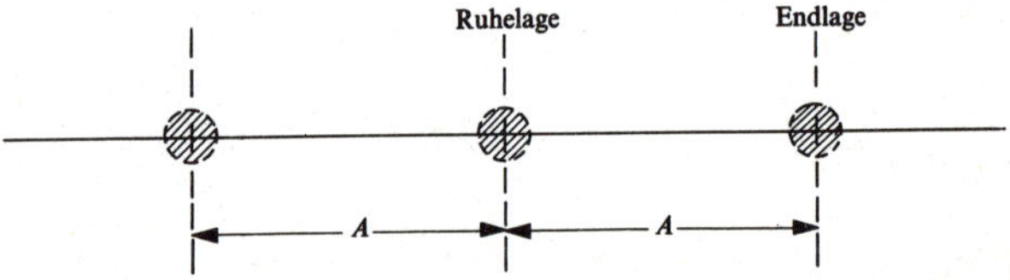

Abb. 6.6 Zur Energiebetrachtung beim Federpendel

Tabelle 6.1

	kinetische Energie	potentielle Energie
Gleichgewichtslage	maximal	minimal
Endlage	minimal	maximal

Ausgehend von dem Newton-Ansatz (6.5) können wir für die Energie eine Beziehung herleiten:

$$K = -\,k\,x = m\,b = m\,\frac{\mathrm{d}v}{\mathrm{d}t}\,. \tag{6.14}$$

Für den Differentialquotienten $\frac{\mathrm{d}v}{\mathrm{d}t}$ benutzen wir die folgende Identität:

$$\frac{\mathrm{d}v}{\mathrm{d}t} \equiv \frac{\mathrm{d}x}{\mathrm{d}x} \cdot \frac{\mathrm{d}v}{\mathrm{d}t} \equiv \frac{\mathrm{d}x}{\mathrm{d}t} \cdot \frac{\mathrm{d}v}{\mathrm{d}x}\,, \tag{6.15}$$

weil wir an der Abhängigkeit der Energie von der Lage x interessiert sind.

Da

$$\frac{\mathrm{d}x}{\mathrm{d}t} = v$$

ist, wird die Gleichung (6.14) mit (6.15) zu

$$-\,kx = m \cdot v \cdot \frac{\mathrm{d}v}{\mathrm{d}x}\,. \tag{6.16}$$

Separieren wir die Variablen, so folgt aus (6.16):

$$-\,kx\,\mathrm{d}x = m \cdot v \cdot \mathrm{d}v\,,$$

oder

$$m \cdot v \cdot \mathrm{d}v + k \cdot x \cdot \mathrm{d}x = 0\,. \tag{6.17}$$

Integrieren wir die Gleichung (6.17), so ergibt sich

$$\tfrac{1}{2}\,m\,v^2 + \tfrac{1}{2}\,k\,x^2 = \text{const}\,. \tag{6.18}$$

Dieses Integral (6.18) stellt die Gesamtenergie W des Federpendels dar, und wir erkennen im ersten Term die kinetische Energie

$$E_{\text{kin}} = \tfrac{1}{2}\,m\,v^2$$

und im zweiten Term die potentielle Energie

$$E_{\text{pot}} = \tfrac{1}{2}\,k\,x^2\,.$$

Weiter ergibt sich (natürlich) der Energieerhaltungssatz

$$W = E_{\text{kin}} + E_{\text{pot}} = \text{const}\,.$$

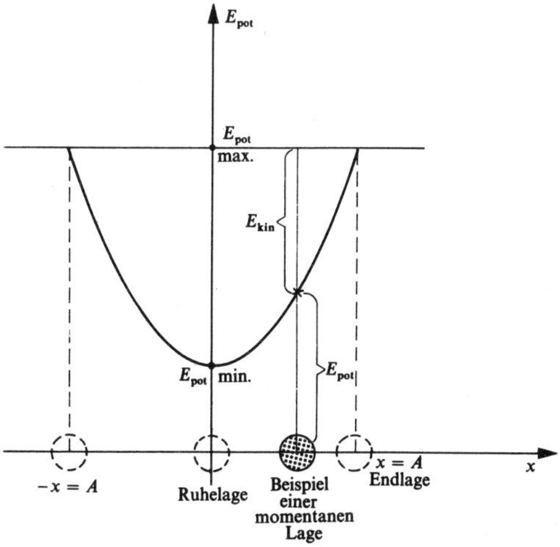

Abb. 6.7 Darstellung der potentiellen Energie als Funktion der Auslenkung

Stellen wir die potentielle Energie E_{pot} als Funktion der Auslenkung x grafisch dar, so erhalten wir nach (6.18) einen Parabelausschnitt, aufgezeichnet in Abb. 6.7. Der Scheitelpunkt dieser Parabel liegt an der Stelle $x = 0$ (Ruhelage), d. h.: die potentielle Energie hat, wie bereits in Tabelle 6.1 aufgeführt, im Punkt der Ruhelage ein Minimum.

Betrachtet man z. B. die in Abb. 6.7 eingezeichnete Zwischenlage, so ist die potentielle Energie gleich der Ordinate des entsprechenden Punktes; die Ergänzung von diesem Punkt bis zur maximal möglichen potentiellen Energie entspricht der momentanen kinetischen Energie E_{kin}. Häufig wird man die Energieskala derart normieren, daß für die Ruhelage die potentielle Energie verschwindet

$$E_{pot}^{(min)} = 0.$$

Damit ergibt sich

$$E_{pot}^{max} = E_{Gesamt} = W = \frac{1}{2} k A^2.$$

Oft wählt man anstelle von Gleichung (6.18) eine etwas andere Schreibweise, indem man anstelle der Geschwindigkeit v den Impuls $p = m v$ einführt und für k aus der Beziehung (6.9) schreibt

$$k = m \cdot \omega^2 ,$$

dann wird (6.18) zu

$$H = \frac{1}{2m} p^2 + \frac{m \omega^2}{2} x^2 \quad . \tag{6.19}$$

Werner Heisenberg

HEISENBERG, Werner, geboren 1901 in Würzburg. Schüler von Sommerfeld. 1927 Professor für theoretische Physik in Leipzig. 1941 Direktor des Kaiser-Wilhelm-Instituts für Physik in Berlin, 1946 Direktor des Max-Planck-Institutes für Physik und Astrophysik in Göttingen. Seit 1958 in München (Umzug des Instituts). Fundamentale Beiträge zur Quantenmechanik und Feldtheorie. 1932 Nobelpreis für die „Aufstellung der Quantenmechanik, deren Anwendung unter anderem zur Entdeckung der allotropen Modifikationen des Wasserstoffmoleküls geführt hat". Er ist sehr interessiert an philosophischen Fragen. Großer Cello- und Klavierspieler.

Die kontinuierliche Angabe der Energie in jedem beliebigen Punkt x zwischen $-A$ und A ist nur bei einem makroskopischen Pendel der Masse m möglich. Denken wir uns anstelle der Massenkugel m ein schwingungsfähiges Atom oder Nukleon, so können wir nicht jedem Punkt x einen exakten Impulswert $p(x)$ zuordnen. Der geniale Münchner Physiker WERNER HEISENBERG zeigte, daß man entweder den Ort oder den Impuls eines Atoms oder nur die Energie oder die Zeit gleichzeitig exakt angeben (messen) kann.

Lokalisieren wir z. B. ein Atom zwischen x und $x + \Delta x$, so liegt sein Impuls zwischen p und $p + \Delta p$ (Abb. 6.8).

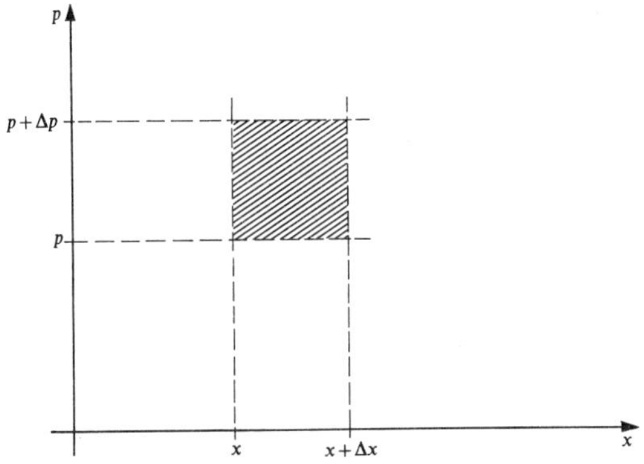

Abb. 6.8 Orts- und Impulsbestimmung eines Atoms

Will man den Impuls dieses Atoms möglichst genau bestimmen, d. h. macht man Δp so klein wie meßtechnisch möglich, dann kann der Ort umso ungenauer bestimmt werden, d. h. Δx wird sehr groß; symbolisch in Abb. 6.9 dargestellt. Heisenberg zeigte, daß zwischen Δp und Δx die folgende *Unschärfebeziehung* besteht (engl.: uncertainty principle)

$$\Delta p \cdot \Delta x \geq \hbar \quad , \tag{6.20}$$

wobei $\hbar = \frac{h}{2\pi}$ ist und h die Plancksche Konstante bedeutet, $h = 6{,}625 \cdot 10^{-34}$ Watt $\cdot$ sec^2 .

Das Bestreben des forschenden Menschen, möglichst viel, möglichst exakt über die Natur zu lernen, brachte die Erkenntnis, daß gewisse Dinge nie ganz exakt gemessen werden können. Die Aussagen eines Physikers über das Naturgeschehen bleiben stets Wahrscheinlichkeitsaussagen. Die meisten unserer Erkenntnisse werden letztlich stets unbestimmt bleiben.

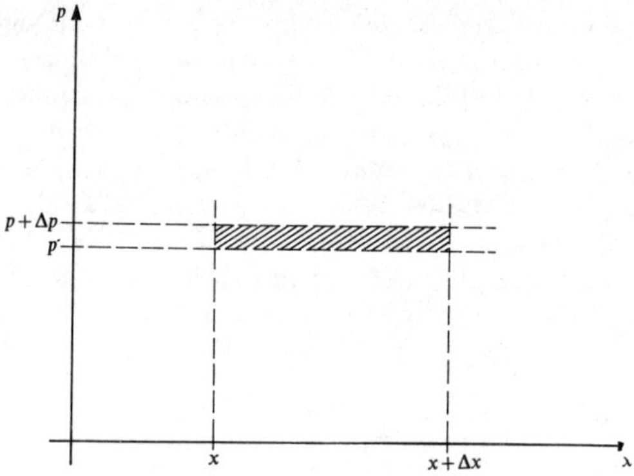

Abb. 6.9 Zur Heisenbergschen Unschärferelation

Die Heisenbergsche Unschärferelation gilt sowohl für das Paar Impuls–Ort wie für das Paar Energie–Zeit. Will man eine genaue Zeitbestimmung, Δt = möglichst klein, durchführen, kann gleichzeitig die Energie nicht beliebig exakt beobachtet werden (Abb. 6.10). Für ΔE und Δt gilt ebenfalls eine Unschärferelation:

$$\Delta E \, \Delta t \geq \hbar \quad . \tag{6.21}$$

Wenn wir anstelle der makroskopischen Masse m des Federpendels in Abb. 6.4 die Energie für ein harmonisch schwingendes Atom ausrechnen und die Unschärferelation von Heisenberg beachten, dann erhalten wir keine kontinuierliche Energiekurve wie Abb.

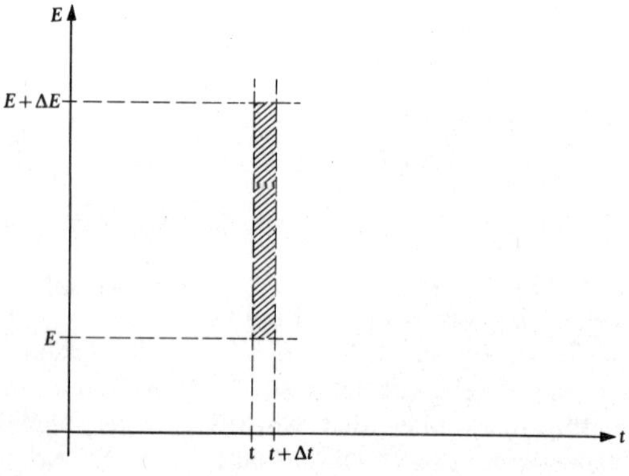

Abb. 6.10 Unschärferelation für Energie- und Zeitkoordinaten

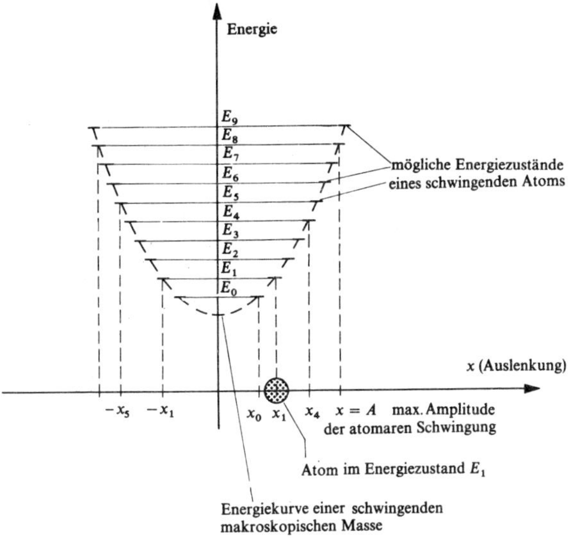

Abb. 6.11 Diskrete Energiezustände eines harmonisch schwingenden Atoms

6.7, sondern das schwingende Atom kann nur ganz bestimmte, diskrete Energiewerte E_n annehmen, schematisch dargestellt in Abb. 6.11.

Die Aufenthaltswahrscheinlichkeit ist innerhalb der maximalen Auslenkung nicht überall gleich. Bei den Ortswerten $x_0\, x_1\, x_2 \ldots$ hat die Aufenthaltswahrscheinlichkeit ein Maximum, um zwischen zwei aufeinanderfolgenden Werten x_i und x_{i+1} minimal zu werden. In der Tat sieht die Verteilung der Aufenthaltswahrscheinlichkeit so aus, wie in Abb. 6.12 dargestellt ist.

Abb. **6.12**
Aufenthaltswahrscheinlichkeiten eines schwingenden Atoms

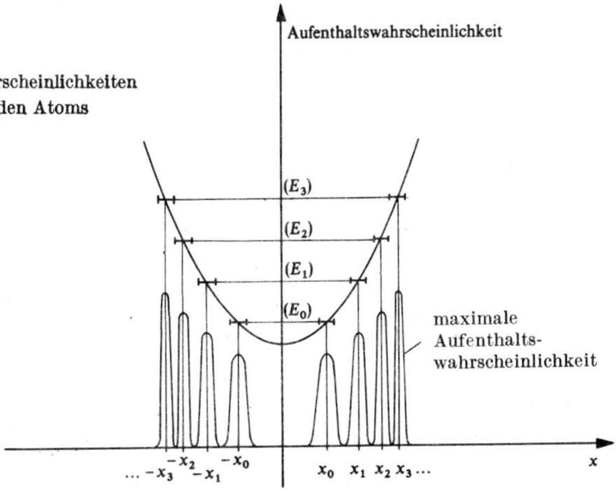

In der Abb. 6.12 sind einige Energiezustände $E_0\, E_1 \ldots$ nochmals zur Orientierung eingezeichnet, ebenso die „klassische“ Energieparabel. An den Stellen $x_0\, x_1 \ldots$ dieser Energiezustände wird die Wahrscheinlichkeit maximal, das Atom einmal anzutreffen.

Zur mathematischen Beschreibung wurde eine ψ-Funktion eingeführt. Das Quadrat dieser Funktion ψ

$$|\psi|^2$$

ist proportional zur Aufenthaltswahrscheinlichkeit des Atoms (oder des Elementarteilchens). ψ heißt oft auch *Wellenfunktion.*

Mathematisch erhalten wir die Energiezustände E_0, E_1 usw., wenn wir in der Beziehung (6.19) das Impulsquadrat p^2 ersetzen durch

$$p^2 \longrightarrow -\hbar^2 \frac{\partial^2}{\partial x^2} \tag{6.22}$$

und (6.19) mit ψ von links multiplizieren.
Die Energiewerte sind dann die Eigenwerte der sogenannten *Schrödinger-Gleichung*:

$$-\frac{\hbar^2}{2m}\frac{\partial^2 \psi}{\partial x^2} + \frac{1}{2} k\, x^2\, \psi = E_n\, \psi. \tag{6.23}$$

Man erhält für die einzelnen Werte

$$\begin{aligned} E_0 &= \frac{1}{2}\hbar\,\omega\,,\\ E_1 &= \frac{3}{2}\hbar\,\omega\,,\\ E_2 &= \frac{5}{2}\hbar\,\omega\,,\\ E_3 &= \frac{7}{2}\hbar\,\omega\,,\\ &\vdots \end{aligned} \tag{6.24}$$

$$E_n = \left(n + \frac{1}{2}\right)\hbar\,\omega\,. \tag{6.25}$$

Zur Charakterisierung der einzelnen Energiezustände führte man die Zahl n in (6.25) ein, die man eine *Quantenzahl* (engl.: quantum number) nennt.

SCHRÖDINGER, Erwin (1874–1961). Österreichischer Physiker. Professor für theoretische Physik erst in Zürich, dann in Berlin und seit 1936 in Dublin. Fundamentale Arbeiten in der Quantentheorie. Erhielt 1933 den Nobelpreis gemeinsam mit Paul A. M. Dirac „in Anerkennung der Entdeckung neuer fruchtbarer Formulierungen der Atomtheorie“.

Erwin Schrödinger

Diese berühmte Gleichung (6.23) wurde von ERWIN SCHRÖDINGER 1926 eingeführt und hat sich in der Atomphysik ungeheuer bewährt. Sehr empfehlenswert für jeden angehenden Physiker ist die Lektüre des Schriftwechsels SCHRÖDINGERS mit PLANCK, EINSTEIN und LORENTZ[1].

Zur Einführung in die Wellenmechanik empfehlen wir die folgenden Werke, da wir es an dieser Stelle bei den obigen, wenigen Andeutungen bewenden lassen müssen:

W. FINKELNBURG, Einführung in die Atomphysik, Springer, Berlin 1964 (10. Auflage);

R. L. SPROULL, Modern Physics, Wiley International Edition (Taschenbuch), 1964;

R. B. LEIGHTON, Principles of Modern Physics, McGraw Hill, N. Y. 1959;

R. H. DICKE und J. P. WITTKE, Introduction to Quantum Mechanics, Addison Wesley, 1960;

J. L. POWELL und B. CRASEMANN, Quantum Mechanics, Addison Wesley, 1962.

A. S. DAVYDOV, Quantum Mechanics, Pergamon, London 1965.

K. GOTTFRIED, Quantum Mechanics, Benjamin, N. T. 1966.

Anwendungsbeispiel

Ein wichtiges Gebiet für die Anwendung der Theorie der harmonischen Schwingungen ist die Molekülspektroskopie. Die Schwingungen eines Sauerstoffmoleküls kann man in erster Näherung mit dem Modell des harmonischen Oszillators beschreiben. Diese

---

[1] SCHRÖDINGER, PLANCK, EINSTEIN, LORENTZ, Briefe zur Wellenmechanik, herausgegeben von K. PRZIBRAM, Springer, Wien 1963.

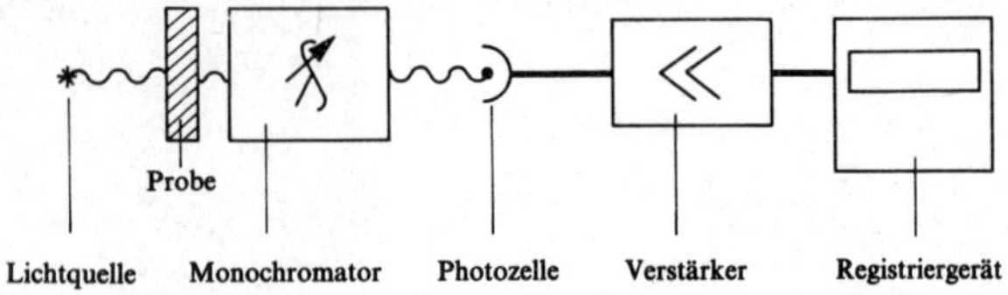

Abb. 6.13 Beispiel einer Absorptionsmessung in der Chemie

Schwingungen können wir z. B. durch Einstrahlen elektromagnetischer Strahlung anregen nach einer prinzipiellen Anordnung, dargestellt in Abb. 6.13.

Ein typisches Absorptionsspektrum ist in Abb. 6.14 aufgezeichnet.

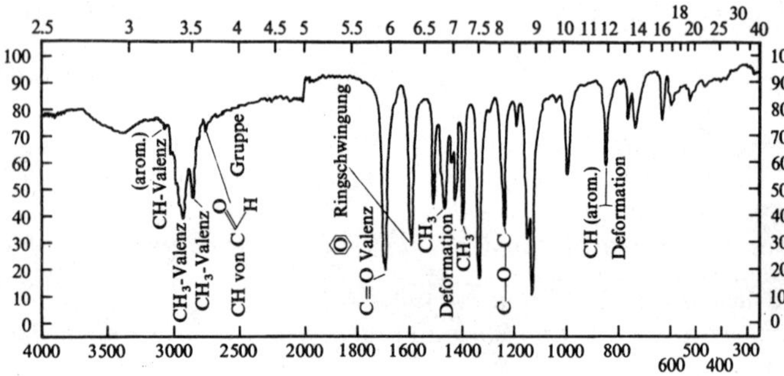

Abb. 6.14 Typisches Absorptionsspektrum

Man zeichnet gewöhnlich das prozentual transmittierte Licht gegen die Wellenlänge auf. Die Transmissionsminima entsprechen einer Energieaufnahme der Moleküle, also einer Anregung von Schwingungen. Diese Minima sind charakteristisch für die betreffende Substanz, und der Chemiker kann daraus die Natur und

Tabelle 6.2

Spektralgebiet	Art der Molekülanregung
Vakuum UV Ultraviolett sichtbares Gebiet	Schwingungen der Valenzelektronen
nahes Ultrarot	Molekülvibrationen
Mikrowellen	Molekülrotationen

Art der zu untersuchenden Probe bestimmen. Absorptionen in den verschiedenen Wellenlängengebieten geben Auskunft über die Art der Molekülschwingungen, grob in Tabelle 6.2 zusammengefaßt.

Die Absorptionsmaxima im Vakuum-Ultraviolett einiger typischer organischer Substanzen mit Mehrfachbindungen sind in Tabelle 6.3 aufgezählt.

Tabelle 6.3

Verbindung	Wellenlänge des Absorptionsmaximums
$CH_2{=}CH_2$	1 625 Å
$CH{\equiv}CH$	1 775 Å
$HC{\equiv}N$	1 750 Å
$(CH_3)_2C{=}O$	1 870 Å

6.2 Gedämpfte Schwingungen

Kehren wir zurück zur Schwingung des Pendels, die wir wieder auf einer Rußplatte aufzeichnen können. Aus Erfahrung wissen wir, daß ein einmalig angestoßenes Pendel stets kleiner werdende Schwingungen ausführt und schließlich still steht, da das Pendel von den Luftmolekülen und in seiner Lagerung gebremst wird; wir sprechen von Energieverlusten durch Reibung. Die Amplitude als Funktion der Zeit t bei einer gedämpften Schwingung ist in Abb. 6.15 aufgetragen.

Die Anfangsamplitude bezeichnen wir mit x_0. Die Amplitude nimmt nach einem Exponentialgesetz

$$x\,(t) \sim x_0\,\mathrm{e}^{-\alpha t} \qquad (6.26)$$

ab, wobei mit α eine *Dämpfungskonstante* bezeichnet wird.

Wir wollen den einfachsten Fall einer gedämpften Bewegung behandeln, indem wir voraussetzen, daß die Reibungskraft, welche die Bewegung hindert, proportional der Geschwindigkeit v und ihr entgegengesetzt gerichtet ist. Die Annahme ist in vielen praktischen Fällen wirklich erfüllt.

Für die Reibungskraft R schreiben wir mit obiger Voraussetzung:

$$R = -r \cdot v = -r\,\frac{\mathrm{d}x}{\mathrm{d}t}\,; \qquad (6.27)$$

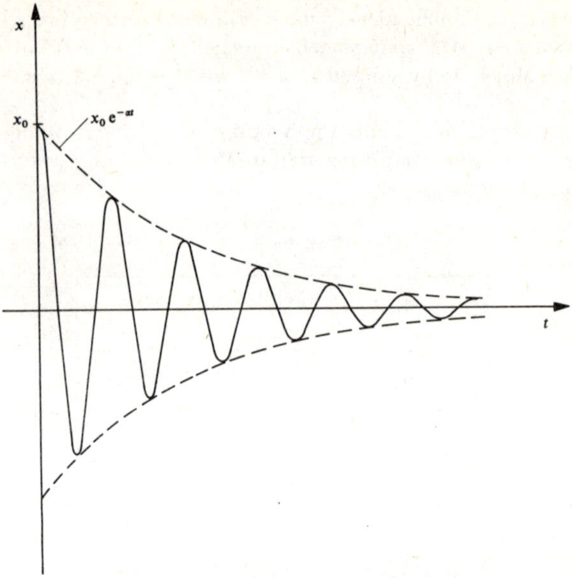

Abb. 6.15 Amplitudenverlauf bei einer gedämpften Schwingung

r hat dabei die Bedeutung eines Reibungskoeffizienten.

Für eine gedämpft schwingende Masse m können wir nach Newton die folgende Kräftegleichung anschreiben

$$m\,\ddot{x} = -k\,x - r\cdot\dot{x} \tag{6.28}$$

($-k\,x$: rücktreibende Kraft, $r\cdot\dot{x}$: Reibungskraft),

oder in der üblichen Form einer Differentialgleichung:

$$\ddot{x} + \frac{r}{m}\dot{x} + \frac{k}{m}x = 0 \quad . \tag{6.29}$$

Dies ist die Differentialgleichung einer *gedämpften Schwingung*[1] der Masse m.

---

[1] Bei der gedämpften Schwingung bleibt das Verhältnis der Amplituden zweier aufeinanderfolgender Perioden konstant, also

$$\frac{x_0(t=0)}{x(t=T)} = \frac{x(t=T)}{x(t=2T)} = \text{usw.}$$

Den natürlichen Logarithmus dieses Verhältnisses nennt man das *logarithmische Dekrement*.

Eine Lösung dieser Differentialgleichung lautet:

$$x = x_0 \exp\left[-\frac{r}{2\,m}\,t\right] \cdot \sin \omega\, t\,, \tag{6.30}$$

wobei

$$\omega = \sqrt{\frac{k}{m} - \frac{r^2}{4\,m^2}} \tag{6.31}$$

ist.

ω heißt die Kreisfrequenz der gedämpften Schwingung. Da nach Gleichung (6.9) für Kreisfrequenz der ungedämpften Schwingung

$$\frac{k}{m} = \omega_0^2$$

gilt, können wir (6.31) auch schreiben

$$\omega = \sqrt{\omega_0^2 - \frac{r^2}{4\,m^2}}\,. \tag{6.32}$$

Die Größe $\frac{r^2}{4\,m^2}$ ist charakteristisch für die Dämpfung. Im Extremfall

$$\frac{r^2}{4\,m^2} \geq \omega_0^2 \tag{6.33}$$

kommt eine Schwingung überhaupt nicht mehr zustande; die Bewegung wird *aperiodisch*, d. h. die Masse m kehrt langsam in ihre Ruhelage zurück (kriechend), ohne über sie hinauszuschwingen. Im Automobilbau ist es die Aufgabe der *Stoßdämpfer*, die durch starke

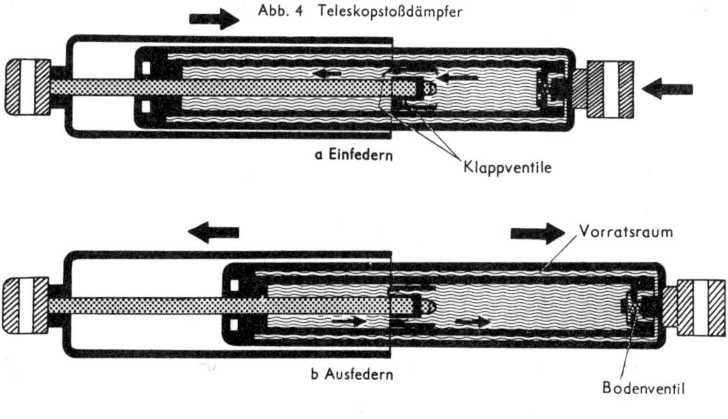

Abb. 6.16 Teleskopstoßdämpfer

Bodenunebenheiten entstehenden unangenehmen und auch gefährlichen Federschwingungen der Karosserie wenn möglich aperiodisch zu dämpfen. Das Prinzip der heute meistens verwendeten Teleskopstoßdämpfer ist in Abb. 6.16 dargestellt.

Ein Teleskopstoßdämpfer besteht aus zwei ineinandergeschobenen Rohren; am äußeren Rohr ist die Kolbenstange befestigt, deren Kolben sich in der mit Öl gefüllten Innenkammer des inneren Rohres bewegt. Im Kolben befinden sich sogenannte Klappventile, die wechselweise nur nach einer Seite Öl durchlassen. Sie stellen die Drosselventile dar, durch welche die Dämpfung hervorgerufen wird. In Abb. 6.17 ist ein Beispiel des praktischen Einbaus von Teleskopstoßdämpfern an einer Hinterachsenaufhängung gezeigt.

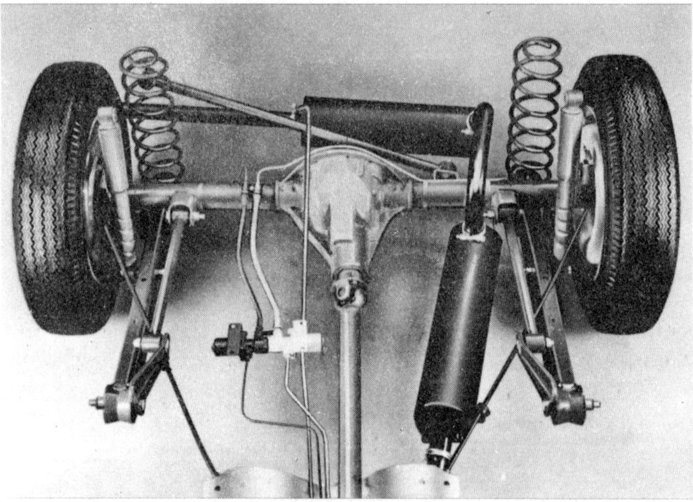

Abb. 6.17 Teleskopstoßdämpfer an einer Hinterachse (mit freundlicher Genehmigung der Volvo AG)

Defekte Stoßdämpfer an Autos sollten sofort ausgewechselt werden, da die nicht gedämpften Schwingungen beim Fahren lebensgefährlich werden können.

Mathematische Anmerkungen für Physiker

a) Eine komplexe Zahl z kann sowohl in linearer Form

$$z = x + \mathrm{i}\, y \tag{6.34}$$

als in polarer Form

$$z = r \cdot \mathrm{e}^{\mathrm{i}\vartheta} \tag{6.35}$$

geschrieben werden. Dabei gilt die bekannte Beziehung

$$r = \sqrt{x^2 + y^2}\,. \tag{6.36}$$

Die konjugiert komplexe Zahl z^* zur komplexen Zahl z ist

$$z^* = x - \mathrm{i}\,y\,. \tag{6.37}$$

Aus (6.34), (6.36) und (6.37) folgt die oft nützliche Beziehung:

$$r^2 = x^2 + y^2 = (x + \mathrm{i}\,y) \cdot (x - \mathrm{i}\,y) = z \cdot z^*. \tag{6.38}$$

In der komplexen Ebene, aufgespannt durch die reelle und imaginäre Achse nach Abb. 6.18, wird eine komplexe Zahl durch einen Punkt $z = \{x, y\}$ oder $z = \{r, \vartheta\}$ dargestellt. Der Winkel ϑ ist bestimmt durch

$$\vartheta = \operatorname{arc\,tg} \frac{y}{x}\,. \tag{6.39}$$

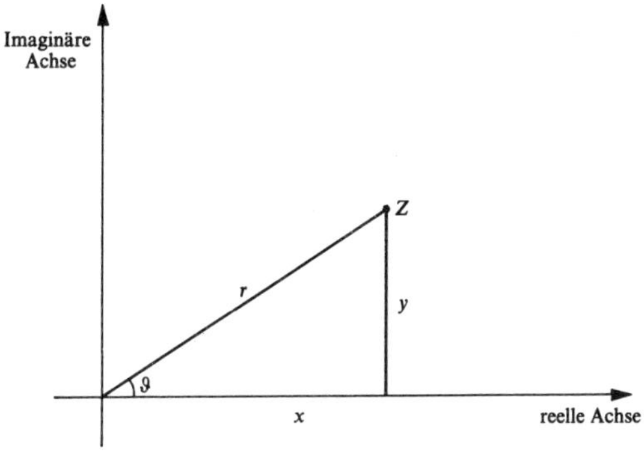

Abb. 6.18 Geometrische Darstellung einer komplexen Zahl z

Oft ist es zweckmäßig, anstelle der trigonometrischen Funktionen sin und cos die Exponentialform

$$e^{\mathrm{i}\omega t} = \cos \omega\, t + \mathrm{i} \sin \omega\, t \tag{6.40}$$

zu benutzen.

b) In der Schwingungslehre müssen häufig lineare, komplexe Differentialgleichungen von der Form

$$\frac{\mathrm{d}^2 z}{\mathrm{d}t^2} + \frac{k}{m} z = \frac{F}{m} \tag{6.41}$$

gelöst werden. z und F sind komplexe Größen

$$z = x + \mathrm{i}\,y\,, \tag{6.42}$$

und

$$F = F_{\mathrm{r}} + \mathrm{i}\,F_{\mathrm{i}}\,. \tag{6.43}$$

Setzen wir (6.42) und (6.43) in Gleichung (6.41) ein, so folgt

$$\frac{d^2}{dt^2}(x + i\,y) + \frac{k}{m}(x + i\,y) = \frac{1}{m}(F_r + i\,F_i) \tag{6.44}$$

oder geordnet

$$\frac{d^2x}{dt^2} + \frac{k}{m}x + i\left(\frac{d^2y}{dt^2} + \frac{k}{m}y\right) = \frac{F_r}{m} + i\,\frac{F_i}{m}. \tag{6.45}$$

Wir machen Gebrauch vom algebraischen Satz: sind zwei komplexe Zahlen z_1 und z_2 gleich

$$z_1 = z_2\,,$$

so sind Real- und Imaginärteile untereinander gleich, also für

$$z_1 = x_1 + i\,y_1,$$

$$z_2 = x_2 + i\,y_2$$

sind demnach

$$x_1 = x_2$$

und

$$y_1 = y_2\,.$$

Diesen Satz wenden wir auf unsere komplexe Differentialgleichung (6.45) an und erhalten damit zwei reelle Differentialgleichungen:

$$\frac{d^2x}{dt^2} + \frac{k}{m}x = \frac{F_r}{m} \tag{6.46}$$

und

$$\frac{d^2y}{dt^2} + \frac{k}{m}y = \frac{F_i}{m}, \tag{6.47}$$

die wir in bekannter Weise lösen können.

c) Eine wichtige technische Größe ist der sogenannte *Q-Faktor* oder *Qualitätsfaktor* eines schwingenden Systems.

Definition:

Als Q-Faktor bezeichnet man das mit 2π multiplizierte Verhältnis der Gesamtenergie zum mittleren Energieverlust während einer Schwingungsperiode T.

Typische Q-Faktoren sind in folgender Tabelle 6.4 zusammengestellt.

Tabelle 6.4

	Q
Violinsaite	10^3
Mikrowellen-Hohlraumresonator	10^4
Atom im angeregten Zustand	10^7
Angeregter Mößbauerkern Fe^{57}	$3 \cdot 10^{12}$

6.3 *Die erzwungene harmonische Schwingung*

Wird ein schwingungsfähiges System einmal zu Schwingungen angeregt und dann sich selbst überlassen, führt es im allgemeinen eine komplizierte Bewegung aus. Besondere Schwingungsformen ergeben sich, wenn die Bewegungen sinusförmig sind. Die Grundschwingung davon nennt man die erste Eigenschwingung mit der Eigenfrequenz ω_0, die erste Oberschwingung heißt die zweite Eigenschwingung mit der Eigenfrequenz $2\omega_0$ usw. Die Eigenfrequenzen sind nur von Eigenschaften des Systems abhängig.

Wird ein System durch eine periodische Kraft

$$K = K_0 \cdot e^{i\omega t} \tag{6.48}$$

von außen zum Schwingen gebracht, so führt es eine „*erzwungene Schwingung*" aus.

So wird z. B. die Stimmgabel der elektronischen Uhr „Accutron" durch eine Antriebsspule (Abb. 6.19) zu einer erzwungenen Schwingung (360 Hz) angeregt. Diese Stimmgabel hat die Funktion der Unruhe in der klassischen Uhr. Die schwingende Bewegung der Stimmgabel wird durch eine Antriebsklinke, die das Klinkenrad bewegt, in eine Drehbewegung umgewandelt, abgebildet in Abb. 6.20.

a) *Erzwungene ungedämpfte Schwingung*

Wir wollen zunächst den einfacheren Fall einer erzwungenen aber ungedämpften Schwingung besprechen. Die äußere Kraft, durch die die Schwingung einer Masse m forciert wird, sei nach (6.48) periodisch veränderlich

$$K = K_0\, e^{i\omega t}\,.$$

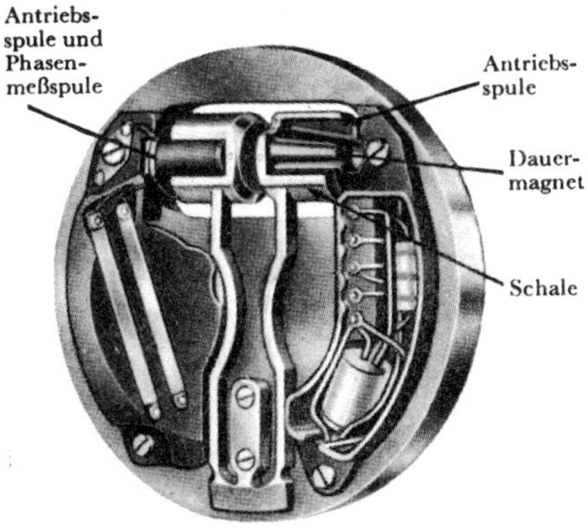

Abb. 6.19 Beispiel einer elektronischen Armbanduhr (mit freundlicher Genehmigung der Bulova GmbH)

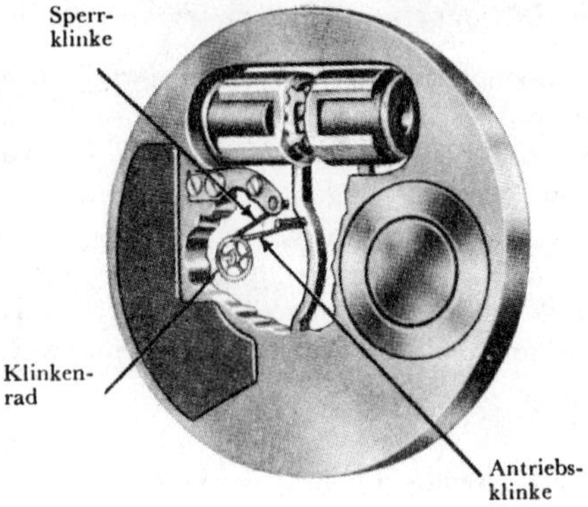

Abb. 6.20 Antrieb zur Umwandlung der oszillierenden Bewegung in eine Drehbewegung

Die rücktreibende Kraft (z. B. Federkraft) sei

$$K_r = k \cdot x \;;$$

damit erhalten wir die Differentialgleichung für diese erzwungene Schwingung in folgender Form

$$m\,\ddot{x} + k \cdot x - K_0\,e^{i\omega t} = 0\,. \tag{6.49}$$

Setzen wir für die Kreisfrequenz ω_0 des ungestörten Systems den Wert nach (6.9) ein

$$\omega_0 = \sqrt{\frac{k}{m}}\,,$$

so wird Gleichung (6.49) zu

$$\ddot{x} + \omega_0^2\,x - \frac{K_0}{m}\,e^{i\omega t} = 0\,. \tag{6.50}$$

Interessieren wir uns nicht für den Einschwingvorgang, sondern nur für den stationären Zustand, der sich nach einiger Zeit einstellt, so können wir folgenden Lösungsansatz versuchen:

$$x = a \cdot e^{i\omega t}\,. \tag{6.51}$$

Damit wird

$$\ddot{x} = -\,\omega^2\,a\,e^{i\omega t}\,. \tag{6.52}$$

Setzen wir (6.51) und (6.52) in Gleichung (6.50) ein, so erhalten wir:

$$-\,\omega^2\,a\,e^{i\omega t} + \omega_0^2\,a\,e^{i\omega t} - \frac{K_0}{m}\,e^{i\omega t} = 0\,. \tag{6.53}$$

Wir können mit $e^{i\omega t}$ kürzen und zusammenfassen

$$a\left(\omega_0^2 - \omega^2\right) - \frac{K_0}{m} = 0\,. \tag{6.54}$$

Für die Amplitude a dieser erzwungenen, ungedämpften Schwingung folgt aus (6.54)

$$a = \frac{K_0}{m} \cdot \frac{1}{\omega_0^2 - \omega^2}\,, \tag{6.55}$$

also eine Abhängigkeit von der Störfrequenz ω. Nach Gleichung (6.55) wird der Betrag der Amplitude $|a|$ unendlich für den Fall, daß die Störfrequenz gleich der Eigenfrequenz ω_0

$$\omega = \omega_0 \tag{6.56}$$

ist.

Man spricht dann von *Resonanz*. Der Verlauf der Amplitude in Abhängigkeit der Störfrequenz ω ist in Abb. 6.21 aufgezeichnet.

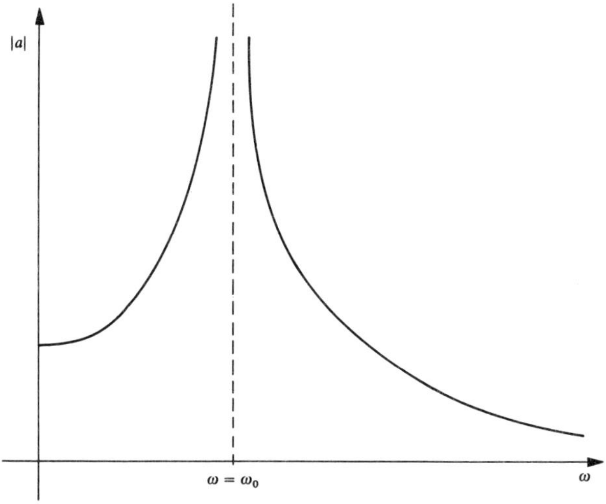

Abb. 6.21 Abhängigkeit der Schwingungsamplitude von der Störfrequenz ω (Resonanzkurve)

Die Erscheinung der Resonanz kann sehr gefährlich werden für Maschinenteile z. B. Turbinenwellen, wenn die Eigenfrequenz der Welle gleich ihrer Umlaufsfrequenz wird. Beim Anfahren von Gasturbinen, bei denen die Betriebsfrequenz oberhalb der Eigenfrequenz liegt, muß deshalb möglichst schnell über die Resonanzstelle hinweg gefahren werden.

In praxi kann die Amplitude im Resonanzfall $\omega = \omega_0$ wegen der Reibung nicht unendlich werden, sondern erreicht hier nur einen maximalen Wert. Die Reibungskräfte verursachen eine Dämpfung und verhindern das unbegrenzte Anwachsen der Schwingung, da schließlich die dem System durch die äußere Kraft K pro Sekunde zugeführte Energie gerade durch die Reibungsarbeit verbraucht wird, so daß ein stationärer Zustand entsteht.

Wir müssen demnach in der Differentialgleichung (6.50) noch das Dämpfungsglied (6.27)

$$r \cdot \dot{x}$$

einführen.

b) *Erzwungene gedämpfte Schwingung*

Die Differentialgleichung (6.50) wird mit Berücksichtigung der dämpfenden Reibungskraft (6.27) zu

$$\ddot{x} + \frac{r}{m}\dot{x} + \frac{k}{m}x - \frac{K_0}{m}e^{i\omega t} = 0 \tag{6.57}$$

$\frac{K_0}{m}e^{i\omega t}$ … periodische äußere Kraft

$\frac{k}{m}x$ … rücktreibende Kraft

$\frac{r}{m}\dot{x}$ … Dämpfungsglied.

Beschränken wir uns auf die stationäre Lösung, so versuchen wir wieder den Ansatz (6.51) und erhalten für die Amplitude a den Ausdruck

$$a = \frac{K_0}{m}\,\frac{1}{\omega_0^2 - \omega^2 - i\frac{r}{m}\omega}. \tag{6.58}$$

Oft benutzt man den durch K_0 dividierten Amplitudenwert und nennt ihn R

$$R = \frac{a}{K_0} = \frac{1}{m\left(\omega_0^2 - \omega^2 + i\frac{r}{m}\omega\right)}. \tag{6.59}$$

Der Term $i\frac{r}{m}\omega$ sorgt dafür, daß an der Resonanzstelle $\omega = \omega_0$ die Amplitude endlich bleibt. Anstelle des grafischen Verlaufs von Abb. 6.21 tritt eine in Abb. 6.22 dargestellte Abhängigkeit der Amplitude von der Frequenz.

Die Höhe der Resonanzamplitude hängt von der Stärke der Dämpfung, also r, ab. Da die Größe R aus Gleichung (6.59) eine komplexe Zahl ist, können wir auch schreiben:

$$R = \varrho\, e^{i\vartheta}. \tag{6.60}$$

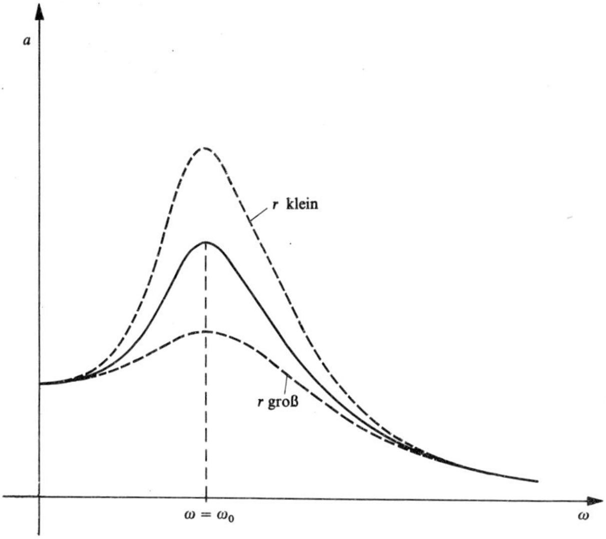

Abb. 6.22 Abhängigkeit der Amplitude a von der Frequenz ω für eine erzwungene, gedämpfte Schwingung

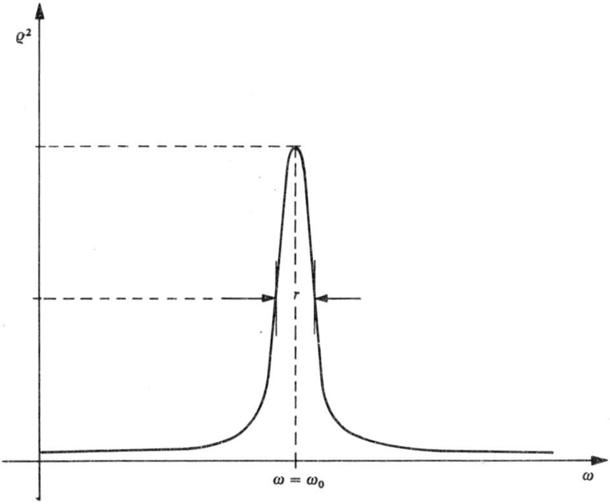

Abb. 6.23 ϱ^2 als Funktion von ω

Damit wird das Quadrat ϱ^2 zu

$$\varrho^2 = \frac{1}{m^2\left(\omega_0^2 - \omega^2 + \mathrm{i}\,\frac{r}{m}\,\omega\right)\left(\omega_0^2 - \omega^2 - \mathrm{i}\,\frac{r}{m}\,\omega\right)} =$$

$$= \frac{1}{m^2\left[\left(\omega^2 - \omega_0^2\right)^2 + \left(\frac{r}{m}\right)^2 \omega^2\right]}. \tag{6.61}$$

Tragen wir ϱ^2 gegen die Frequenz ω auf, so erhalten wir den in Abb. 6.23 dargestellten Verlauf.

Die *Halbwertsbreite*, d. h. die Breite der Resonanzkurve auf halber Höhe $\frac{\varrho^2}{2}$ beträgt in unserer $\varrho^2(\omega)$-Darstellung gerade $\frac{r}{m}$; ist also gleich der *Dämpfungskonstante* pro Masseneinheit. Den Q-Faktor erhalten wir aus unserer Definition im Abschnitt 6.2 zu

$$Q = \frac{m\,\omega_0}{r}. \tag{6.62}$$

Das Beispiel in unserer Abb. 6.23 besitzt einen relativ kleinen Q-Wert. Mößbauer-Resonanzkurven können Q-Werte bis zu 10^{12} besitzen (vergl. Tab. 6.4).

Aus meßtechnischen Gründen ist es oft zweckmäßig, den Phasenwinkel Θ als Funktion der Störfrequenz ω aufzutragen. Den

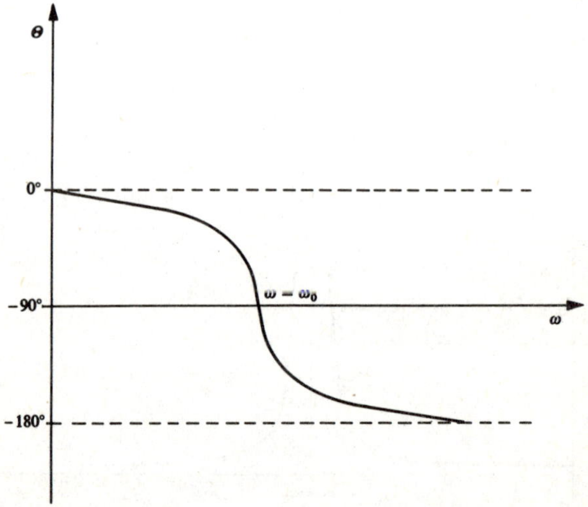

Abb. 6.24 Phasenwinkel Θ als Funktion der Störfrequenz ω

Tangens des Phasenwinkels Θ finden wir mit Gleichung (6.61) zu:

$$\operatorname{tg}\Theta = \frac{-\frac{r}{m}\cdot\omega}{\omega_0^2-\omega^2}, \tag{6.63}$$

und die grafische Darstellung ist in Abb. 6.24 wiedergegeben.

6.4 *Beispiele von Resonanzerscheinungen*
(für Physiker)

Da Resonanzerscheinungen eine sehr wichtige Rolle in der Natur spielen und fast auf allen Gebieten der Physik vorkommen, wollen wir ein paar davon hier besprechen. Man könnte fast eine Wette abschließen, daß in jeder Nummer des „Physical Review", der wohl wichtigsten Zeitschrift für den Physiker, mindestens eine Resonanzkurve zu finden ist.

a) *Elektrische Resonanzkreise*

Ein einfacher elektrischer Resonanzkreis (oder Schwingkreis) besteht aus einer Serien-Schaltung einer Kapazität C, einer Induktivität L und eines Widerstandes R, abgebildet in Abb. 6.25.

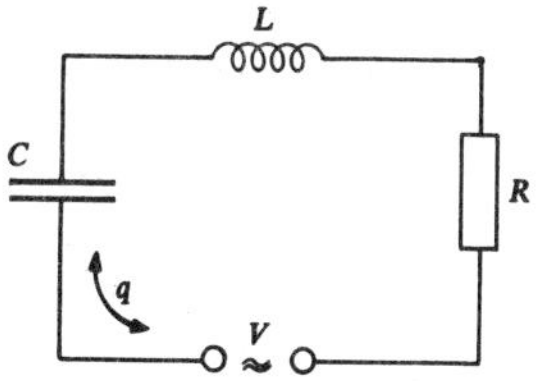

Abb. 6.25 Beispiel eines elektrischen Resonanzkreises

Die veränderliche Größe im elektrischen Schwingkreis ist die transportierte Ladung q in Analogie zu x bei der mechanischen harmonischen Schwingung (Gleichung (6.57)). Die Schwingungsgleichung für obigen elektrischen Kreis lautet

$$\ddot{q} + \frac{R}{L}\dot{q} + \frac{1}{CL}q - \frac{1}{L}V_0\,e^{i\omega t} = 0\,. \tag{6.64}$$

Die Halbwertsbreite der Resonanzkurve beträgt in diesem Fall

$$r = \frac{R}{L}\,. \tag{6.65}$$

Vergleichen wir die beiden Differentialgleichungen (6.57) und (6.64), so können wir eine *rein formale* Beziehung entsprechender Größen finden, die in Tabelle 6.5 aufgezählt sind. Noch einmal sei unterstrichen, daß es sich nicht um eine innere Verwandtschaft, sondern lediglich um eine formale Ähnlichkeit handelt.

Tabelle 6.5

Charakteristik	Mechanisches System	Elektrisches System
Unabhängige Veränderliche	t	t
Abhängige Variable	x	q
Trägheit	m	L
Dämpfung	$\frac{r}{m}$	$\frac{R}{L}$
Resonanzfrequenz (Eigenfrequenz)	$\omega_0 = \sqrt{\frac{k}{m}}$	$\omega_0 = \sqrt{\frac{1}{LC}}$
Schwingungsdauer (Periode)	$T = 2\pi\sqrt{\frac{m}{k}}$	$T = 2\pi\sqrt{LC}$
Q-Faktor	$Q = \frac{\omega_0 \cdot m}{r}$	$Q = \frac{\omega_0 L}{R}$

Im Kapitel 6 des Bändchens Experimentalphysik II (BI-Hochschultaschenbücher 115/115a) findet sich eine weitere Diskussion des elektrischen Schwingkreises.

b) *Frequenzmesser von* Frahm

Das Frahmsche Instrument besteht aus einer Reihe von Stahlstäbchen verschiedener Länge und demnach verschiedener Eigenfrequenz ω_0. Schickt man einen (niederfrequenten!) Wechselstrom durch einen im Instrument befindlichen Elektromagneten, so kommt dasjenige Stäbchen am stärksten zum Schwingen, dessen Eigenfrequenz mit der Frequenz des erregenden Wechselstroms übereinstimmt.

c) *Akustische Resonanz*

Von den zahlreichen, sehr einfachen Experimenten zur akustischen Resonanz seien hier einige wenige genannt.

Setzt man eine angeschlagene a′-Stimmgabel auf die D- oder G-Saite einer normal gestimmten Violine an der Stelle, wo das a′ gegriffen wird, so schwingt das abgeklemmte Saitenstück mit.

Hält man eine schwingende a′-Gabel über einen Glaszylinder und gießt langsam Wasser in den Zylinder, so wird bei einem bestimmten Wasserstand der Ton sehr laut, d. h. die Luftsäule im Zylinder ist dann gleich $\lambda/4$ des Tones a′.

Der Resonanzbereich ist umso größer, je breiter die Resonanzkurve (Abb. 6.23) ist, also je größer die Dämpfung ist. Der Schallkörper eines Instrumentes muß eine sehr breite Resonanzkurve besitzen, da er eine Verstärkung möglichst vieler Töne bewerkstelligen soll. Es ist daher etwas irreführend, wenn man von „Resonanzboden" spricht, da man ja eine möglichst flache Resonanzkurve anstrebt. Bei Saiteninstrumenten werden die Schwingungen der Saiten durch den Steg auf den hölzernen Schallkörper übertragen. Durch die weiche Struktur der Holzböden wird eine starke Dämpfung erzeugt.

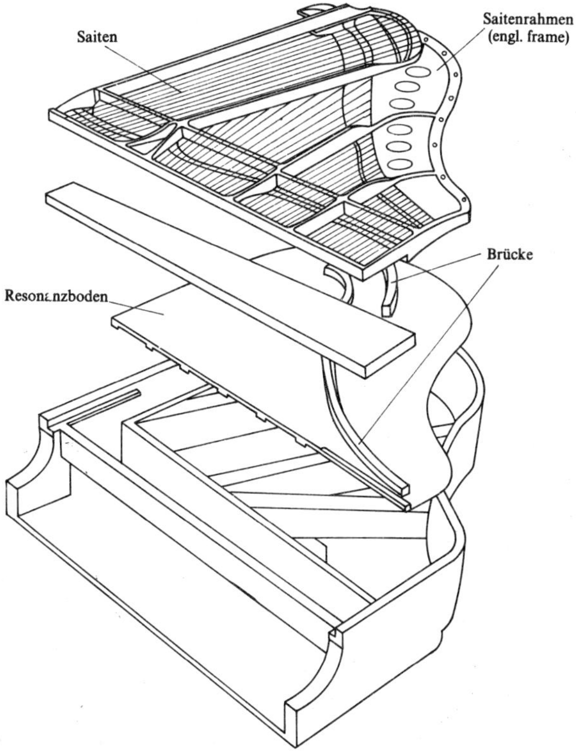

Abb. 6.26 Ton-Übertragungsorgane eines Konzertflügels

Beim Flügel (engl.: grand-piano) werden die Schwingungen der Saiten durch die sogenannte Brücke auf den Resonanzboden (engl.: soundboard) übertragen. Das Schema eines Flügelaufbaus ist in Abb. 6.26 gegeben.

Das Anschlagen der Saiten mit Hämmern wurde 1709 vom italienischen Hapsichordbauer BARTOLOMMEO CHRISTOFORI eingeführt. 1855 führte der in Deutschland geborene und in den USA wirkende HENRY STEINWAY den gußeisernen Saitenrahmen anstelle des hölzernen ein[1].

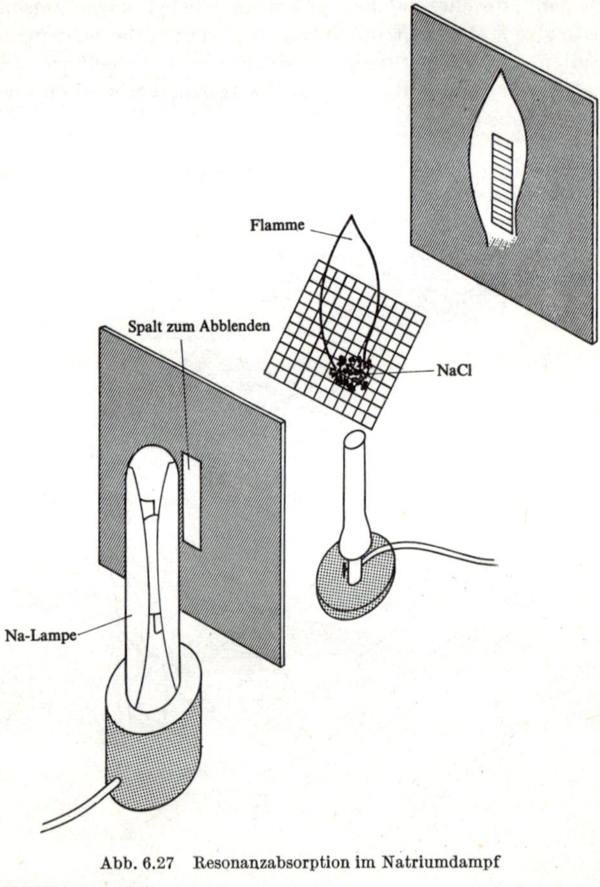

Abb. 6.27 Resonanzabsorption im Natriumdampf

[1] Über die Physik des Pianos findet sich mehr in dem Artikel von E. O. BLACHHAM, in: Scientific American, Vol. **213**, No. 6, S. 88, Dez. 1965.

d) *Atomare Resonanzabsorption*

Wir kennen von der Oberschule her die „Natriumflamme“; auf ein Drahtnetz, das in der Flamme eines Bunsenbrenners steht, wird Kochsalz gestreut, und die Flamme leuchtet gelb, entsprechend der Wellenlänge des gelben Na-Lichtes 5890 Å.

Strahlen wir mit einer Natrium-Spektrallampe genau diese Wellenlänge ein, so beobachten wir an der bestrahlten Stelle der Flamme auf einem dahinter aufgestellten Schirm schwarze Zonen. Die Versuchsanordnung ist in Abb. 6.27 abgebildet.

Die Natriumatome in der Flamme sind ein resonanzfähiges (Schwingungs-)System. Wird Licht der Resonanzfrequenz ω_0 eingestrahlt, kann dieses absorbiert werden, indem es die Na-Atome anregt. Wir beobachten daher auf dem Schirm eine dunkle Zone, da das Na-Licht an dieser abgebildeten Stelle von den Na-Atomen vollständig absorbiert wurde. Diesen Prozeß stellt man symbolisch in einem Niveauschema nach Abb. 6.28 dar.

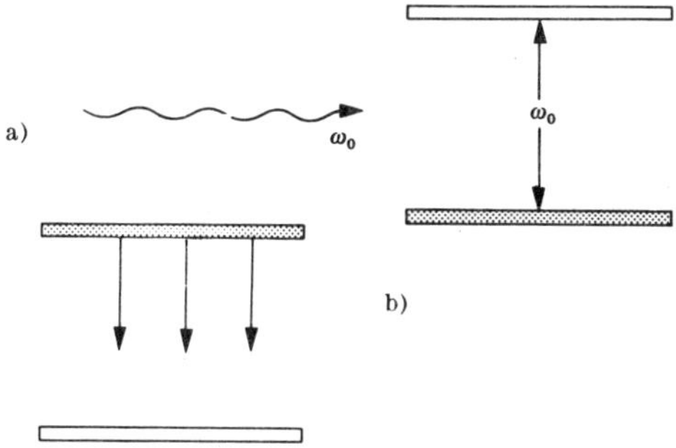

Abb. 6.28 Schematische Darstellung der Resonanzabsorption

Durch das Einstrahlen der Resonanzfrequenz ω_0 werden die Atome energetisch in den angeregten, weiß gezeichneten Zustand „gehoben“. Da wir nur eine endliche Zahl von Atomen in unserer Flamme haben, wäre dieser Anregungsprozeß zeitlich begrenzt. Die angeregten Atome bleiben jedoch lediglich sehr kurze Zeit (ca. 10^{-8} sec) in diesem angeregten Schwingungszustand und fallen wieder auf ihr Ausgangsniveau (6.28b) zurück[1]. Wir brauchen daher stets neue Anregungsenergie aus dem eingestrahlten Licht, um einen stationären Zustand zu erreichen und beobachten während der ganzen Versuchsdauer die schwarze Zone. Trotz des großen Q-Faktors

[1] Das reemittierte Licht geht in jeden Raumwinkel und fehlt daher zu einem hohen Prozentsatz in der Durchstrahlrichtung.

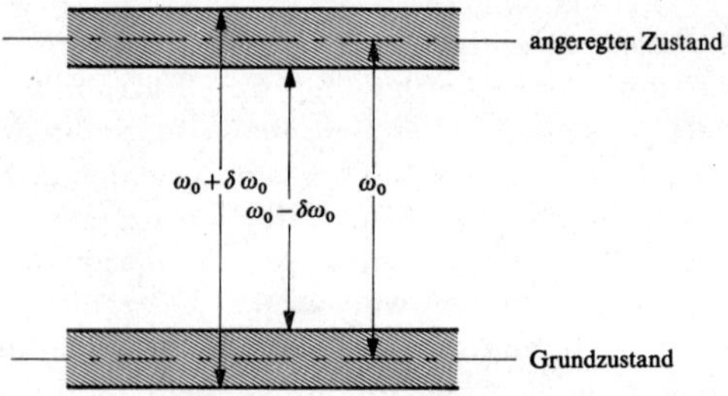

Abb. 6.29 Schematische Darstellung der Resonanzbreite $2\,\delta\omega_0$

(Größenordnung 10^7) der atomaren Resonanzabsorption besitzen die Niveaus eine gewisse Breite, d. h. auch eine eng benachbarte Frequenz $\omega_0 \pm \delta\omega_0$ kann noch absorbiert werden, was wir vereinfacht in Abb. 6.29 dargestellt haben.

Nicht nur die exakte Resonanzfrequenz $\omega = \omega_0$, auch eine kleine Abweichung $\delta\omega_0$ erlaubt eine Resonanzanregung des schwingungsfähigen atomaren Systems.

e) *Rückstoßfreie Resonanzabsorption (Mößbauereffekt)*

Fällt ein angeregtes Atom in seinen Grundzustand zurück, wird die vorher absorbierte Strahlung wieder emittiert und kann ein anderes Atom anregen, da eine gewisse Breite $2 \cdot \delta\omega_0$ und eventuelle kleine Verluste $\partial\omega_0$ möglich sind; deshalb muß lediglich die Bedingung

$$\partial\omega_0 < \delta\omega_0$$

erfüllt sein, damit eine Resonanzabsorption möglich ist.

γ-Strahlen-Absorption und -Emission der Atomkerne beschreibt man mit der gleichen Modellvorstellung wie bei den Strahlenabsorptions- und Emissionsvorgängen der Atomhülle. Es gibt einige Niveaus der Kerne, die viel schärfer als diejenigen der Atome sind. Da ein Atomkern bei der Emission eines γ-Quants aus Impulserhal-

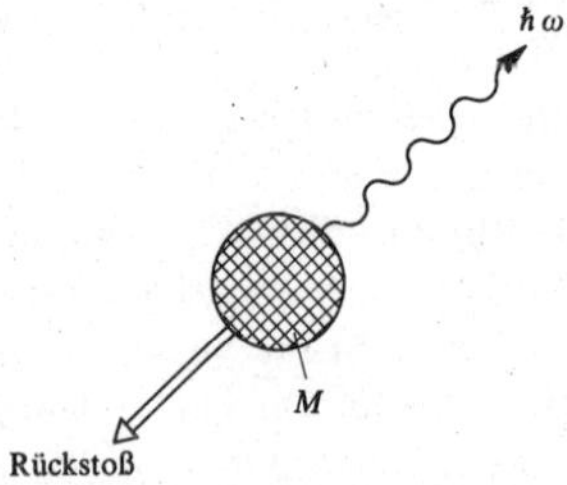

Abb. 6.30 Kernrückstoß bei Quantenemission

tungsgründen einen Rückstoß erfährt, besitzt das emittierte Quant eine um die Rückstoßenergie verringerte Energie (Abb. 6.30). Im allgemeinen kann deshalb das emittierte γ-Quant nicht von einem anderen gleichen Kern wieder eingefangen werden und diesen anregen, da die Energie nicht mehr ausreicht.

Da der Impuls eines Quants $\hbar\,\omega$

$$p = \frac{\hbar\,\omega}{c} \tag{6.66}$$

ist, muß der gleiche Impuls vom Kern als Rückstoß aufgenommen werden. Die Rückstoßenergie des Kernes der Masse M beträgt deshalb:

$$E_{\mathrm{R}} = \frac{p^2}{2\,M} = \frac{\hbar^2\,\omega^2}{2\,M\,c^2} = \frac{E_\gamma^2}{2\,M\,c^2}\,. \tag{6.67}$$

Bei der Ableitung dieser Rückstoßenergie E_{R} haben wir vorausgesetzt, daß wir das Problem nichtrelativistisch behandeln können, eine Annahme, die in der Atom- und Kernspektroskopie weitgehend gerechtfertigt ist. Betrachten wir zwei benachbarte Kernzustände, deren Energiedifferenz E nach Abb. 6.31 gegeben sei.

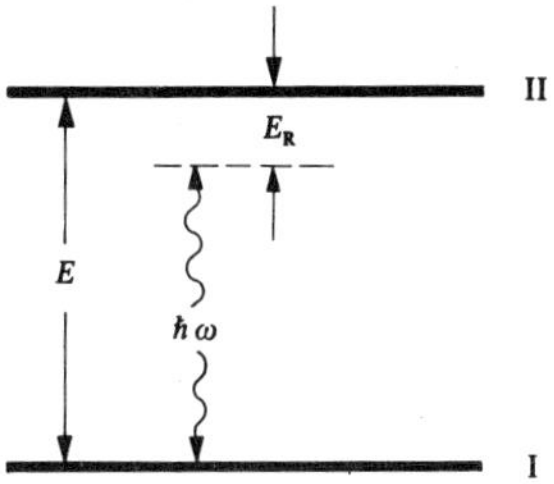

Abb. 6.31 Zwei benachbarte Energiezustände eines Atomkerns

Bei der Emission eines γ-Quants geht der Kern vom Zustand II in den Zustand I über. Die Energie des γ-Quants ist gleich der Energiedifferenz der beiden Zustände E, vermindert um die Rückstoßenergie E_{R}, also

$$\hbar\,\omega = E - 2\,E_{\mathrm{R}}\,. \tag{6.68}$$

Diese γ-Energie $\hbar\,\omega$ reicht nicht mehr aus, um einen anderen Kern vom Niveau I auf das Niveau II anzuregen; oder mit anderen Worten: Eine Resonanzabsorption dieser emittierten Gammastrahlung $\hbar\,\omega$ durch einen anderen Atomkern ist nicht möglich (vgl. Abb. 6.32). Wenn es gelingt, dem γ-Quant den Energiewert E mitzuteilen, könnte dieses wieder resonant absorbiert werden.

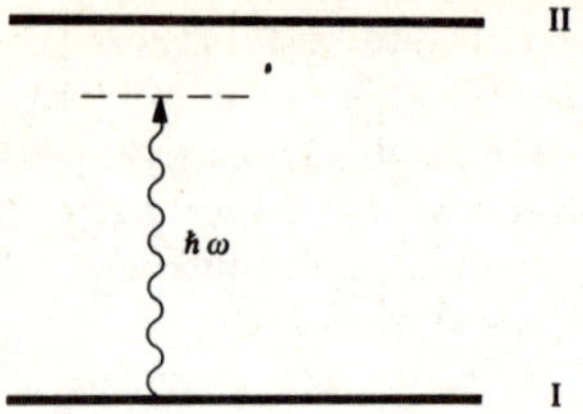

Abb. 6.32 Die emittierte $\hbar\omega$-Strahlung reicht nicht aus, um einen Kern vom Zustand I in den Zustand II anzuregen

Franz Metzger gelang es, die Energie $\hbar\omega$ um den Betrag $2\,E_{\mathrm{R}}$ zu ergänzen, indem er die strahlende Quelle auf eine sehr schnell rotierende Scheibe montierte (nach Abb. 6.33). Der im Punkt S emittierte γ-Strahl erhält die fehlende Energie E_{R} in Form von Rotationsenergie. Das in diesem Zeitpunkt emittierte γ-Quant kann von einem Kern resonant absorbiert werden.

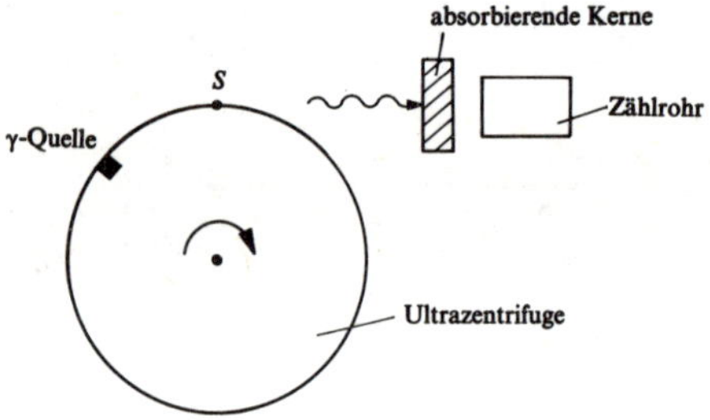

Abb. 6.33 Versuchsanordnung von Metzger zur Kompensation des Rückstoßverlustes

Eine viel elegantere Methode fand der Münchner Physiker Rudolf Mössbauer, für die er 1961 den Nobelpreis erhielt. Betrachten wir die Beziehung (6.67), so erkennen wir die Abhängigkeit der Rückstoßenergie E_{R} von der Masse des Kerns M, der den Rückstoß aufnimmt. Sind die γ-emittierenden Kerne sowie die absorbierenden Kerne in ein Kristallgitter eingebaut, so wird der Rückstoß bei Emission nicht von einem einzelnen Kern der Masse M, sondern unter gewissen Bedingungen von dem umgebenden Kristallgitter als ganzes aufgenommen *(Mößbauereffekt)*. In Gleichung (6.67) müssen wir daher in bestimmten Fällen die Masse M durch eine sehr große Summe

$$M \longrightarrow \sum_i M_i$$

MÖSSBAUER, Rudolf L., geboren 1929 in München. War Schüler von Maier-Leibnitz. Professor für Physik an der Technischen Hochschule München und am California Institute of Technology in Pasadena. Fundamentale Arbeiten zur rückstoßfreien Kernresonanzabsorption von γ-Strahlen (Mößbauereffekt), wofür er 1961 den Nobelpreis erhielt.

Rudolf L. Mößbauer

ersetzen, dabei wird die Rückstoßenergie E_R beliebig klein, d. h. es wird die Energie des γ-Quants wieder gleich der Differenz der Kernenergiezustände

$$\hbar\,\omega \approx E\,. \tag{6.69}$$

Diese γ-Strahlung kann von einem anderen Kern resonant absorbiert werden. Eines der Isotope, das am häufigsten für Mößbauereffektmessungen heute verwendet wird, ist

$$Fe^{57}\,,$$

mit der 14,4 keV γ-Linie. Die Linienbreite ist von der Größenordnung $5 \cdot 10^{-9}$ eV, damit wird der Q-Faktor von der Größenordnung 10^{12}. Darin liegt die so große Bedeutung des Mößbauereffektes. Man hat ein äußerst empfindliches Werkzeug zur Hand, um z. B. relativistische Effekte, Magnetfelder, Verschiebungen im Kristallgitter usw. zu messen.

MÖSSBAUER selbst hat diesen Effekt der rückstoßfreien Kern-Resonanzabsorption zuerst an Iridium 191 gefunden (Z. f. Physik **151**, 124, 1958). Heute (1966) sind mehr als 80 Isotope bekannt, die für den Mößbauereffekt geeignet sind. Stichwortartig seien in folgender Tabelle 6.6 einige Beispiele von Anwendungen des Mößbauereffektes aufgezählt.

Die wohl größte Bedeutung hat der Mößbauereffekt für die Aufklärung der Strukturen fester Körper.

Zum weiteren, einführenden Studium des Mößbauereffektes seien folgende Werke empfohlen:

HORST WEGENER, Der Mößbauereffekt, BI-Hochschultaschenbücher 2/2a, 1965;

Tabelle 6.6

Gebiet	Anwendung
Relativität	Frequenzverschiebung eines Lichtquants im Gravitationsfeld
Kernphysik	Bestimmung magnetischer Momente von angeregten Zuständen
Kernphysik	Quadrupoleffekte
Kernphysik	Bestimmung von Kernradien
Festkörperphysik	Messung von inneren Magnetfeldern in Kristallen
Festkörperphysik	Elektrischer Feldgradient am Kernort
Festkörperphysik	Elektronendichte am Kernort
Festkörperphysik	Magnetische Kristallstruktur
Festkörperphysik	Strahlungsschäden
Chemie	Isomerieverschiebung
Chemie	Hüllenordnungen nach Kernprozessen
Chemie	Strukturaufklärung komplizierter Moleküle

Hans Frauenfelder, The Mößbauer Effect, Benjamin, N. Y. 1962;

Günther K. Wertheim, Mößbauer Effect: Principles and Applications. Academic Press, N. Y. 1964.

f) *Resonanzen in der Elementarteilchenphysik*

Sehr kurzlebige Elementarteilchen werden „Resonanzen" genannt. Untersucht man die Abhängigkeit der Wahrscheinlichkeit σ für eine bestimmte Reaktion

$$A + B \longrightarrow C + D$$

vom Impuls p von z. B. A, so ergeben sich Meßkurven von der in Abb. 6.34 dargestellten Art.

Mit gewissem Recht kann man dieses deutliche Abheben im $\sigma - p_A$-Diagramm vom Untergrund als Resonanzkurve bezeichnen. Eine typische Elementarteilchen-Resonanz entsteht und verschwindet innerhalb eines Raumes, der wesentlich kleiner ist als das Volu-

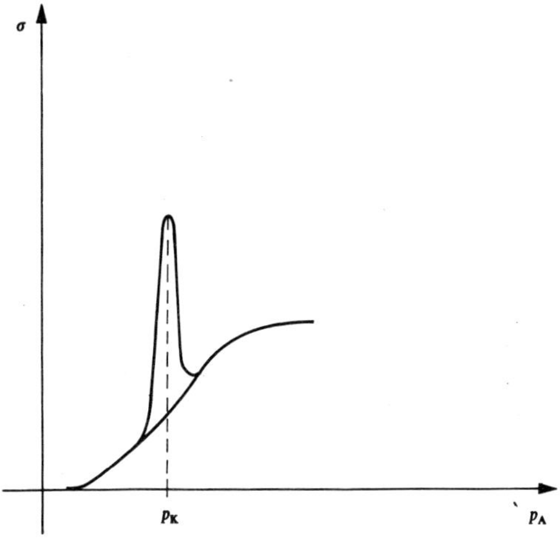

Abb. 6.34 Messung eines ultrakurzlebigen Teilchens als „Resonanz“

men eines Atoms. Auf die Existenz einer Resonanz und somit auf ein ultrakurzlebiges Elementarteilchen kann nur aus Beobachtungen an den länger lebenden Zerfallsprodukten geschlossen werden.

Aufgaben zu Kapitel 6

Aufgabe 6.1. Pendel:

Ein homogener Stab von konstantem Querschnitt (Länge l, Masse m) ist an einem Ende drehbar aufgehängt und vollführt eine harmonische Schwingung. Nun soll die gesamte schwingende Masse beliebig erhöht werden, indem man einen kleinen Körper am Stab befestigt. An welcher Stelle, bezüglich der Achse muß dies geschehen, damit sich dadurch die Schwingungsdauer nicht ändert?

Aufgabe 6.2. Belastung einer Feder mit Anfangsbedingung:

Gegeben eine unbelastete Federwaage der Federkonstanten f. (Die Waagschale sei masselos.) Ein Körper der Masse m wird nun plötzlich auf die Waagschale gebracht, indem

---

Anmerkung zu diesem Kapitel:
Zur Illustration sei der hervorragende Film von HUME und IVEY, „Periodic Motion“ (33 min) (PSSC-MLA 0306) empfohlen.

a) die Belastung zwar plötzlich erfolgt, aber im Zeitnullpunkt der Belastung die Geschwindigkeit der Masse Null ist;

b) der Körper aus der Höhe h auf die Waagschale fällt, wobei weder Wärme noch Schall erzeugt werde.

Man diskutiere die dabei entstehende Bewegung. (Im ganzen Verformungsbereich der Feder gilt das Hookesche Gesetz)

Aufgabe 6.3. Kreispendel:

Ein Kreispendel bewegt sich so, daß der Faden immer den Winkel α mit der Lotrechten bildet (Fadenlänge l, Masse m). Welche Periode hat das Kreispendel? Welche Energie ist nötig, um diese Bewegung aus der Ruhelage herzustellen? Man vergleiche diese Energie mit der eines ebenen Pendels gleicher Winkelamplitude.

Aufgabe 6.4. Ruhelage einer schwingenden Waage:

Eine Balkenwaage vollführt eine gedämpfte Schwingung; dabei werde die Lage dreier aufeinanderfolgender Umkehrpunkte des Zeigers beobachtet zu a, b und c Skalenteilen. Man berechne daraus die Stellung B, in welcher der Zeiger zur Ruhe kommen müßte.

Aufgabe 6.5. Leistungsverbrauch bei erzwungener Schwingung:

Ein schwach gedämpftes, schwingungsfähiges System (Dämpfungskonstante β) soll von einer äußeren Kraft mit der Resonanzfrequenz erregt werden, so daß die Schwingungsamplitude x_0 erreicht wird. Man berechne die momentane und mittlere Leistung, welche dazu nötig ist.

Aufgabe 6.6. Schwingungsdauer bei größeren Amplituden*:

Man berechne die Schwingungsdauer eines mathematischen Pendels für beliebige Amplituden ($\varphi_0 = 10°, 90°, 170°, 180°$) und vergleiche sie mit der bei sehr kleiner Amplitude.

Aufgabe 6.7. Gekoppelte Pendel:

Gegeben zwei gleiche Pendel der Masse m und Länge l, welche nebeneinander hängen und deren Massen durch eine Feder (Zug und Druck, Federkonstante f, Eigenmasse Null) verbunden sind. Diese hat im kräftefreien Zustand gerade die gleiche Länge wie die Aufhängepunkte der Pendel voneinander entfernt sind. Welche zwei Eigenfrequenzen hat dieses Gebilde? Welche Bewegung der einzelnen Massen folgt für diese Anfangsbedingungen: $\varphi_1 = 0$; $\dot{\varphi}_1 = 0$; $\varphi_2 = \varphi_0$; $\dot{\varphi}_2 = 0$? (φ_1 und φ_2 seien kleine Auslenkungen aus der Ruhelage der Pendel; $2f \ll \frac{mg}{l}$. Hinweis zur Lösung: $\varphi_1 - \varphi_2 = \xi$; $\varphi_1 + \varphi_2 = \eta$).

Aufgabe 6.8. Kernresonanzfluoreszenz:

Fe^{57}-Atomkerne haben ein Energieniveau 14,4 keV (Lebensdauer 10^{-7} s) über dem Grundzustand; beim Übergang zwischen diesen Zuständen wird ein Photon emittiert bzw. absorbiert. Welche kinetische Energie erhält ein freies Atom bei der Emission eines solchen Photons? Mit welcher Schärfe etwa kann die Lage des 14,4-keV-Niveaus bestimmt werden, wenn Emitter- und Absorberkern keinen Rückstoß erfahren? Welche Relativgeschwindigkeit braucht man, um eine Energieverschiebung von der Größenordnung dieser Schärfe durch Doppler-Effekt herzustellen?

7. EINFACHE WELLENLEHRE

7.1 Mathematische Beschreibung eines Wellenvorganges

Die Wellenlehre versucht eine modellmäßige Behandlung der Fortpflanzung von Störungen in bestimmten Medien (inkl. Vakuum) zu vermitteln. In der Natur beobachten wir eine große Zahl von Wellenvorgängen, z. B.:

Wellen an Wasseroberflächen,
Lärm (Schallwellen in Luft),
Fortpflanzung einer Störung auf einem Luftseilbahnkabel,
Erdbebenwellen,
Licht.

Wir können eine erste Klassifikation vornehmen, indem wir die Art des Mediums als Charakteristikum betrachten. Wir erhalten dann die beiden Klassen:

1. Wellen an materielles Medium gebunden:
   elastische Wellen (Schall, Erdbeben etc.);
2. Wellen, die an kein materielles Medium gebunden sind (z. B. im Vakuum):
   elektromagnetische Wellen (Licht, γ-Strahlen etc.),
   Gravitationswellen.

Wir wollen uns im folgenden zunächst auf eindimensionale Wellen, die an ein materielles Medium gebunden sind, beschränken. Elektromagnetische Wellen sind in Bd. II (BI-Hochschultaschenbücher 115/115a) im 7. Kapitel besprochen.

Als Modell zur Vortäuschung einer Wellenbewegung dient im Vorlesungsversuch die sogenannte Spiralwellenmaschine, abgebildet in Abb. 7.1.

Drehen wir die Walze mit einer Winkelgeschwindigkeit ω, wird eine Wellenbewegung simuliert. Trotzdem sich die einzelnen Kugeln bei der Rotation der Walze nur in einer Ebene senkrecht zur Walzenachse bewegen, entsteht der Eindruck einer fortschreitenden Welle. Jedes Teilchen (im Modell: Kugel) führt eine harmonische Schwingung mit der Frequenz ω um seine Gleichgewichtslage aus. Projizieren wir diese „Zylinderteilchen"-Bewegung auf eine $(x\,y)$-Ebene, so ist diese Schwingung eines einzelnen Teilchens

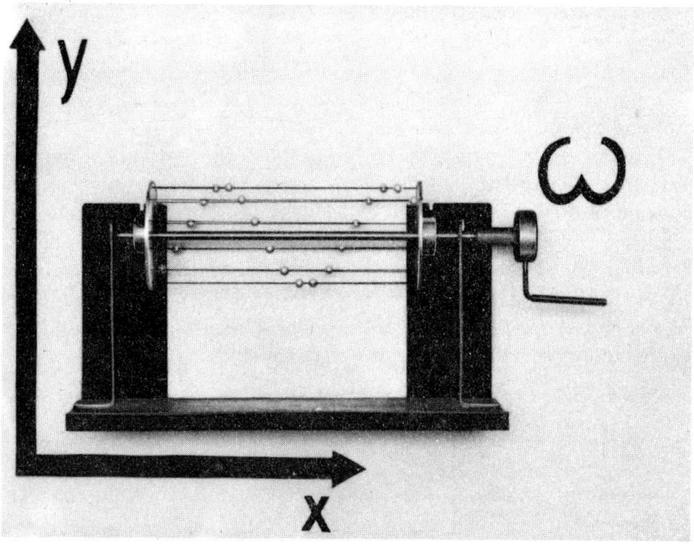

Abb. 7.1 „Wellenmaschine" als Modell der Wellenbewegung.

gegeben durch

$$y = A\, e^{i \omega t}\,, \tag{7.1}$$

wobei A die Amplitude, also in unserem Modell gleich dem Walzenradius ist.

Eingangs definierten wir eine Wellenbewegung als Fortpflanzung einer Störung, die wir im folgenden mit ξ bezeichnen wollen. In der Vorlesung demonstriert man diese Fortpflanzung einer Stö-

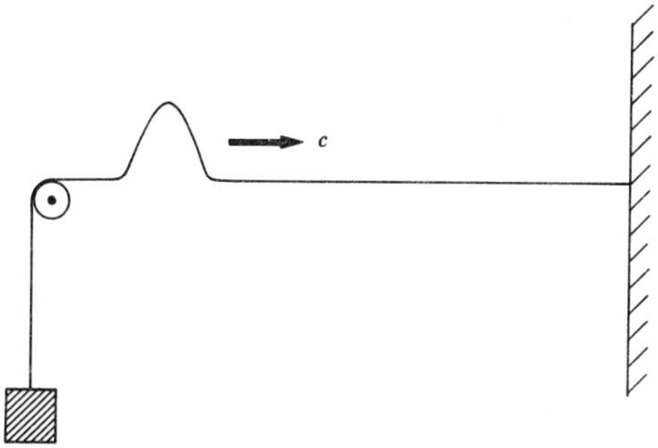

Abb. 7.2 Seilwelle.

rung mit der Seilwelle; indem ein eingespanntes Seil kurz angestoßen wird, dabei pflanzt sich dieser „Störungsbuckel" mit einer bestimmten Geschwindigkeit längs des Seils fort, schematisch dargestellt in Abb. 7.2. Die Ausbreitungsgeschwindigkeit c ist dabei abhängig von der Seilspannung.

Erzeugt die Störung eine harmonische Schwingung der Teilchen um die Ruhelage mit der Frequenz ω, so setzt sich diese Schwingung durch den ganzen Körper (Seil) hindurch fort. Benachbarte Teilchen schwingen mit versetzter Phase mit. In regelmäßigen Abständen folgen aber Teilchen, die in der Schwingungsphase miteinander übereinstimmen. Man nennt diesen Abstand innerhalb einer Welle die *Wellenlänge* λ. Zwischen der Kreisfrequenz ω und der Schwingungsperiode T besteht die Beziehung:

$$T = \frac{2\pi}{\omega} = \frac{1}{\nu} \quad . \tag{7.2}$$

zwischen der Ausbreitungsgeschwindigkeit c, der Wellenlänge λ und der Frequenz oder Periode gilt die folgende Beziehung:

$$c = \lambda \cdot \nu = \bar{\lambda} \cdot \omega = \frac{\lambda}{T} \quad , \tag{7.3}$$

wobei

$$\bar{\lambda} = \frac{\lambda}{2\pi}$$

oder

$$\lambda = c \cdot T \tag{7.4}$$

bedeutet.

Beispiele von Fortpflanzungsgeschwindigkeiten c sind:

Schall in trockener Luft von 20°C: $c = 344 \frac{\text{m}}{\text{sec}}$,

Schall in festem Argon bei 4,2 °K: $c = 1446 \frac{\text{m}}{\text{sec}}$,

Schall in Aluminium bei 20 °C: $c = 6260 \frac{\text{m}}{\text{sec}}$,

Elektrische Feldstärke im Vakuum: $c = 300000 \frac{\text{km}}{\text{sec}}$.

Eine Störung kann beispielsweise eine Verschiebung der Teilchen eines Mediums aus ihrer Ruhelage im Falle der Seilwelle, Wasseroberflächenwelle, oder ein Überdruck bei elastischen Wellen, Schallwellen, oder eine elektrische Feldstärke (Licht) darstellen.

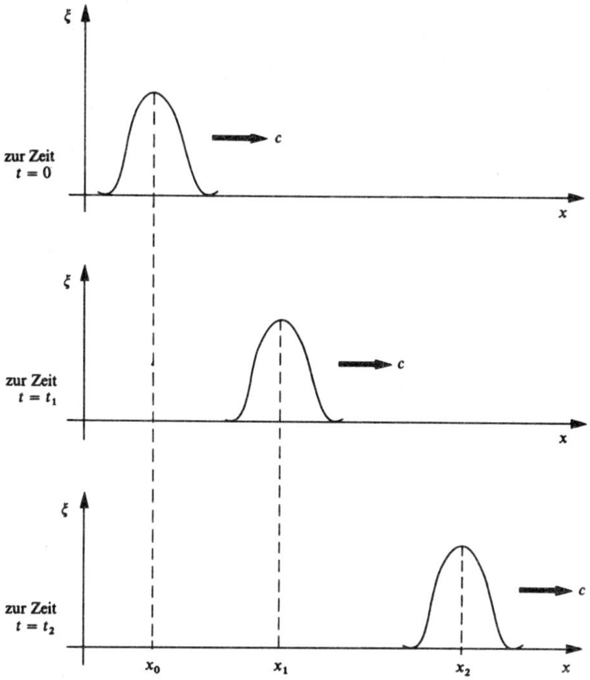

Abb. 7.3 Fortpflanzung einer Störung ξ

Eine solche Störung ξ ist eine Funktion des *Ortes* x *und der Zeit* t*:*

$$\xi = \xi(x, t)\,, \tag{7.5}$$

was wir schematisch in Abb. 7.3 darstellen.

Ist die Störung ξ zur Zeit $t = 0$ an der Stelle $x = x_0$, so gilt

$$x_1 = x_0 + c\,t_1$$

und

$$x_2 = x_0 + c\,t_2\,.$$

Diese Störung ξ pflanzt sich mit der Geschwindigkeit c längs der x-Achse fort.

Wir müssen jetzt eine mathematische Funktion $\xi(x, t)$ suchen, die eine gleichmäßige Bewegung der Störung längs der x-Achse wiedergibt. Dabei wollen wir vereinfachend annehmen, daß sich die Form der Störung nicht ändert (was nicht immer der Fall ist).

Die Störung, die wir zur Zeit $t = t_2$ an einer bestimmten Stelle $x = x_2$ finden, war zur Zeit $t = 0$ an der Stelle

$$x_0 = x_2 - c\,t_2$$

oder allgemeiner

$$x_0 = x - c\,t\,. \tag{7.6}$$

Es gilt also für unsere obige Annahme mit (7.6)

$$\xi\,(x,\,t) = \xi\,(x_0,\,0) = \xi\,(x - c\,t,\,0)\,. \tag{7.7}$$

Diese Bedingungsfunktionsgleichung (7.7) wird z. B. durch die Sinusfunktion

$$\xi = a \sin k\,(x - c\,t) \tag{7.8}$$

erfüllt. Gleichung (7.8) stellt eine fortschreitende sinusförmige Welle dar, worin

$$k = \frac{2\,\pi}{\lambda} = \frac{1}{\bar{\lambda}} \tag{7.9}$$

die *Wellenzahl* bedeutet. Zwei Typen von Wellenarten wollen wir unterscheiden:

a) Ist die Störung ξ senkrecht zum Fortpflanzungsgeschwindigkeitsvektor $\boldsymbol{c}$, so spricht man von *Transversalwellen* (Abb. 7.4).

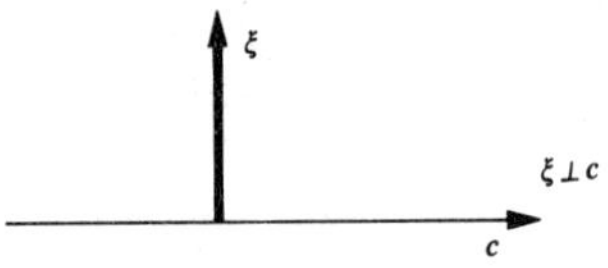

Abb. 7.4 Störung senkrecht zur Geschwindigkeit **c** (Transversalwellen)

b) Verläuft die Störung ξ parallel zum Ausbreitungsvektor $\boldsymbol{c}$, nennt man die entstehenden Wellen *Longitudinalwellen* (Abb. 7.5).

Die Abhängigkeit der Fortpflanzungsgeschwindigkeit c von den Eigenschaften des Übertragungsmediums läßt sich in einigen Fällen durch Dimensionsbetrachtungen bestimmen, wie wir im folgenden Beispiel an elastischen Longitudinalwellen in einem festen Körper zeigen wollen.

Abb. 7.5 Störung parallel zur Fortpflanzungsrichtung (Longitudinalwellen)

Da durch eine Störung ξ die einzelnen Atome oder Moleküle beschleunigt werden, wird c von der Dichte ϱ des Mediums abhängen. Ebenso wird c von der Elastizität, dargestellt durch den Elastizitätsmodul E, abhängig sein.

Es gilt demnach

$$c = c(\varrho, E) . \tag{7.10}$$

Die Einheiten sind

$$[c] = \frac{\mathrm{m}}{\mathrm{sec}},$$

$$[\varrho] = \frac{\mathrm{kg}}{\mathrm{m}^3},$$

$$[E] = \frac{\mathrm{kg}}{\mathrm{m} \cdot \mathrm{sec}^2}.$$

Folgender Zusammenhang der Einheiten ist möglich

$$\left[\frac{\mathrm{m}}{\mathrm{sec}}\right] \sim \left[\frac{\left[\frac{\mathrm{kg}}{\mathrm{m} \cdot \mathrm{sec}^2}\right]}{\left[\frac{\mathrm{kg}}{\mathrm{m}^3}\right]}\right]^{1/2}. \tag{7.11}$$

Daraus erhalten wir die Proportionalität

$$c \approx \sqrt{\frac{E}{\varrho}}. \tag{7.12}$$

Beispiel 2:

Bei der Ausbreitung von Wasserwellen in seichtem Wasser spielt die Tiefe h des Wassers sowie die Schwerebeschleunigung g eine Rolle. Es besteht daher die Funktionsgleichung

$$c = c(h, g) . \tag{7.13}$$

Da

$$[c] = \frac{\mathrm{m}}{\mathrm{sec}},$$

$$[h] = \mathrm{m},$$

$$[g] = \frac{\mathrm{m}}{\mathrm{sec}^2}$$

ist, muß folgen

$$c \approx \sqrt{g \cdot h} . \tag{7.14}$$

Die Dichte des Wassers ϱ kommt hier nicht ins Spiel, da wir bei unseren einfachen Überlegungen die Kompressibilität des Wassers vernachlässigt haben.

Elastische Longitudinalwellen in einem Stab (Nur für Physiker)

Für die Studenten der Physik und Mathematik wollen wir die allgemeine Wellengleichung am Beispiel elastischer Longitudinalwellen herleiten. Wir betrachten einen sehr langen Stab (Abb. 7.6) mit dem Querschnitt F, der Dichte ϱ und dem Elastizitätsmodul[1] E:

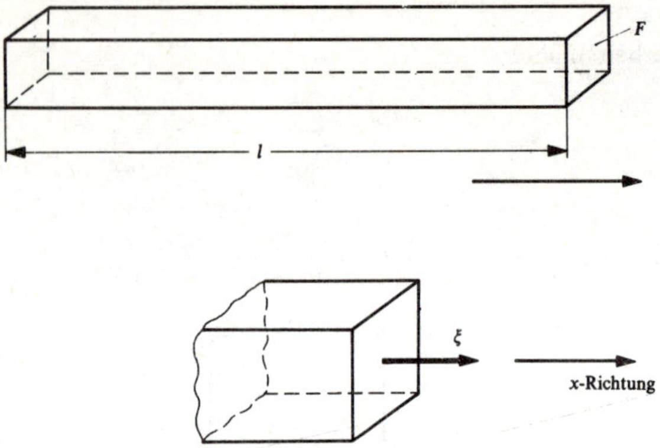

Abb. 7.6 Longitudinalwellen im Stab

An der Stelle x sei die Störung ξ, dann ist zu der gleichen Zeit die Störung an der Stelle $x + \mathrm{d}x$

$$\xi + \mathrm{d}\xi\,,$$

dabei ist

$$\xi + \mathrm{d}\xi = \xi + \frac{\partial \xi}{\partial x}\,\mathrm{d}x\,. \tag{7.15}$$

Als „Störung" können wir uns einen Querschnitt F vorstellen, der um die Strecke $|\xi|$ aus der ursprünglichen Ruhelage in x-Richtung verschoben wird.

Betrachten wir die zuerst elastische Verformung eines Elementes $\mathrm{d}m$ des Stabes (Abb. 7.7).

Der Zug beträgt (Kraft pro Fläche F)

$$\text{in } x: \qquad \sigma(x, t): \quad \text{Zug}$$

und

$$\text{in } (x + \mathrm{d}x): \quad \sigma + \frac{\partial \sigma}{\partial x}\,\mathrm{d}x: \quad \text{Druck}\,.$$

[1] Zur Erinnerung: Die Definition des Elastizitätsmoduls E nach dem Gesetz von Hooke:

$$\frac{\Delta l}{l} = \frac{1}{E}\,\sigma$$

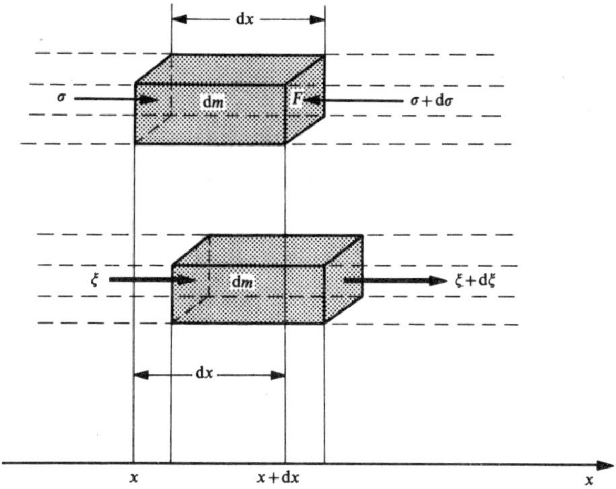

Abb. 7.7 Elastische Verformung eines Stabelements durch die Störung ξ

Das Stabelement dm ist unter dem Einfluß der Kräfte verlängert worden. Diese spezifische Verlängerung

$$\frac{\Delta l}{l} = \frac{\frac{\partial \xi}{\partial x}\,\mathrm{d}x}{\mathrm{d}x} = \frac{\partial \xi}{\partial x}$$

ist nach dem Hookeschen Gesetz gleich

$$\frac{\partial \xi}{\partial x} = \frac{1}{E}\,\sigma \tag{7.16}$$

zu setzen.

Neben der elastischen Verformung müssen wir auch die Bewegung des Stabelementes dm zwischen x und $x + \mathrm{d}x$ betrachten. Nach dem Newtonschen Gesetz ist die resultierende Gesamtkraft auf dm:

$$\mathrm{d}m \cdot \frac{\partial^2 \xi}{\partial t^2} = K_{\text{res}}\,. \tag{7.17}$$

Diese resultierende Kraft ist gleich der Differenz der Kräfte von links und von rechts auf dm. Da die Drücke links σ und rechts $\sigma + \mathrm{d}\sigma = \sigma + \frac{\partial \sigma}{\partial x}\,\mathrm{d}x$ sind, finden wir die Kräfte durch Multiplikation der Drücke mit der Fläche F und erhalten für die resultierende Gesamtkraft den folgenden Ausdruck

$$K_{\text{res}} = F\left(\sigma + \frac{\partial \sigma}{\partial x}\,\mathrm{d}x\right) - F \cdot \sigma = F\,\frac{\partial \sigma}{\partial x}\,\mathrm{d}x\,, \tag{7.18}$$

oder mit dem Wert von (7.17)

$$\mathrm{d}m \cdot \frac{\partial^2 \xi}{\partial t^2} = F \cdot \frac{\partial \sigma}{\partial x}\,\mathrm{d}x\,. \tag{7.19}$$

Setzen wir für dm den Wert

$$\mathrm{d}m = F \cdot \mathrm{d}x \cdot \varrho \tag{7.20}$$

ein und differenzieren den Hookeschen Ausdruck (7.16) nach dx

$$\frac{\partial \sigma}{\partial x} = E \cdot \frac{\partial^2 \xi}{\partial x^2}\,, \tag{7.21}$$

können wir die Größen (7.20) und (7.21) in die Beziehung (7.19) einsetzen und erhalten

$$F \cdot \mathrm{d}x\,\varrho\,\frac{\partial^2 \xi}{\partial t^2} = F \cdot E\,\frac{\partial^2 \xi}{\partial x^2}\,\mathrm{d}x\,,$$

oder mit F und dx gekürzt:

$$\varrho \cdot \frac{\partial^2 \xi}{\partial t^2} = E \cdot \frac{\partial^2 \xi}{\partial x^2}\,. \tag{7.22}$$

Gleichung (7.22) schreibt man meistens in folgender Form

$$\frac{\partial^2 \xi}{\partial t^2} = \frac{E}{\varrho}\,\frac{\partial^2 \xi}{\partial x^2}\,. \tag{7.23}$$

Dies ist die sogenannte *Wellengleichung* für die elastische Welle längs des Stabes der Dichte ϱ und dem Elastizitätsmodul E.

Wir wollen die wichtigsten Schritte zur Herleitung dieser Differentialgleichung nochmals rekapitulieren:

1. Betrachtung der Verlängerung des Stabelementes dm

$$\frac{\Delta\, l}{l} = \frac{\partial \xi}{\partial x}\,.$$

2. Anwendung des dynamischen Grundgesetzes von Newton

$$\mathrm{d}m\,\frac{\partial^2 x}{\partial t^2} = F \cdot \frac{\partial \xi}{\partial x}\,\mathrm{d}x\,.$$

3. Herstellung der Beziehung zwischen Längenänderung und angreifenden Kräften durch das Hookesche Gesetz

$$\sigma = E\,\frac{\partial \xi}{\partial x}\,.$$

4. Gleichung für die Fortpflanzung der Störung ξ.

Die Lösung der Differentialgleichung (7.23) ist uns bereits bekannt

$$\xi = \xi(x - c\,t)\,. \tag{7.24}$$

Differenzieren wir diesen Ausdruck (7.24) zweimal, so erhalten wir

$$\frac{\partial^2 \xi}{\partial t^2} = \frac{\partial}{\partial t}\left(\frac{\partial \xi}{\partial x}\,\frac{\partial x}{\partial t}\right) = \frac{\partial^2 \xi}{\partial x^2} \cdot c^2\,. \tag{7.25}$$

Daraus folgt für die Fortpflanzungsgeschwindigkeit c der bereits mit einer Dimensionsbetrachtung hergeleitete Ausdruck

$$c = \sqrt{\frac{E}{\varrho}}\,. \tag{7.26}$$

Breitet sich die Welle nicht nur in der x-Richtung, sondern in 3 Dimensionen aus, lautet die Wellengleichung

$$\frac{\partial^2 \xi}{\partial t^2} = \frac{E}{\varrho}\,\nabla^2\,\xi \tag{7.27}$$

$$= \frac{E}{\varrho}\,\Delta\,\xi$$

$$= \frac{E}{\varrho}\left[\frac{\partial^2 \xi}{\partial x^2} + \frac{\partial^2 \xi}{\partial y^2} + \frac{\partial^2 \xi}{\partial z^2}\right].$$

Setzen wir anstelle vom Verhältnis $\frac{E}{\varrho}$ die Geschwindigkeit nach (7.26) in die 3dimensionale Wellengleichung (7.27) ein, so erhalten wir die *allgemeine Wellengleichung*

$$\nabla^2\,\xi = \frac{1}{c^2}\,\frac{\partial^2 \xi}{\partial t^2}\,. \tag{7.28}$$

Diese Gleichung beschreibt eine große Klasse von Wellenausbreitungen sowohl longitudinaler als auch transversaler Wellen.

Setzen wir für die Ausbreitungsgeschwindigkeit c die Wellenlänge λ und die Frequenz ν ein

$$c = \lambda\,\omega \tag{7.29}$$

und für die Wellenlänge λ den *de-Broglie*-Wert

$$\lambda = \frac{\text{Plancksche Konstante}}{\text{Impuls}} = \frac{\hbar}{m \cdot v}\,, \tag{7.30}$$

wobei

$$\hbar = \frac{6{,}62 \cdot 10^{-34}}{2\,\pi}\,\text{Watt} \cdot \text{sec}^2$$

ist, so erhalten wir für die Fortpflanzungsgeschwindigkeit

$$c = \frac{\hbar\,\omega}{m\,v}. \tag{7.31}$$

Ersetzen wir den Impuls $p = m\,v$[1] durch einen die Gesamtenergie E und die potentielle Energie U des Systems enthaltenden Ausdruck

$$\frac{p^2}{2\,m} = \frac{(m \cdot v)^2}{2\,m} = E - U\,, \tag{7.32}$$

so erhalten wir für die Geschwindigkeit c

$$c = \frac{\hbar\,\omega}{\sqrt{2\,m\,(E - U)}}. \tag{7.33}$$

Setzen wir den Ausdruck (7.33) in die *allgemeine Wellengleichung* (7.28) ein, so folgt die wellenmechanische Beziehung

$$\nabla^2\,\xi = \frac{2\,m\,(E - U)}{\hbar^2\,\omega^2}\,\frac{\partial^2 \xi}{\partial t^2}\quad. \tag{7.34}$$

In der einfacheren Atomphysik interessiert man sich zunächst für stationäre Zustände von Atomen, also fragt nicht nach der Zeitabhängigkeit. Man zerlegt daher die Störung ξ in einen nur ortsabhängigen und einen nur zeitabhängigen, mit der Frequenz ω oszillierenden Anteil, indem wir einen in der Physik oft vorkommenden Ansatz verwenden

$$\xi\,(x, y, z, t) = \psi\,(x\;y\;z) \cdot \mathrm{e}^{-\mathrm{i}\,\omega\,t}\,. \tag{7.35}$$

Die Funktion ψ enthält also die Zeit t nicht mehr als unabhängige Variable.

Durch zweimalige Differentation von (7.35) nach der Zeit erhält man

$$\frac{\partial^2}{\partial t^2}\,\xi = -\,\omega^2\,\xi\,. \tag{7.36}$$

Berechnen wir dazu den Laplace-Operator ∇^2 aus (7.35) und setzen diesen sowie (7.36) in die zeitabhängige Wellengleichung (7.34)

[1] Wir haben zwischen der Ausbreitungsgeschwindigkeit c, auch Phasengeschwindigkeit genannt, und der Bewegungsgeschwindigkeit v eines materiellen Teilchens der Masse m zu unterscheiden (Geschwindigkeit der Energieausbreitung)

ein, so erhalten wir die *zeit-unabhängige* Schrödingergleichung

$$\nabla^2 \psi + \frac{2\,m}{\hbar^2}(E - U)\,\psi = 0 \quad . \tag{7.37}$$

Diese berühmte Schrödingergleichung ist eine homogene partielle Differentialgleichung zweiter Ordnung und beschreibt die Eigenschaften atomarer Systeme in stationären Zuständen. Ist die potentielle Energie U eines Systems, z. B. eines Wasserstoffatoms, bekannt, gestatten die Lösungen von (7.37) die stationären Energiezustände E, mit deren Hilfe man die Spektren erklärt, zu bestimmen.

Als Anwendungsbeispiel wollen wir den Rotator mit starrer Achse besprechen, der als einfachstes Modell eines zweiatomigen Moleküls dient, dargestellt in Abb. 7.8.

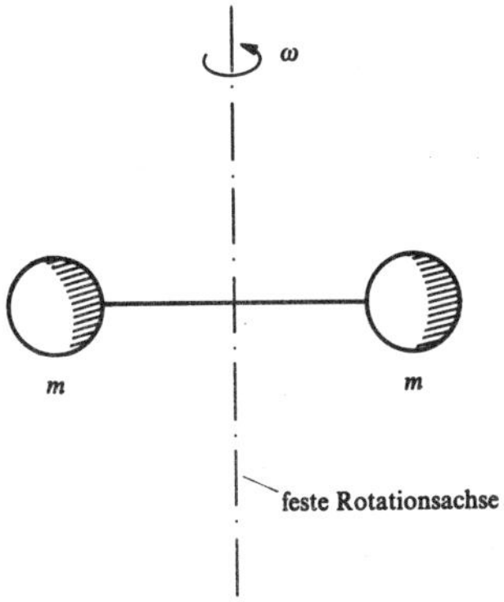

Abb. 7.8 Modell eines rotierenden zweiatomigen Moleküls (Hantelmodell)

Es soll sich um eine Molekül aus zwei gleichen Atomen der Masse m, z. B. H_2, N_2, handeln. Diese um eine feste Achse rotierenden Atome, Winkelgeschwindigkeit ω, besitzen die potentielle Energie $U = 0$. Die gesamte Systemenergie E ist kinetisch. Die Schrödingergleichung (7.37) vereinfacht sich deshalb zu

$$\nabla^2 \psi + \frac{2\,(2\,m)}{\hbar^2} E \cdot \psi = 0 \,. \tag{7.38}$$

Da wir zwei Massen in unserem Modell haben, müssen wir in (7.37) anstelle von $m \to 2\,m$ setzen. Weil wir es mit einer Rotation zu tun haben, ist es zweckmäßiger, mit Polarkoordinaten zu arbeiten.

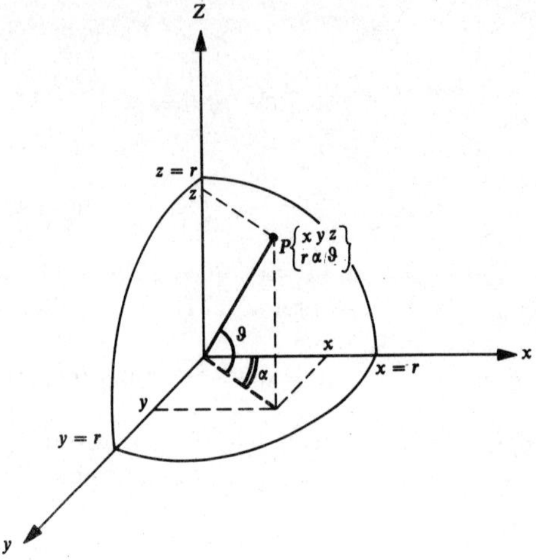

Abb. 7.9 Lokalisierung eines Punktes P als $P(x y z)$ und $P(r, \alpha, \vartheta)$

Ganz allgemein lautet der Laplace-Operator ∇^2 in Polarkoordinaten

$$\nabla^2 = \frac{1}{r^2}\frac{\partial}{\partial r}\left(r^2\frac{\partial}{\partial r}\right) + \frac{1}{r^2 \sin\vartheta}\frac{\partial}{\partial\vartheta}\left(\sin\vartheta\frac{\partial}{\partial\vartheta}\right) + \frac{1}{r^2\sin^2\vartheta}\frac{\partial^2}{\partial\alpha^2}, \quad (7.39)$$

den wir aus den Transformationsgleichungen erhalten (Abb. 7.9)

$$\begin{aligned} x &= r \cdot \cos\alpha \sin\vartheta\,, \\ y &= r \cdot \sin\alpha \sin\vartheta\,, \\ z &= r \cdot \cos\vartheta\,. \end{aligned} \quad (7.40)$$

In unserem Hantelmodell interessiert lediglich die Variable α, der Achsenabstand r und der Winkel ϑ sind konstant. Der Laplace-Operator enthält lediglich das Glied mit der Ableitung nach α. Die Schrödingergleichung (7.38) für unser zweiatomiges rotierendes Molekül heißt demnach

$$\frac{1}{r^2}\frac{d^2\psi}{d\alpha^2} + \frac{4\,m}{\hbar^2}E\,\psi = 0\,. \quad (7.41)$$

Die Lösungen dieser Differentialgleichung[1] haben die Form

$$\psi(\alpha) = e^{i\,l\alpha}\,, \quad (7.42)$$

wobei die Zahl l bestimmt ist durch

$$l^2 = \frac{4\,m\,r^2\,E}{\hbar^2}\,. \quad (7.43)$$

[1] Siehe z. B. E. Kamke, Differentialgleichungen Bd. I, Akadem. Verlagsges., Leipzig 1944, Gleichung Nr. 2.9, S. 398.

Physikalisch sind nur solche Lösungen (7.42) sinnvoll, die eindeutig sind. Nach jeder vollen Rotation um den Winkel $\alpha = 2\,\pi$ muß $\psi(\alpha)$ denselben Wert besitzen

$$\psi\,(\alpha) = \psi\,(\alpha + 2\,\pi) = \psi\,(\alpha + 4\,\pi) = \ldots\,, \tag{7.44}$$

oder nach (7.42)

$$\mathrm{e}^{\mathrm{i}\,l\alpha} = \mathrm{e}^{\mathrm{i}\,l\,(\alpha + 2\,\pi)}\,, \tag{7.45}$$

wobei l die Werte:

$$l = 0, \pm\,1, \pm\,2, \pm\,3 \ldots$$

annimmt.

Diese Bedingung (7.45) ist nur dann erfüllt, wenn l eine ganze Zahl ist. Betrachten wir die Beziehung (7.43), so heißt die Bedingung (7.45), daß das rotierende Molekül nur solche Gesamtenergiewerte E annehmen kann, für die l eine ganze Zahl ist; die Rotationsenergiezustände sind also *gequantelt*.

Vielleicht könnte der eine oder andere Leser nun den Schluß ziehen, daß auch ein makroskopisches Hantelmodell gequantelte Energiezustände besitzt. Dieser Schluß ist durchaus richtig, nur sind bei einem solchen System die möglichen Energiezustände so nahe beieinander, daß sie mit keiner heute bekannten physikalischen Meßmethode als getrennt nachgewiesen werden können.

Die Zahl der Energiezustände ist deshalb so enorm groß, weil die de-Broglie-Wellenlänge

$$\lambda\!\!\!^{-} = \frac{\hbar}{p}$$

für ein makroskopisches System unmeßbar klein ist. Zum Beispiel wäre die Wellenlänge eines Fußgängers, der sich mit $5\,\frac{\mathrm{km}}{\mathrm{Std}}$ bewegt, etwa

$$\lambda\!\!\!^{-} \approx 10^{-35}\,\mathrm{m}\,,$$

eine heute vollkommen unmeßbare Größenordnung. Für die meisten makroskopischen Systeme ist es deshalb sinnlos, die quantenmechanische Beschreibung zu verwenden.

7.2 *Stationäre Wellen*

Stationäre Wellen entstehen durch Überlagerung mindestens zweier Wellenzüge gleicher Amplitude und Wellenlänge, die einander entgegenlaufen. Wenn z. B. eine Welle an die Grenze des

Mediums kommt, an welcher keine Energieübertragung nach außen möglich ist, wird sie reflektiert und läuft in der entgegengesetzten Richtung zurück.

Die einfachste, in der Natur vorkommende Welle ist die Sinuswelle, oder harmonische Welle, bei der die Erregung $\xi(x, t)$ in jedem Zeitpunkt t durch eine Sinuskurve gegeben ist (Abb. 7.10).

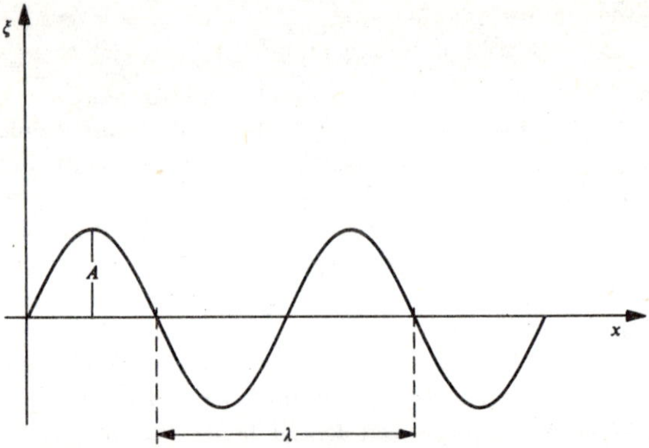

Abb. 7.10 Harmonische Welle

Zur Zeit $t = 0$ sei die Erregung $\xi(x)$ durch die folgende Sinusfunktion dargestellt

$$\xi(x, 0) = A \cdot \sin\left(\frac{2\pi x}{\lambda}\right) = A \cdot \sin(k x)\,. \qquad (7.46)$$

Anstelle der mit 2π multiplizierten reziproken Wellenlänge λ setzt man die *Wellenzahl* k

$$k = \frac{2\pi}{\lambda} = \frac{1}{\bar{\lambda}}\,. \qquad (7.9)$$

Für eine beliebige Zeit t wird die Erregung ξ (vgl. 7.8)

$$\xi(x, t) = A \cdot \sin k(x - c\,t)\,. \qquad (7.47)$$

Da die Fortpflanzungsgeschwindigkeit c nach (7.3) durch Wellenlänge und Frequenz bestimmt ist

$$c = \lambda\,\nu = \bar{\lambda}\,\omega = \frac{\lambda}{T} = \frac{\omega}{k}\,,$$

wobei ν: die Frequenz,

ω: die Kreisfrequenz $\omega = 2\,\pi\,\nu$,

$$\lambda\!\!\!^{-} = \frac{\lambda}{2\,\pi}\,,$$

$T = \dfrac{1}{\nu}$: die Periode

sind, kann man die Störung (7.47) auch in folgender, am häufigsten gebrauchten Form schreiben

$$\xi\,(x, t) = A \cdot \sin\,(\omega\,t - k\,x)\quad . \tag{7.48}$$

Dieser Ausdruck (7.48) ist eine Lösung der Wellengleichung (7.28).

Für eine in der positiven x-Richtung laufende Welle haben wir also den Ausdruck (7.48)

$$\xi_1 = A \cdot \sin\,(\omega\,t - k\,x)$$

und für eine Welle in negativer x-Richtung

$$\xi_2 = -A \cdot \sin\,(\omega\,t + k\,x)\,. \tag{7.49}$$

Durch Überlagerung der beiden Störungen ξ_1 und ξ_2 entsteht

$$\begin{aligned} \xi = \xi_1 + \xi_2 &= A \cdot \sin\,(\omega\,t - k\,x) + [-A \sin\,(\omega\,t + k\,x)] \\ &= A\,[\sin\,(\omega\,t - k\,x) - \sin\,(\omega\,t + k\,x)]\,. \end{aligned} \tag{7.50}$$

Den Ausdruck (7.50) können wir noch trigonometrisch umformen und erhalten

$$\xi = -\,(2\,A \cdot \cos\,\omega\,t) \cdot \sin\,k\,x\,. \tag{7.51}$$

Das Resultat dieser Überlagerung ist ein neuer Wellentypus, die sogenannte *stehende* oder *stationäre Welle*, dargestellt in Abb. 7.11.

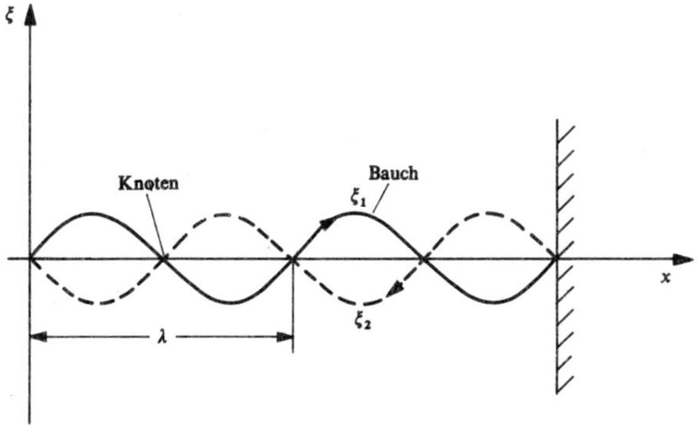

Abb. 7.11 Überlagerung eines Wellenzuges mit dem reflektierten Wellenzug

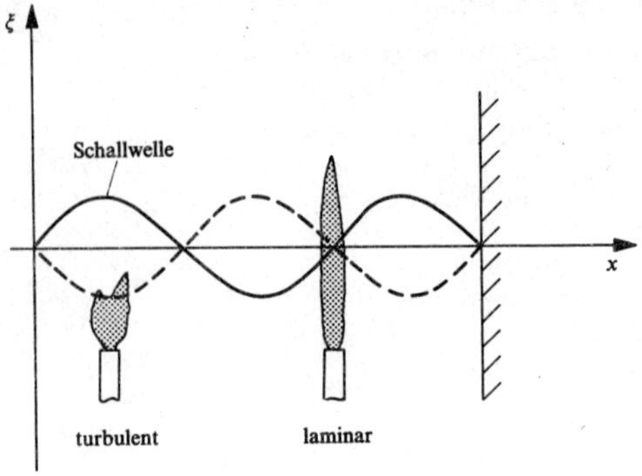

Abb. 7.12 Nachweis stehender Schallwellen

Dort wo x ein ganzes Vielfaches der halben Wellenlänge $\frac{\lambda}{2}$ ist, verschwindet laut Gleichung (7.51) ξ, d. h. die Amplitude ist dort in jedem Augenblick t Null. Man spricht an diesen Stellen von *Schwingungsknoten*. Die Stellen, an denen die Amplitude laut Gleichung (7.51) ihren maximalen Wert $2\,A$ erreicht, heißen *Schwingungsbäuche*.

Die Ausbildung stehender Wellen durch Reflexion von Schallschwingungen an einer Wand läßt sich mit Hilfe einer empfindlichen Gasflamme oder eines Mikrophons nachweisen. Dieser Demonstrationsversuch ist in Abb. 7.12 schematisch dargestellt.

An einer Knotenstelle ist die Gasströmung eines Bunsenbrenners laminar, wir erhalten eine lange Flamme. An einem Schwingungsbauch ist die Gasströmung turbulent, und wir beobachten eine kurze Flamme.

Die wohl bekanntesten *Generatoren stehender Wellen* sind die Musikinstrumente[1].

Fragt man nach Ursprung und Herkunft der Musikinstrumente, so zeigt sich, wie die Instrumente von einem Volk zum anderen wanderten. Aus Ausgrabungen der Steinzeit kennt man Trommeln Pfeifen, Rasseln und Schraper. *Kithara* (Abb. 7.13), *Lyra*[2] und

[1] Diese Ausdrucksweise ist nicht eine Respektlosigkeit der von vielen verherrlichten Musik gegenüber, sondern eine nackte physikalische Tatsache

[2] *Lyra:* Über einer Schildkrötenschale wurden Saiten gespannt. Nach der griechischen Anschauung hat die Musik von je her als Teil des Weltenplans oder als Weltseele bestanden. Die irdische Musik sei in dem Augenblick entdeckt worden, als ein Halbgott mit dem Fuß an die ausgetrockneten Überreste einer Schildkröte stieß, wo sich eine Sehne über die Schale spannte. Im Grunde war nach den Griechen die Musik nur eine irdische Nachahmung jener himmlischen, an die sich der Mensch unbewußt erinnert fühle, wenn er die irdische höre

Abb. 7.13 Abbildung einer Kithara auf griechischem Vasenbild

Aulos[1] kennen wir von griechischen Vasenbildern. Allerdings hat die griechische Antike im Instrumentalen nicht stark auf den europäischen Westen gewirkt. Lediglich die *Kithara* finden wir im Mittelalter als *Rotta* wieder.

In Mesopotamien sind Darstellungen musikalischer Szenen gefunden worden, die bis ins 4. Jahrtausend v. Chr. zurückgehen.

[1] *Aulos:* Rohrblattdoppeloboe

In Tabelle 7.1 ist eine kleine Übersicht über die vier Hauptklassen von Musikinstrumenten mit einigen typischen Vertretern gegeben.

Tabelle 7.1

Hauptgruppe	Typische Vertreter
Saiteninstrumente	Zither, Psalterium, Hackbrett, Klavichord, Spinett, Cembalo, Hammerklavier, Violine, Violincello, Kontrabaß, Mandoline, Gitarre, Laute, Harfe
Blasinstrumente	Blockflöte, Querflöte, Oboe, Fagott, Klarinette, Saxophon, Sackpfeife, Horn, Trompete, Posaune, Orgel
Schlaginstrumente	Pauke, Trommel, Becken, Bongo, Xylophon, Glockenspiel, Triangel
Elektronische Instrumente	Hammondorgel, Geräuschgeneratoren

Wir wollen die Schwingungen einer Saite etwas näher betrachten.

a) *Schwingungen einer Saite*

Eine an ihren Enden eingespannte Saite kann nur so schwingen, daß an den Enden Schwingungsknoten sind. Der Abstand zweier benachbarter Knoten ist nach Abb. 7.11 gleich der halben Wellenlänge λ. Die Wellenlängen λ_n der auf einer Saite der Länge L möglichen Schwingungen ergeben sich aus der Beziehung

$$L = n \cdot \frac{\lambda}{2}, \tag{7.52}$$

wobei n eine ganze Zahl ist. Aus (7.52) folgt für die möglichen Wellenlängen

$$\lambda_n = \frac{2\,L}{n} \tag{7.53}$$

oder für die möglichen Frequenzen

$$\nu_n = \frac{c}{\lambda_n} = n\,\frac{c}{2\,L}\,; \tag{7.54}$$

c ist die Wellengeschwindigkeit.

Die Frequenz der langsamsten Schwingung, des sogenannten *Grundtons*, ist nach (7.54)

$$\nu_1 = \frac{c}{2\,L}\,. \tag{7.55}$$

Die Frequenz ν_n einer beliebigen möglichen Schwingung, des sogenannten *Obertons*, ist definitionsgemäß ein ganzes Vielfaches der Frequenz des Grundtons

$$\nu_n = n \cdot \nu_1 \,. \tag{7.56}$$

Aus dem Verhältnis der Schwingungszahlen von Grund- und Obertönen leiten sich die mathematischen Intervalle ab:

$$\begin{aligned} \nu_n : \nu_1 = {} & 2:1 \text{ Oktave,} \\ & 3:2 \text{ Quinte,} \\ & 4:3 \text{ Quarte,} \\ & 5:4 \text{ Große Terz,} \\ & 6:5 \text{ Kleine Terz,} \\ & 9:8 \text{ Großer Ganzton (Sekunde).} \end{aligned}$$

Diese mathematische Stimmung hat den Nachteil, daß sie von anderen Tönen als dem ursprünglichen Grundton aus für unser Ohr keine reinen Intervalle ergibt. Wählt man z. B. c als Grundton, so ist das Intervall c–e eine Große Terz mit dem Frequenzverhältnis

$$5/4 = 80/64 \,.$$

Wollte man jedoch e als Großen Ganzton von d als neuen Grundton verwenden, so müßte das Frequenzverhältnis

$$9/8 \cdot 9/8 = 81/64$$

sein. Das würde heißen, daß das e der C-Dur-Tonreihe in D-Dur nicht mehr ganz rein klingen würde, und zwar um den Stimmungsunterschied

$$81/80$$

dem sogenannten *syntonischen Komma.*

Eine andere Differenz, das sogenannte „*Pythagoräische Komma*" ergibt sich aus dem Unterschied von 12 Quinten (3:2) und 7 Oktaven (2:1) und beträgt

$$74/73 \,.$$

Um diese Mängel der mathematischen Stimmung zu beseitigen, hat Andreas Werckmeister um 1691 die *temperierte Stimmung* geschaffen, indem er die Oktave in zwölf gleich große Intervalle, die sog. *chromatischen Halbtöne*, teilte.

Mathematisch sind diese Intervalle ein klein wenig verstimmt, doch für das menschliche Gehör erklingen sie hinreichend rein.

Um eine Tonabstimmung zu ermöglichen, führte man den *internationalen Kammerton* ein, der 1885 zu 435 Hz für den Ton **a'** festgelegt wurde. Heute ist dieser Kammerton mit

$$f_{\mathrm{a}'} = 440 \text{ Hz}$$

definiert. Das Normal-a kann in einzelnen Ländern über das Telephonnetz oder Standardrundfunksender abgehört werden.

b) *Schwingungsformen der Luftsäule in Orgelpfeifen*

Bei einer Orgelpfeife wird ein Luftstrom gegen eine Kante geblasen, wodurch Schwingungen erzeugt werden. Die Pfeifenröhre wirkt als Resonator. In der offenen Pfeife können die Luftteilchen am Pfeifenende frei schwingen, d. h. an beiden Enden haben wir Schwingungsbäuche. Die Grundschwingung und die beiden folgenden Oberschwingungen einer offenen Pfeife sind in Abb. 7.14 aufgezeichnet.

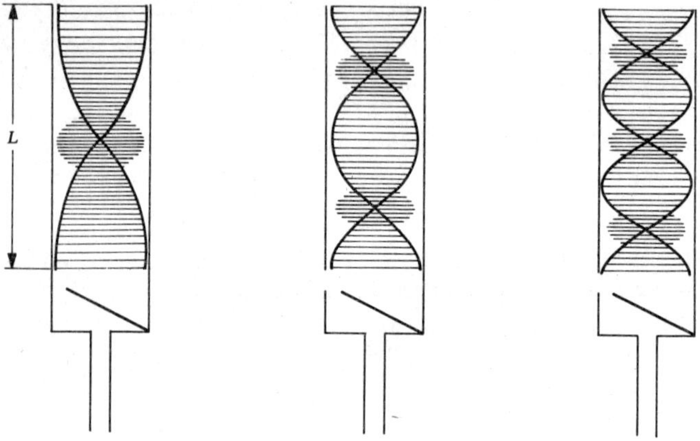

$\nu_1 = \frac{c}{2L}$ $\quad \nu_2 = 2\frac{c}{2L} = 2\nu_1$ $\quad \nu_3 = 3\frac{c}{2L} = 3\nu_1$

Ton: C c g

Abb. 7.14 Schwingungsformen einer offenen Orgelpfeife

In den einseitig geschlossenen, sogenannten gedackten Pfeifen, kann am geschlossenen Ende nur ein Knoten auftreten, da dieser Abschluß keine Längsbewegung der Luftteilchen zuläßt (akustische Wellen sind longitudinale Druckschwankungen). Die Frequenzen der möglichen stehenden Wellen sind daher nur

$$\nu_1 = \frac{c}{4L} \qquad \nu_2 = 3\frac{c}{4L} \qquad \nu_3 = 5\frac{c}{4L} \qquad \text{usw.}$$

Die Obertöne bei der geschlossenen Pfeife sind nur die *ungeraden* harmonischen Vielfache des Grundtones ν_1.

Nach Hermann von Helmholtz, dem großen Physiker und Physiologen, dem wir u. a. viele Kenntnisse der Akustik verdanken,

HELMHOLTZ, Hermann von (1821–1894), geboren am 31. August in Potsdam. Militärarzt, 1848 Lehrer der Anatomie an der Akademie der Künste in Berlin, 1849 Professor für Physiologie und Pathologie in Königsberg, Arbeiten über Nervenreiz und Physiologie des Auges. 1855 Professor für Anatomie in Bonn. Optische und akustische Arbeiten, 1858 Professor für Physiologie in Heidelberg. Fundamentale Arbeiten über Wirbelbewegungen in Flüssigkeiten und Gasen. 1871 Professor für Physik und Präsident der Physikalisch-Technischen Reichsanstalt in Berlin, Arbeiten über Wetterkunde, Elektrochemie, Kosmologie.

Hermann von Helmholtz

gehören zur Gruppe der Flötenpfeifen neben den besprochenen Orgelpfeifen auch die Block- und Querflöten. Um auf der Flöte die ganze Reihe der Töne hervorzubringen, verkürzt man die wirksame akustische Länge der Pfeife durch Öffnen der seitlichen Bohrungen, durch Abheben der entsprechenden Finger oder Klappen. Auf der Flöte erhält man auf diese Weise die Tonreihe einer Oktave. Wird die Flöte unter kleiner Änderung der Mundstellung, schärfer angeblasen sog. Überblasen, schlägt der Grundton in die Oktave dann weiter in die Duodezime und in die Doppeloktave um. Damit können sämtliche Töne im Umfang von drei Oktaven erzeugt werden[1].

Die zweite große Gruppe der Blasinstrumente bilden nach HELMHOLTZ die *Zungenpfeifen*. Hier sind es schwingende Zungen (nach Abb. 7.15), welche die Unterbrechung des Anblasluftstromes besorgen.

Die sogenannte harte Zunge ist ein schmaler, federnder Blechstreifen.

Die *Holzblasinstrumente* gehören zur Untergruppe der Pfeifen mit weichen Zungen. Die weichen Zungen sind dünne, geschmeidige Rohrblätter. Man unterscheidet zwei weitere Untergruppen, nämlich Instrumente mit *einfachem* und solche mit *doppeltem* Rohrblatt.

Die Klarinette, deren Mundstück in Abb. 7.16 dargestellt ist, hat ein einfaches Rohrblatt.

---

[1] Als Einführung in die Technik des Überblasens sei MOZARTS Flötenkonzert K. V. 313, das 1778 in Mannheim entstand, empfohlen. Obschon MOZART die Flöte nie recht leiden mochte, verstand er es, den feinsten technischen Forderungen des Flötenblasens gerecht zu werden. Wahrscheinlich stand ihm der Mannheimer Flötist Johann Baptist WENDLING mit Rat bei

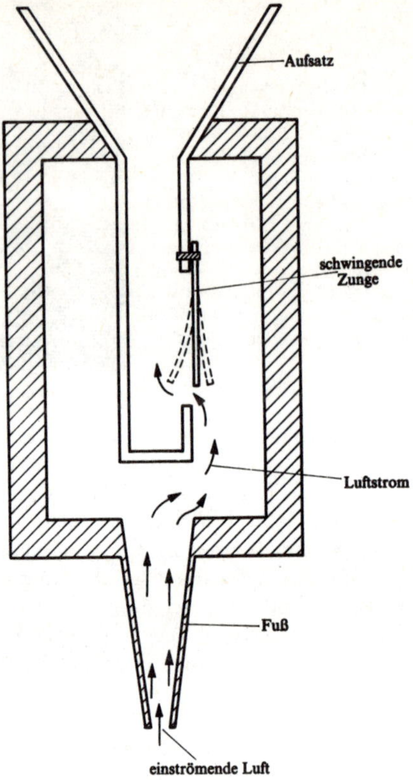

Abb. 7.15 Schematische Wirkungsweise der Zungenpfeife mit harter Zunge

Oboe und Fagott besitzen ein doppeltes Rohrblatt. Die beiden Blätter sind derart aneinander gelegt, daß sie einen schmalen Spalt zwischen sich lassen, der sich bei den Schwingungen abwechselnd schließt und öffnet.

Eine weitere Untergruppe bilden die Pfeifen mit membranartigen Zungen, zu denen Trompete, Horn, Posaune, Tuba etc. gehören. Die membranartigen Zungen sind bei diesen Instrumenten die Lippen des Bläsers, die auf das trichterförmige Mundstück gedrückt werden. Diese Instrumente sind konisch gebaut und geben eine Reihe von Obertönen. Aus Gründen der praktischen Handhabung ist das sehr lange Rohr meistens aufgewunden. Wegen der engen Mensurierung sprechen die Obertöne leicht an, der Grundton ist bei den meisten Instrumenten kaum hervorzubringen und wird in

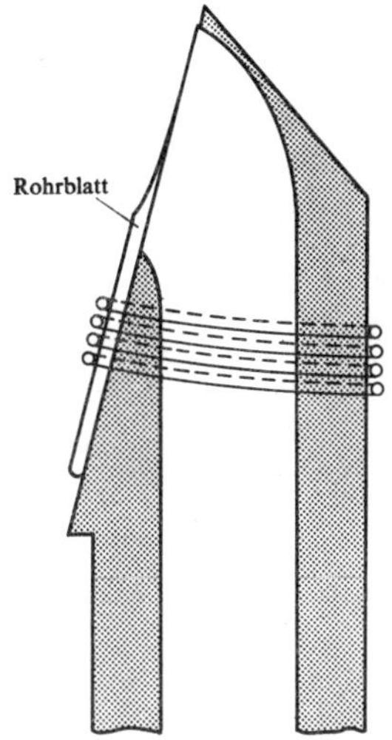

Abb. 7.16 Mundstück einer Klarinette.

der Musik nicht verwendet. Alles Blasen ist hier ein Überblasen. Die Reihe der erzeugbaren Obertöne bilden die Naturtöne des Instrumentes. Da ihre Zahl in den tieferen Oktaven gering ist, bestehen die „Signale" und Melodien auf den sogenannten Naturinstrumenten (Waldhorn der Jäger, Posthorn, Fanfare, Alphorn) aus wenigen Tönen. Im Orchester konnte man von den Hörnern und Trompeten, solange man sie nur als Naturinstrumente kannte, lediglich beschränkten Gebrauch machen[1]. Die Naturtöne des Alphorns als Beispiel sind in Abb. 7.17 aufgeschrieben.

Abb. 7.17 Die Naturtöne des Alphorns

[1] Erst durch die Einführung der Ventile wurde der ganze Tonbereich erschlossen. Durch Niederdrücken des Ventils wird eine kleine Röhre, durch die der „Wind" gehen muß, freigegeben und die Gesamtlänge vergrößert. Beim Drücken des ersten Ventils einer Trompete wird die Gesamtlänge um $^1/_8$ verlängert, der Ton also um einen Ganzton herabgestimmt. Mit dem zweiten Ventil wird eine Verlängerung um $^1/_{15}$ erzeugt, also einen Halbton herabgestimmt. Das dritte Ventil ergibt eine Verlängerung von $^1/_5$, also $1^1/_2$ Töne Herabsetzung

Abb. 7.18 Schweizer Alphornbläser

Das große Alphorn ($2^1/_2$ bis 4 m lang) (Abb. 7.18) ist ein Urinstrument der Schweiz. Das kurze oder gewundene Alphorn, auch Krummhorn oder Wurzhorn genannt, ist ebenfalls im Schwarzwald, in den Bayerischen Alpen und in Österreich anzutreffen.

Der ursprüngliche Gebrauch des Alphorn durch die „Sennen“ hatte religiösen Charakter. Beim Eintritt der Dunkelheit besteigt der Senn einen nahen Felsen und singt resp. jodelt den sogenannten „Betruf“ oder Alpsegen; dazu benutzt er einen hölzernen Trichter, segnend wie ein Priester wendet er sich nach allen Seiten. Die anderen Sennen singen kniend das letzte „Ave, ave, ave Maria“. Zum Schluß bläst er dann auf dem Alphorn den Kuhreihen. Einer der bekanntesten Kuhreihen von der Frutt ob Melchsee ist in Abb. 7.19 aufgezeichnet.

In der Klosterbibliothek St. Gallen wird eine Aufzeichnung, bestehend aus 44 Sequenzen von Notker Balbulus (840–912) aufbewahrt, die er nach Alphornmelodien schuf und die jahrhundertelang als Einlagen in der heiligen Messe gesungen wurden. Alphornmelodien finden wir auch in der neueren Musikliteratur, z. B. bei Johannes Brahms im Bläserthema des letzten Satzes seiner c-Moll-Symphonie.

Abb. 7.19 Der Frutt-Kuhreihen

Einige Literatur über das Alphorn:

A. L. GASSMANN, „Das Alphorn in den Bergen", in: Musica Aeterna II, S. 247, Zürich 1950;

A. L. GASSMANN, „Blast mir das Alphorn noch einmal", Hug, Zürich 1949;

E. HEIM, Zur Wiedereinführung des Alphorns, Zürich 1883.

c) *Schwingungsformen von Glocken*

Kirchenglocken bestehen aus der sogenannten Glockenbronze, einer Legierung aus 78$^0/_0$ Cu und 22$^0/_0$ Sn und werden bei einer

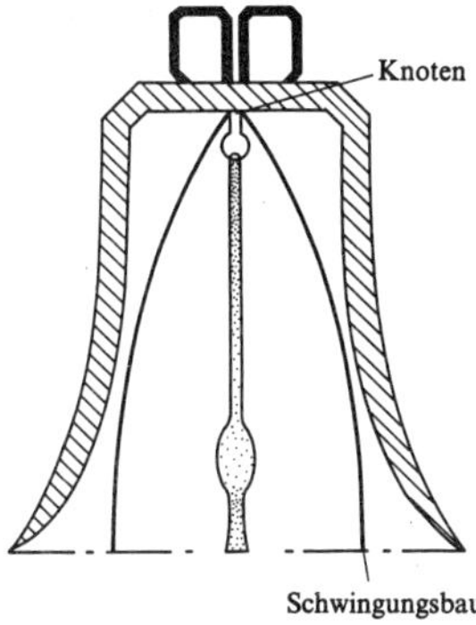

Abb. 7.20 Schematischer Schnitt durch eine Kirchenglocke mit eingezeichnetem Schwingungsknoten und -bauch der Grundschwingung

Temperatur von 1050 °C vergossen. Die schwingende Luftsäule muß oben an der Glockendecke einen Knoten (nach Abb. 7.20) besitzen.

Die Schwingungsform des Glockenrandes ist in Abb. 7.21 gezeichnet.

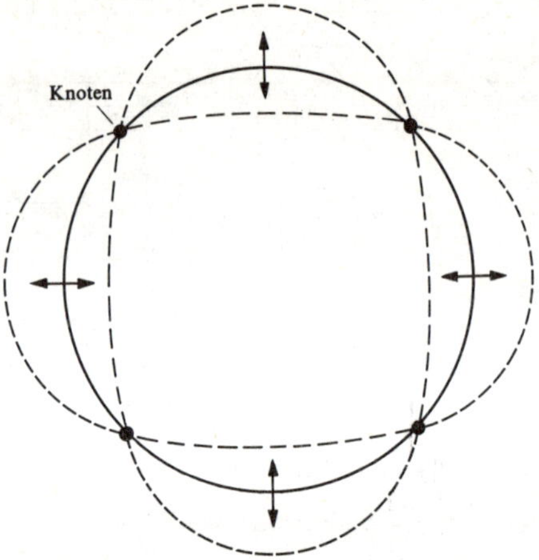

Abb. 7.21 Schwingungsform des Glockenrandes (stark übertrieben gezeichnet)

Man kann diese Randschwingungen einer Glocke modellmäßig mit einem teilweise gefüllten Rotweinglas[1] demonstrieren. Man streicht den Rand mit einem Geigenbogen an. Dort wo der Rand einen Schwingungsbauch hat, kräuselt sich die Flüssigkeitsoberfläche.

In Tabelle 7.2 sind Beispiele von Glockendaten aufgeführt.

Tabelle 7.2

Grundton	Frequenz Hz	Glockenmasse kg	Randdurchmesser m
c′	258,6	2 700	1,57
cis′	274,0	2 250	1,48
f′	345,2	1 050	1,16
gis′	411,0	600	0,97
d″	580,6	230	0,72
fis″	731,6	95	0,53

[1] Z. B. mit Chateau Lafite-Rothschild, Jahrgang 1955 (evtl. auch 1959 oder 1964)

d) *Schwingungen von Membranen*

Wird ein einmal angestoßenes schwingungsfähiges System sich selbst überlassen, so führt es seine Eigenschwingung aus. Die mathematischen Funktionen, die den räumlichen Verlauf der Störung bei diesen Eigenschwingungen beschreiben, heißen *Eigenfunktionen* und die ihnen entsprechenden Frequenzen *Eigenwerte* (engl.: eigenfunctions und eigenvalues).

Auch angestoßene (oder gestrichene) und sich selbst überlassene Membranen führen Eigenschwingungen aus. Anstelle der Knotenpunkte treten Knotenlinien auf, die sichtbar gemacht werden können. Bei Metallmembranen geschieht dies durch Überstreuen mit Sand. (Die auf diese Weise erzeugten Figuren heißen Chladnifiguren.) Bei der Kreismembran sind die Eigenfunktionen Besselfunktionen, Grund- und Oberschwingungen sind nicht mehr harmonisch. Eine der wichtigsten Anwendungen, aus unserem modernen Leben kaum mehr wegzudenken (leider?), ist der Lautsprecher.

Abb. 7.22 Theater in Epidauros

Parallel zum Trend immer höherer PS-Zahlen in seinem Wagen geht der Zug zu immer höherer Watt-Ausgangsleistung an den Stereo-Hi-Fi-Verstärkern und entsprechenden n-dynamischen und -elektrostatischen Lautsprechern über den ganzen Raum verteilt[1].

Sehr kompliziert sind die Eigenschwingungen räumlicher Gebilde, wie Violinkörper, Konzertsäle usw. Trotz der großen Fortschritte der Raumakustik ist die Eröffnung neuer Konzertsäle oder Opern immer noch eine gewaltige Nervenprobe für den verantwortlichen Akustiker. Zu den großen Vorbildern der Raum-Akustik gehört das Theater von Epidauros (Abb. 7.22).

Für Studien in Raumakustik seien empfohlen:

L. L. Beranek, Music, Acoustics and Architecture, Wiley, N. Y. 1962;

P. H. Parkin und H. R. Humphreys, Acoustic, Noise and Buildings, Faber, N. Y. 1958;

V. O. Kundsen und C. M. Harris, Acoustical designing in Architecture, Wiley, N. Y. 1950.

7.3 Ton, Klang, Geräusch, Lärm

Schallschwingungen sind im allgemeinen kompliziert zusammengesetzte Vorgänge. Jede beliebige periodische Schwingung kann nach Fourier[2] in eine Summe von Sinusschwingungen zerlegt werden. Dabei verhalten sich die Frequenzen der einzelnen Sinusschwingungen wie

$$\omega_1 : \omega_2 : \omega_3 : \ldots = 1 : 2 : 3 : 4 \ldots, \text{ d. h. harmonisch.}$$

Die Fourierzerlegung einer Störung $\xi(t)$ kann demnach dargestellt werden als:

$$\xi(t) = \sum_{n=1}^{\infty} A_n \sin(n \cdot \omega_1 t + \delta_n) \qquad \text{für } n = 1, 2, 3, \ldots \tag{7.57}$$

Dabei sind

A_n: Amplituden der Teilschwingungen,

δ_n: Phasenlage der einzelnen Schwingungen.

---

[1] In einigen Universitätsstädten gibt es unter den Physikern regelrechte Stereo-Hi-Fi-Orgien, bei denen volle 200 Watt auf die Lautsprecher gegeben werden. Erfahrungsgemäß sind dies reine Männerparties, da die meisten Physikerfrauen für Beethovens Wellingtons Sieg, Op. 91, in voller Lautstärke wenig Verständnis aufbringen!

[2] J. B. Fourier (1768–1830), französischer Mathematiker und Physiker. Professor an der École Polytechnique in Paris. Begleitete Napoléon auf seiner Expedition nach Ägypten. Hauptwerke: Analytische Theorie der Wärmeleitung, Fourier-Reihen

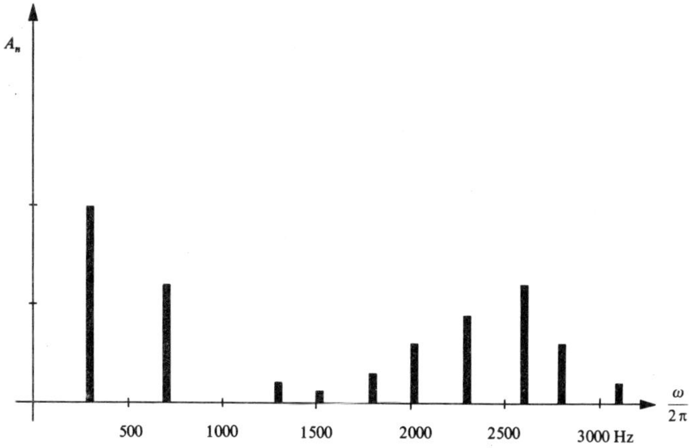

Abb. 7.23 Frequenzspektrum einer Klarinette

Trägt man diese Amplituden A_n als Funktion der Frequenz ω_n ein, so erhält man das *Frequenzspektrum* der Störung:

$$A_n(\omega_n), \text{ wobei } \omega_n = n \cdot \omega_1 \text{ ist.}$$

In Abb. 7.23 ist als Beispiel ein Frequenzspektrum einer Klarinette dargestellt.

Ein physikalisch *reiner Ton* besteht aus einer einzigen sinusförmigen Schwingung

$$\xi(t) = A \cdot \sin \omega t\,,$$

und das Frequenzspektrum besteht daher aus einer einzigen Linie nach Abb. 7.24.

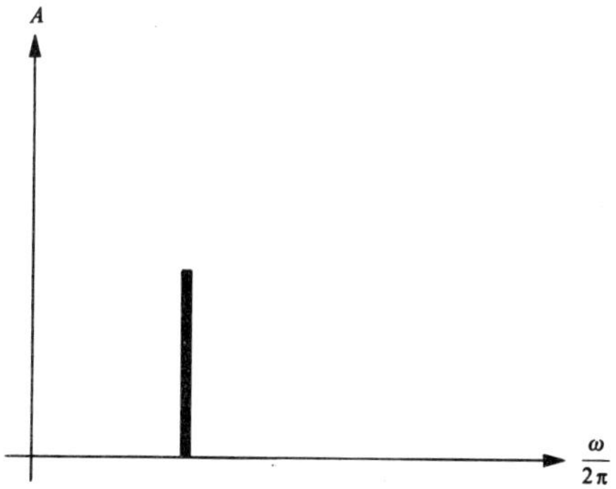

Abb. 7.24 Frequenzspektrum des reinen Tons

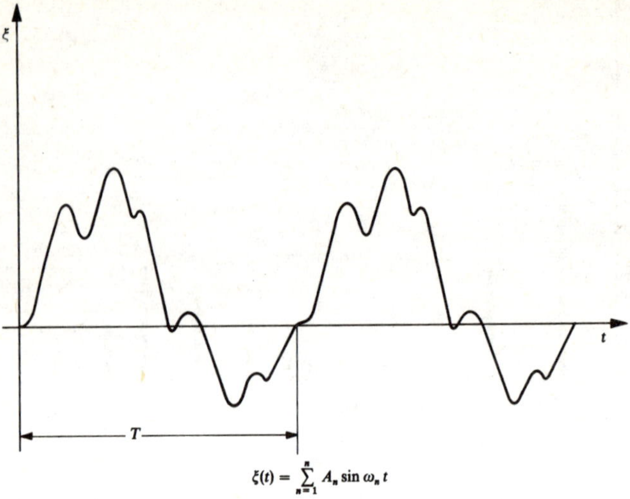

Abb. 7.25 $\xi(t)$-Diagramm eines Klangs

Ein *Klang* setzt sich aus mehreren Eigenschwingungen zusammen, im ξ—t-Diagramm z. B. in der in Abb. 7.25 dargestellten Form.

Die Fourierzerlegung der Störung (Abb. 7.25) ergibt ein Mehrlinienfrequenzspektrum, dargestellt in Abb. 7.26.

Unser Ohr unterscheidet an einem Klang

Tonhöhe ,
Klangfarbe ,
Lautstärke .

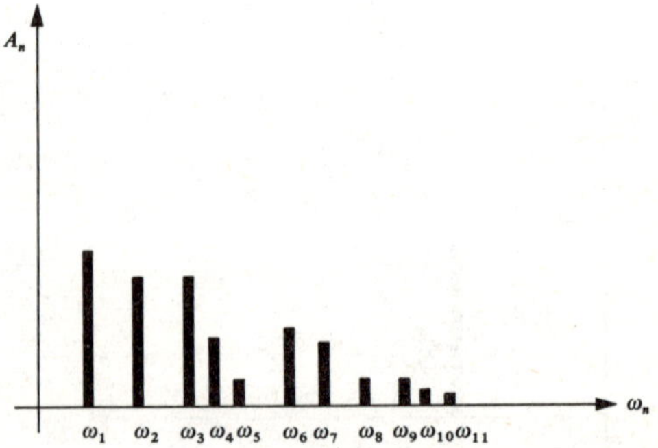

Abb. 7.26 Beispiel eines Frequenzspektrums eines Klangs

Die *Tonhöhe* wird durch die Frequenz ω_1 des Grundtons bestimmt. Unter *Klangfarbe* verstehen wir die relativen Amplituden der einzelnen Obertöne. Die Klangfarbe einer gezupften Saite unterscheidet sich wesentlich von der einer gestrichenen Saite trotz gleicher Tonhöhe.

Die Fourier-Zerlegung[1] der gestrichenen Saite hat folgende Form

$$\xi(t) = a \sin \omega t - \frac{a}{3^2} \sin 3\,\omega t + \frac{a}{5^2} \sin 5\,\omega t \ldots \qquad (7.58)$$

Der *Lautstärke* liegt ein subjektiver Maßstab zusgrunde. Die größte Empfindlichkeit unserer Ohren ist in der Gegend um 1 kHz. Die bei 1 kHz für unser Ohr gerade noch hörbare Schallintensität verhält sich zur Intensität eines Schalls, der uns schmerzt, wie

$$1 : 10^{13}.$$

Da die Schallintensität eine physikalisch meßbare, objektive Größe ist, müssen wir eine Relation zwischen dieser Intensität und der subjektiv empfundenen Lautstärke herstellen. In einer sehr groben Approximation besteht ein logarithmischer Zusammenhang, die sogenannte *Weber-Fechnersche Beziehung*

$$L \approx \text{konst} \cdot \log I\,, \qquad (7.59)$$

wobei

L: subjektive Lautstärke ,

I: Schallintensität

ist.

Als physikalisches Maß für die Schallintensität I dient die Schallenergie, die pro sec durch eine Fläche von 1 cm^2 senkrecht zur Fortpflanzungsrichtung hindurchtritt. Die Schallintensität I läßt sich durch die Amplitude der schwingenden Luftteilchen A_0 oder durch die Druckamplitude p_0 ausdrücken

$$I = A_0^2 \cdot \frac{\sqrt{E \cdot \varrho}}{2} \cdot \omega^2 \qquad (7.60)$$

oder

$$I = \frac{1}{2\sqrt{E \cdot \varrho}} \cdot p_0^2\,, \qquad (7.61)$$

wobei bedeuten

E: Elastizitätsmodul des Mediums (z. B. Luft),

ϱ: Dichte.

[1] Vgl. dazu: H. MESCHKOWSKI, Reihenentwicklungen in der Mathematik und der Physik, B·I-Hochschultaschenbücher 51, Seite 24 ff.

Die Einheit der Intensität I ist

$$\mathrm{Watt/cm^2}.$$

Die Größe $\sqrt{E \cdot \varrho}$ wird oft *Schallhärte* des Mediums genannt.

Die Hörschwelle liegt etwa bei einer Intensität von

$$I_0 \approx 10^{-16} \frac{\mathrm{Watt}}{\mathrm{cm}^2}$$

für Frequenzen zwischen 1 kHz und 2 kHz. In der Akustik mißt man die Feldstärke in einer dem Ohr angepaßten sogenannten *Phonskala*, vom Griechischen: φωνη: Ton, Klang, Schall. Die Phonskala setzt die Schallintensität I_ν einer Frequenz ν relativ zur zugehörigen Hörschwelle I_0 fest

$$L^* = 10 \cdot \log \frac{I_\nu}{I_0}. \tag{7.62}$$

Die nach (7.62) definierte Lautstärke L^* ist eine reine Zahl, trotzdem trägt sie einen Namen, nämlich phon.

Ein Klang hat beispielsweise die Lautstärke $L = 20$ phon, wenn nach (7.62) ist

$$L^* = 20 \text{ phon} = 10 \cdot \log \frac{I_\nu}{I_0}. \tag{6.73}$$

Daraus folgt für das Intensitätsverhältnis

$$I_\nu = 100\, I_0\,, \tag{7.64}$$

also das Hundertfache des Schwellenwertes (Hörgrenze). Bei 1 kHz erzeugt ein Ton von 130 phon in unserem Ohr einen Schmerz. In

Tabelle 7.3

	phon
Hörschwelle	0
Flüstern	10
Umgangssprache	50
Motorrad	90
großes Orchester in 5 m Abstand vom Dirigenten	100
Kesselschmiede (Schmerzgrenze)	130
Luftschutzsirene [1]	135

[1] Der Schreiberling dieses Büchleins hofft von ganzem Herzen, daß die Leser nie mehr diese Art von Schmerzempfindung der 135 phon über sich ergehen lassen müssen

Tabelle (7.3) sind einige Beispiele von Schallintensitäten aufgeführt.

Nichtperiodische Vorgänge lassen sich analog wie in Beziehung (7.57) mathematisch darstellen aus unendlich vielen Sinusschwingungen, jedoch sind die Frequenzen der Teilschwingungen nicht harmonisch, sondern stetig über alle Frequenzen verteilt.

Die Störung einer solchen nichtperiodischen Schwingung läßt sich durch ein sogenanntes *Fourierintegral*[1] darstellen

$$\xi(t) = \int_{\omega=0}^{\omega=\infty} A(\omega) \sin(\omega t + \delta(\omega))\, d\omega . \tag{7.65}$$

Das Frequenzspektrum eines Geräusches, also einer nicht-periodischen Schwingung, ist kontinuierlich und in Abb. 7.27 dargestellt.

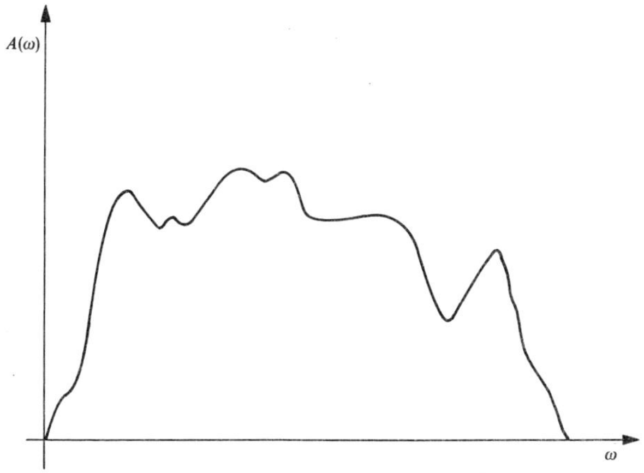

Abb. 7.27 Frequenzspektrum eines Geräusches

Eines der großen, unbewältigten Probleme der Gegenwart ist der Lärm. In der Bundesrepublik gibt es kaum größere Wohnsiedlungen, in deren Nähe nicht große Verbindungsstraßen mit Schwerverkehr zu jeder Tages- und Nachtzeit vorbeiziehen. Sollten bis 1970 auch Überschallverkehrsflugzeuge die großen Metropolen verbinden, kann der Lärm zur Unerträglichkeit steigen.

Dem Mediziner sind die klinischen Symptome der Lärmschädigungen längstens aus der Praxis bekannt. Daß die zweite Hälfte des 20. Jahrhunderts in der Geschichte späterer Generationen als

[1] Als erste Einführung in die Fourierintegrale sei Band 6 der Sommerfeldschen Vorlesungen: „Partielle Differentialgleichungen der Physik", Seiten 1 bis 32, sehr empfohlen

Epoche der „Bekämpfungen“ (Lärm-Bekämpfung, Überbevölkerungs-Bekämpfung, Krebs-Bekämpfung, Unfall-Bekämpfung etc.) eingeht, ist ein tragisches Symbol dafür, daß der Mensch nicht die Technik, sondern eher die Technik den Menschen beherrscht. Eine neue Errungenschaft des menschlichen Erfindergeistes wird nicht mehr mit dem Ziel einer sinnvollen Anwendung in das tägliche Leben eingeführt, sondern nur noch unter dem Imperativ des Profits.

7.4 Der Doppler-Effekt

Wir kennen aus unseren täglichen Erfahrungen (z. B. auf der Straße) den *Doppler-Effekt.* Wir nehmen eine deutliche Frequenzverschiebung wahr, wenn eine Schallwelle (z. B. Polizeiauto mit dröhnendem Martinshorn) sich auf uns zu oder von uns weg bewegt. Der österreichische Physiker und Mathematiker CHRISTIAN DOPPLER hatte diese Erscheinung zuerst beobachtet und richtig quantitativ gedeutet.

Betrachten wir den Spezialfall, daß sich Beobachter B und Schallquelle S mit den respektiven Geschwindigkeiten v_B und v_S auf einer geraden Linie bewegen, dargestellt in Abb. 7.28.

Die Schallgeschwindigkeit c einer Welle ist unabhängig von der Bewegung der Schallquelle, wenn die Welle die Quelle verlassen hat. Die Geschwindigkeit c hängt nur vom Medium ab, in dem sich

Christian Doppler

DOPPLER, Christian (1803–1853), geboren in Salzburg. Professor für Physik in Prag und Wien. Untersuchungen über bewegte Licht- und Schallquellen.

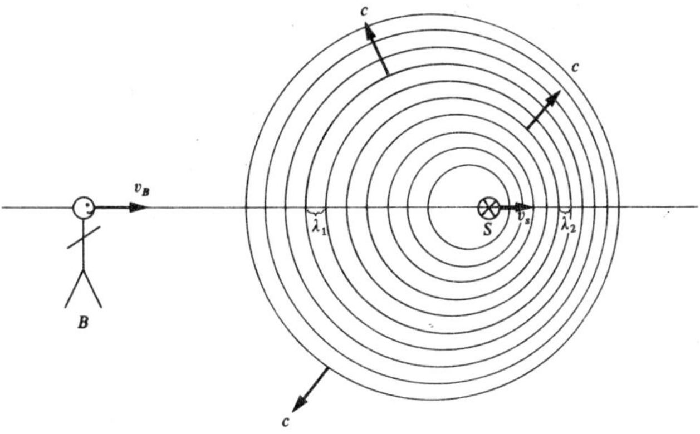

Abb. 7.28 Wellen, emittiert vor einer bewegten Quelle S

der Schall ausbreitet. Es sei f die Frequenz der Schallschwingung der Quelle, dann ist die Wellenlänge λ_2 vor der Quelle S

$$\lambda_2 = \frac{(c - v_S)\,t}{f \cdot t} = \frac{c - v_S}{f} \tag{7.66}$$

und die Wellenlänge λ_1 hinter der Quelle

$$\lambda_1 = \frac{(c + v_S)\,t}{f \cdot t} = \frac{c + v_S}{f}\,. \tag{7.67}$$

Die Wellenfront, die auf den Beobachter (Geschwindigkeit v_B) zukommt, hat die relative Geschwindigkeit

$$c + v_B\,.$$

Die Frequenz f_B, die dieser Beobachter B hört, ist

$$f_B = \frac{c + v_B}{\lambda_1} \tag{7.68}$$

und für λ_1 aus (7.67) eingesetzt

$$f_B = \frac{c + v_B}{c + v_S} \cdot f \quad . \tag{7.69}$$

Diese Überlegungen sind selbstverständlich nicht auf Schallwellen beschränkt, sondern der Dopplereffekt wird auch bei elektromagnetischer Strahlung beobachtet. Eine wichtige Anwendung hat der Dopplereffekt von Licht einer bewegten Quelle in der Astrophysik. Aus der Größe der Frequenzverschiebung von Spektrallinien kann man Auskunft über Entfernungen von Sternen und über ihre Radialbewegungen erhalten. Entfernt sich ein Stern vom Beobachter, so wird die Wellenlänge des von ihm ausgesandten Lichtes für einen Beobachter auf der Erde größer, man spricht dann von einer *Rotverschiebung*[1]

$$\Delta \lambda = \frac{v_s}{c} \lambda .$$

Der Dopplereffekt wird für die Beobachtung der Mößbauerlinien als weitere wichtige Anwendung benutzt. Man erzeugt durch eine Bewegung der Mößbauerquelle oder des Absorbers eine Dopplerverschiebung der Resonanzlinie[2].

Aufgaben zu Kapitel 7

Aufgabe 7.1. Tonumfang einer Orgel:

Wie lang muß die längste (z. B. offene) und die kürzeste (z. B. gedeckte) Pfeife einer Orgel sein, wenn der gesamte Empfindlichkeitsbereich des menschlichen Gehörs durch die Grundschwingungen dieser Pfeifen markiert sein soll? Etwa wieviele Pfeifen gehören mindestens zur Überdeckung des ganzen Bereiches?

Aufgabe 7.2. Doppler-Effekt:

Eine Schallquelle, welche einen Ton der Frequenz ν_0 emittiert, bewegt sich mit der Geschwindigkeit v senkrecht auf eine reflektierende ruhende Wand zu.

a) Was hört ein auf der Bewegungslinie hinter S liegender ruhender Beobachter?

b) Wie ändert sich das Ergebnis, wenn sich die Wand mit v_w bewegt? ($v, v_w \ll$ Schallgeschwindigkeit)

Aufgabe 7.3. Doppler-Effekt:

Gegeben sei eine Schallquelle S, welche einen Ton der Frequenz ν_0 emittiert, und ein ruhender Empfänger E. S bewegt sich mit konstanter Geschwindigkeit v längs einer Geraden, welche im Abstand a von E vorbeiführt. Man diskutiere den zeitlichen Verlauf der von E empfangenen Tonhöhe in der Umgebung der größten Annäherung.

---

[1] Für große Rotverschiebung muß man relativistisch rechnen

[2] Für Details siehe: Hans FRAUENFELDER, The Mößbauer Effect, Benjamin, 1961

Aufgabe 7.4. Schalldruck:

Gegeben eine ebene Schallwelle

$$\xi = A \sin\left(\omega t - \frac{2\pi x}{\lambda}\right).$$

ξ = Auslenkung der Gasmoleküle. Man berechne den Druck als Funktion von Ort und Zeit; vereinfachend betrachte man die Gasdichte als konstant.

Aufgabe 7.5. Wasserschlag:

Man berechne die Ausbreitungsgeschwindigkeit eines Druckstoßes in einem mit Wasser gefüllten zylindrischen Rohr, wobei die radiale Dehnung des Rohres zu berücksichtigen ist.

Aufgabe 7.6. Eigenwerte und Eigenfunktionen*:

Ein Massenpunkt m, welcher längs der x-Achse im Potential $V = \frac{1}{2} f x^2$ beweglich ist, kann wellenmechanisch nur die Energiewerte (Eigenwerte) $E_n = (n + \frac{1}{2}) h \nu_0$ $(n = 0, 1, 2, \ldots)$ annehmen. Die Wellenfunktionen dazu (Eigenfunktionen) haben die Form $\psi_n = e^{-\frac{cx^2}{2}} \varphi_n(x)$, wobei $\varphi_n(x)$ Polynome sind. Man bestimme diese für die ersten vier n-Werte mit Hilfe der Forderung, daß $\varphi(x)$ keine unendliche Potenzreihe wird, also ψ konvergiert. Was erhält man für nichtganzzahlige n?

($\nu_0 = \frac{1}{2\pi}\sqrt{\frac{f}{m}}$; $c = \frac{4\pi^2 m \nu_0}{h}$; statt x verwende man die Variable $\xi = \sqrt{c}\, x$.)

8. STRÖMUNGSMECHANIK

8.1 Hydrostatische Begriffe

Wir wollen uns zunächst über Eigenschaften einer Flüssigkeit in Ruhe unterhalten. Makroskopisch unterscheidet sich eine Flüssigkeit von einem festen Körper dadurch, daß in ihr keine Schubspannungen erhalten bleiben.

Wirkt eine Kraft K_n senkrecht auf eine Fläche F, so nennen wir die Kraft pro Flächeneinheit einen Druck p

$$p = \frac{K_n}{F} \left[\frac{\mathrm{N}}{\mathrm{m}^2}\right]. \tag{8.1}$$

Beispiel:

Eine Kraft K wirke unter einem Winkel α zur Flächennormale auf eine Fläche F. Der Druck auf diese Fläche ist dann

$$p = \frac{K \cdot \cos \alpha}{F} .$$

Andere Druckeinheiten:
Man gibt häufig Gasdrücke in *Atmosphären* an. Es gilt

$$\begin{aligned} 1 \text{ Atmosphäre} = 1 \text{ atm} &= 1{,}013 \cdot 10^5 \frac{\mathrm{N}}{\mathrm{m}^2} \,{}^{2} \\ &= 1{,}013 \cdot 10^6 \frac{\mathrm{dyn}}{\mathrm{cm}^2} \\ &= 14{,}7 \text{ psi.}\,{}^{1} \end{aligned}$$

In der Wetterkunde wird der Luftdruck auch in der Einheit *bar* angegeben

$$\text{Definition: } 10^6 \frac{\mathrm{dyn}}{\mathrm{cm}^2} = 1 \text{ bar} .$$

Da in einer reibungslosen Flüssigkeit keine Schubspannungen auftreten können, ist der Druck auf einen Körper in einer Flüssigkeit von allen Seiten derselbe, dargestellt im Beispiel der Abb. 8.1.

Setzen wir voraus, daß sich die Flüssigkeit im Gravitationsfeld der Erde befindet, so variiert der Druck in dieser Flüssigkeit von

---

[1] In der amerikanischen technischen Literatur wird für den Druck oft die Einheit *psi* angegeben (psi = pound per square inch)

[2] Man unterscheidet zwischen physikalischer Atmosphäre (atm) und technischer Atmosphäre (at), 1 atm = 1,033 at.

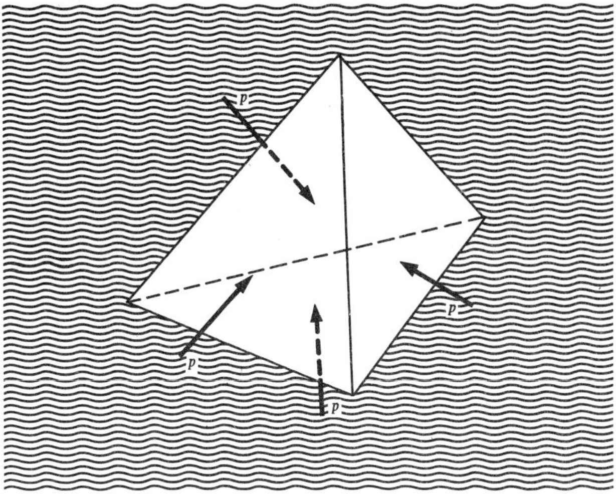

Abb. 8.1 Druck auf einen eingetauchten Körper

Ort zu Ort. Betrachten wir ein mit einer Flüssigkeit gefülltes Gefäß nach Abb. 8.2.

Wir fragen nach der Größe des Druckes (auf eine gedachte Probeeinheitsfläche) in Abhängigkeit der Höhe h, die wir von einer beliebig gewählten Referenzlinie aus rechnen. Der Druck auf der Referenzhöhe $h = 0$ sei p_0. Der Druck in der Höhe h ist dann

$$p(h) = p_0 - \varrho g h . \tag{8.2}$$

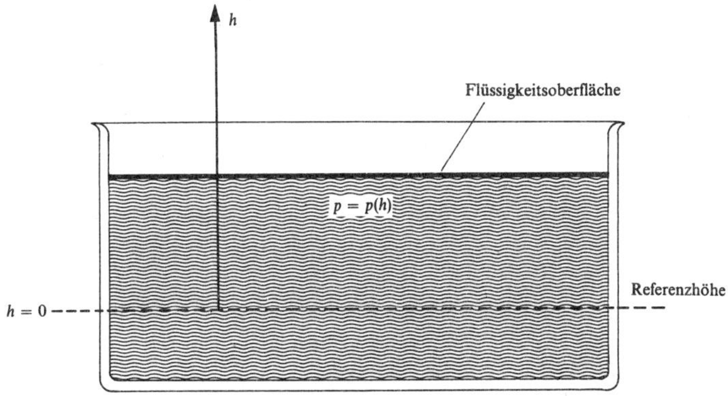

Abb. 8.2 Flüssigkeit im Gravitationsfeld

Dabei bedeuten: ϱ die Dichte der Flüssigkeit und $g = 9{,}81$ m sec^{-2}.

Interessieren wir uns für die Kräfte auf ein (gedachtes) Flüssigkeitselement nach Abb. 8.3.

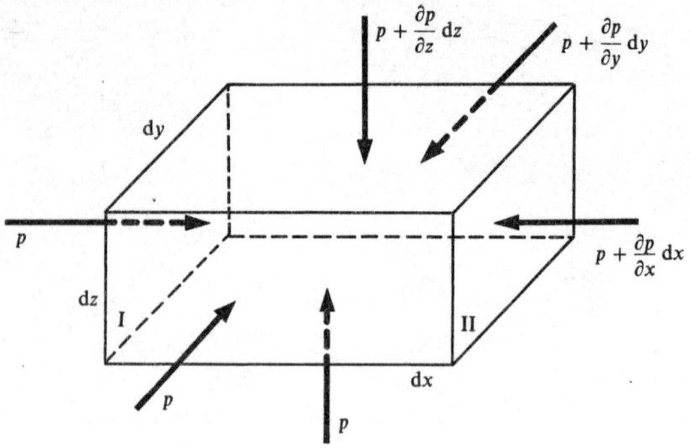

Abb. 8.3 Kräfte auf ein Flüssigkeitselement

Die Änderung des Druckes in x-Richtung ist

$$\frac{\partial p}{\partial x} \text{ und der Druck also } \frac{\partial p}{\partial x} \, dx \, .$$

Die Kraft auf die Fläche I ist

$$K_x^{\mathrm{I}} = p \cdot dy \cdot dz \qquad (8.3)$$

und auf die Fläche II

$$K_x^{\mathrm{II}} = -\left[p + \left(\frac{\partial p}{\partial x} \, dx\right)\right] dy \, dz \, . \qquad (8.4)$$

Die resultierende Kraft in x-Richtung ist daher mit (8.3) und (8.4)

$$K_x = -\frac{\partial p}{\partial x} \, dx \, dy \, dz \, . \qquad (8.5)$$

Mit derselben Überlegung erhalten wir die resultierenden Kräfte in y- und z-Richtung

$$K_y = -\frac{\partial p}{\partial y} \, dx \, dy \, dz \, , \qquad (8.6)$$

und

$$K_z = -\frac{\partial p}{\partial z} \, dx \, dy \, dz \, . \qquad (8.7)$$

Die Gleichungen (8.5) bis (8.7) können wir zusammenfassen zur resultierenden Totalkraft auf ein Volumenelement $d\tau = dx \, dy \, dz$

$$\boldsymbol{K} = -\nabla p \cdot d\tau \, , \qquad (8.8)$$

also proportional dem Druckgradienten ∇p.

Greifen an diesem Volumenelement $d\tau$ noch andere Kräfte an, z. B. Gravitationskräfte, so sind diese mit der resultierenden Kraft (8.8) im Gleichgewicht

$$-\nabla p \cdot d\tau + K_{\text{ext}} = 0 . \tag{8.9}$$

Beispiel 1:

Betrachten wir unsere Flüssigkeit im Gravitationsfeld, charakterisiert durch das Gravitationspotential $\nabla \phi$, wobei ϕ die auf eine Masseneinheit bezogene potentielle Energie bedeutet. Die Dichte der Flüssigkeit sei ϱ. Dann gilt nach Gleichung (8.9) für unser Beispiel

$$-\nabla p \, d\tau - \varrho \nabla \phi \, d\tau = 0 ,$$

oder

$$-\nabla p - \varrho \nabla \phi = 0 . \tag{8.10}$$

Die Gleichung (8.10) heißt die Grundgleichung der Hydrostatik, hat aber vor allem rein akademischen Wert, da sie nur Lösungen hat, wenn $\varrho = \text{konst}$, also die Dichte über die ganze Flüssigkeit dieselbe ist. Für diesen Fall wird (8.10) zu

$$p + \varrho \cdot \phi = \text{konst} . \tag{8.11}$$

Für den allgemeinen Fall, daß die Dichte ϱ nicht konstant, sondern über das Volumen veränderlich ist, hat die Gleichung (8.10) keine Lösung, da die Kräfte nicht im Gleichgewicht sein können und daher keine sogenannte hydrostatische Flüssigkeit vorliegt. Konvektionsströme werden im Innern der Flüssigkeit fließen.

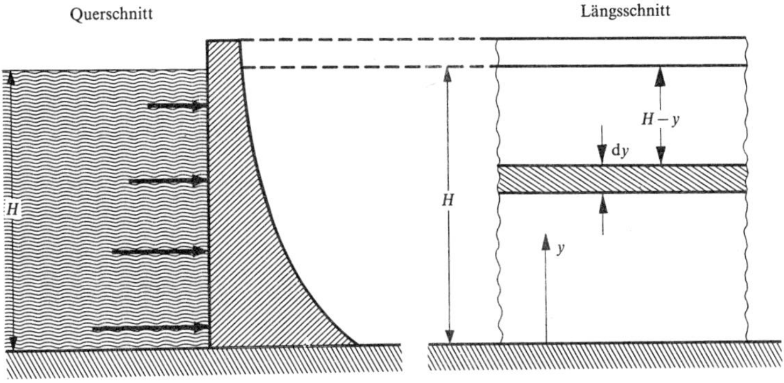

Abb. 8.4 Wasserdruck auf einen Staudamm

Beispiel 2:

Wir wollen die totale Kraft auf einen Staudamm, schematisch dargestellt in Abb. 8.4, berechnen. Die Tiefe des Stausees sei H.

Die totale Breite des Staudammes sei l. Der Druck in der Höhe y ist

$$p(y) = \varrho \cdot g \cdot (H - y) \,. \tag{8.12}$$

Den Beitrag des Luftdruckes auf die Stauseeoberfläche vernachlässigen wir hier. Nach Gleichung (8.12) erhalten wir für die Kraft auf ein Flächenelement $\mathrm{d}y \cdot l$ der Staumauer

$$\begin{aligned} \mathrm{d}K &= p \cdot (\mathrm{d}y \cdot l) \\ &= \varrho \cdot g(H - y) \cdot \mathrm{d}y \cdot l \,. \end{aligned} \tag{8.13}$$

Die totale Kraft erhalten wir durch Integration der Beziehung (8.13) von $y = 0$ bis $y = H$

$$\begin{aligned} K &= \int_0^H \mathrm{d}K \\ &= \int_0^H \varrho\, g\, l (H - y)\, \mathrm{d}y \\ &= \frac{1}{2} \varrho \cdot g \cdot l \cdot H^2 \,. \end{aligned} \tag{8.14}$$

Abb. 8.5 Staumauer der Verzasca-Talsperre, von der Innenseite aus aufgenommen

Unser obiges Beispiel hat eine lineare Staumauer vorausgesetzt. Da die Kräfte auf die Mauer bei Talsperren von der Verankerung seitwärts im Felsen aufgenommen werden sollen, wird die Mauer nach dem Seeinnern gewölbt. In Abb. 8.5 sehen wir ein praktisches Beispiel einer Talsperre von der Innenseite aus photographiert. Im Jahre 1968 wird dieser See aufgefüllt sein, die abgebildete Innenseite ist dann für den Beschauer nicht mehr sichtbar.

Von der Außenseite bietet die Verzasca-Talsperre[1] den in Abb. 8.6 photographierten Anblick.

Beispiel 3:

Wir wollen noch kurz das Barometer des italienischen Physikers Evangelista Torricelli (1608–1647) erwähnen, das in seiner einfachsten Form in Abb. 8.7 dargestellt ist.

Im Innern der Rohre ist der Luftdruck $p_1 = 0$. Der (äußere) Luftdruck p_0 „drückt“ auf die Oberfläche des Quecksilbers in der

Abb. 8.6 Verzasca-Talsperre, Blick in Nordrichtung

[1] Diese Talsperre wurde am Eingang des Verzascatales errichtet. Im hinteren Verzascatal liegt Brione mit einer höchst interessanten Kirche aus dem 14. Jahrhundert. Der herrliche Freskenzyklus aus dem „Trecento“ ist nach einer schlechten Renovierung um 1915 heute in der ganzen Folge wieder gut hergestellt. Dargestellt sind: Anbetung der Könige, Tempelszene, Taufe Christi, Einzug in Jerusalem, Abendmahl. Diese Fresken stammen aus dem Kreis des Giovanni Baronzio und der Maler der Romagna, die zwar stark beeinflußt von Giotto, doch auch für byzantinische Traditionen von Ravenna empfänglich waren

Jedem Besucher Asconas sei ein Abstecher nach Brione (Entfernung Ascona–Locarno–Brione ca. 28 km) wärmstens empfohlen

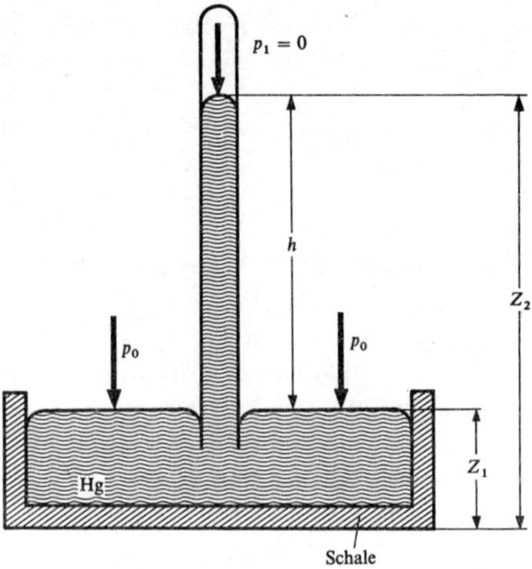

Abb. 8.7
Barometer nach TORRICELLI

offenen Schale und hält die Quecksilbersäule auf einer bestimmten Höhe h, die damit ein Maß für den äußeren Luftdruck bildet. Da die Röhre bei der Montage des Barometers ganz mit Quecksilber gefüllt wurde, befindet sich in dem Raum oberhalb der Säule nur Quecksilberdampf und keine Luft.

Das sich bildende Druckgleichgewicht ergibt die Beziehung zwischen dem Luftdruck[1] und der Höhe der Quecksilbersäule

$$p_0\,(h) = \varrho \cdot g \cdot (Z_2 - Z_1) = \varrho\, g \cdot h\,. \qquad (8.15)$$

ϱ ist die Dichte von Quecksilber (13,6 gr/cm³ und $g = 9.81$ m/sec². Zu Ehren von Torricelli wird der Luftdruck, der der 1-mm-Hg-Säule entspricht, mit 1 Torr bezeichnet.

8.2 Dynamik idealisierter Flüssigkeiten

Wir behandeln zunächst die Bewegungsgesetze einer inkompressiblen und ohne innere Reibung fließenden Flüssigkeit, die man idealisiert nennt. Die Strömungsgesetze von solchen Flüssigkeiten sind zuerst von DANIEL I BERNOULLI und LEONHARD EULER theoretisch behandelt worden.

Da es im ganzen 5 Generationen von über die Grenzen Basels hinaus bekannten Bernoullis gab, sei in Abb. 8.8 ein Stammbaum der Mathematiker Bernoulli gegeben.

[1] Der Dampfdruck von Hg bei 20° C ist 10^{-3} Torr, weshalb die Beziehung (8.15) eine gute Näherung darstellt.

Daniel Bernoulli, I

BERNOULLI, I Daniel (1700–1784), geboren in Groningen. Schweizer Mathematiker. Professor für Mathematik an der Universität Basel und an der von Katharina I. gegründeten Akademie der Wissenschaften in St. Petersburg. Grundlegende Arbeiten zur Hydrodynamik und kinetischen Gastheorie.

Leonhard Euler

EULER, Leonhard (1707–1783), geboren in Basel. Schweizer Mathematiker, Schüler Johann Bernoullis I, der damals als einer der größten lebenden Mathematiker galt. 1730 Professor der Physik an der Petersburger Akademie. 1733 ebenda Professor der Mathematik. 1741 von Friedrich dem Großen auf Anraten von Voltaire an die neugegründete Berliner Akademie berufen. Innere Spannungen zwischen Friedrich dem Großen und Euler – im Grunde verachtete Friedrich die Deutschen, zu denen er auch Euler „le grand algébriste" zählte – veranlaßten Euler am 17. Juli 1766 wieder nach St. Petersburg (heute Leningrad) zurückzukehren, wo er sofort von Katharina II. in Audienz empfangen wurde. Euler wurde dem einheimischen hohen Adel gleichgestellt. Einige wichtige Daten aus Eulers Leben: 1733 Verheiratung mit Katharina Gsell, 1735 Verlust des rechten Auges, 1736 Erscheinen der „Mechanik", 1748 Erscheinen der „Rechenkunst", 1743 Entdeckung der Knickformel, 1745 Erscheinen der „Grundsätze der Artillerie", 1747 Erscheinen der „Göttlichen Offenbarung", 1748 Erscheinen der „Introductio", 1749 Entdeckung der achromatischen Linse, 1753 Erscheinen der Arbeiten über Turbinenbau, 1755 Erscheinen der „Differentialrechnung", 1758 Entdeckung der Polyederformel, 1768 Erscheinen der „lettres à une princesse allemande", 1768–1770 Erscheinen der „Integralrechnung", 1769–1771 Erscheinen der „Dioptrik", 1770 Erscheinen der „Algebra", 1771 Staroperation des linken Auges, vollkommene Erblindung, 1773 Tod seiner Gattin, 1776 Wiederverheiratung mit Salome Gsell, ohne deren Pflege wäre das Leben für Euler nicht möglich gewesen, 18. September 1783 Tod Eulers. Die beispiellose Fruchtbarkeit, selbst als völlig Erblindeter, machten Euler zum berühmtesten Forscher seiner Zeit.

Strömungen werden modellmäßig durch das Strömungsfeld beschrieben. Läßt man in eine strömende Flüssigkeit z. B. Tinten-

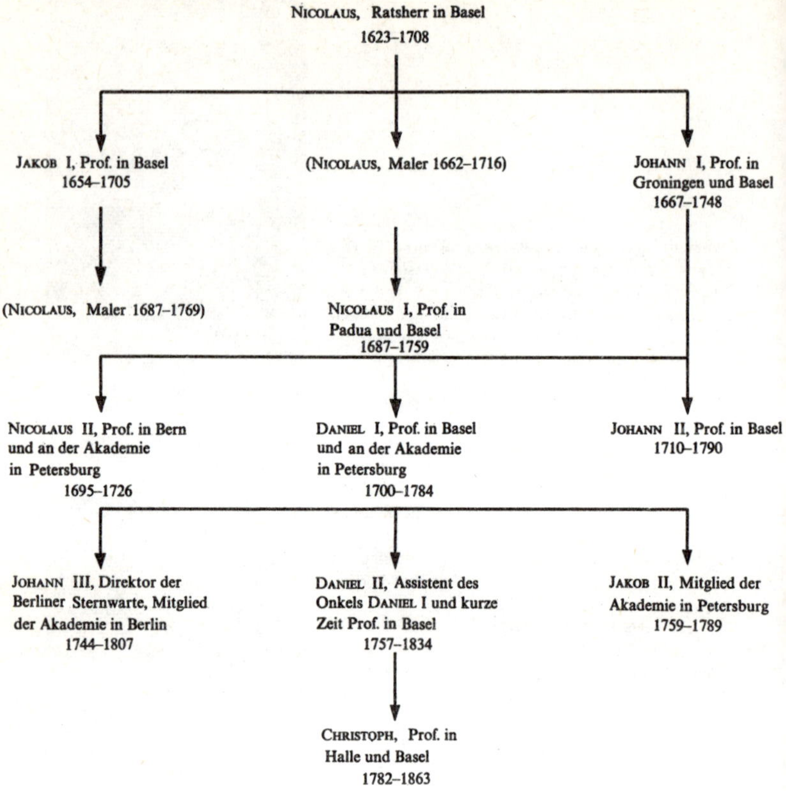

Abb. 8.8 Stammtafel der Mathematiker Bernoulli

fäden eintreten, so ordnen sich diese in bestimmten Linien, den sogenannten Stromlinien, wie in einem Vorlesungsexperiment in Abb. 8.9 gezeigt ist.

Bei einer sogenannten stationären Strömung ist die Stromlinie der Weg, den ein Flüssigkeitsteilchen durchläuft. Die Geschwindigkeit $\boldsymbol{v}$ eines Flüssigkeitsteilchens ist tangential zur Stromlinie gerichtet. Legt man eine Fläche senkrecht zur Strömungsrichtung, so nennen wir die Anzahl der Stromlinien, die durch diese Fläche hindurchtreten, die *Stromliniendichte*. Merken wir uns:

> Zwei Stromlinien können sich niemals schneiden, da sonst an der Schnittstelle die Geschwindigkeit zwei verschiedene Richtungen (mehrdeutig) haben würde, was nicht möglich ist.

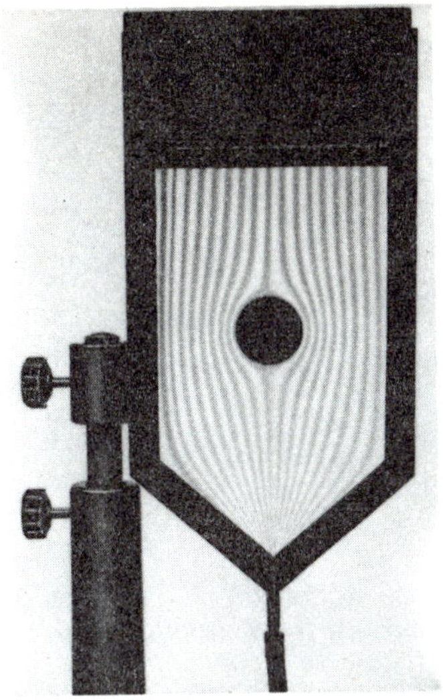

Abb. 8.9 Erzeugung eines Stromlinienfeldes mit Tintenfäden

Aus dem Stromlinienbild kann man die Geschwindigkeits- und Druckverteilung sowie die wirkenden Kräfte berechnen.

Mit der folgenden unvollständigen Aufzählung möge gezeigt werden, wo überall exakte Kenntnisse der Strömungsmechanik[1] unerläßlich sind:

Flugzeug- und Raketenbau,
Schiffsbau,
Dampf- und Wasserturbinenbau,
Konstruktion von Verbrennungsräumen (z. B. Motoren),
Hochhäuser- und Turmbauten (Winddruck),
Windsichtung,
Pneumatische Förderung .

Im Rahmen einer Physikvorlesung können wir lediglich einige grundlegende Tatsachen vermitteln. Betrachten wir eine sogenannte *Stromröhre*, das sind alle Stromlinien, die durch ein Flächenstück hindurchtreten (nach Abb. 8.10).

Die Flüssigkeitsteilchen, die einer Stromröhre angehören, können diese niemals verlassen, da keine Geschwindigkeitskomponente per definitionem senkrecht zur Stromröhre existiert. Für eine in-

[1] Eine gute Einführung in die „Technische Strömungslehre“ gibt BRUNO ECK, Springer, Berlin 1949

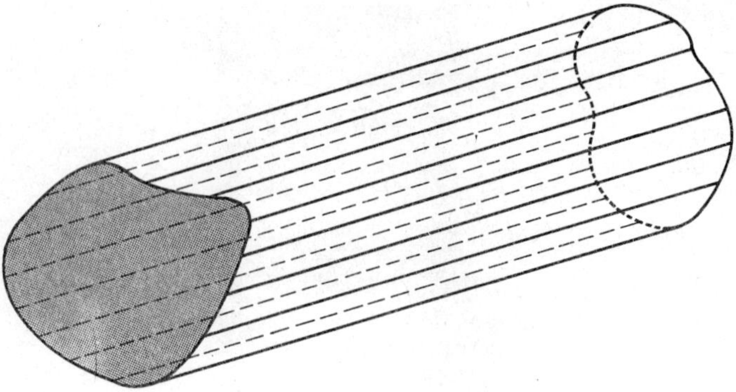

Abb. 8.10 Stromröhre

kompressible Flüssigkeit müssen die durch verschiedene Querschnitte dieser Stromröhre pro Zeiteinheit durchströmenden Flüssigkeitsmengen gleich sein. Werden die Flüssigkeitsmengen pro Zeiteinheit dt durch zwei beliebig herausgegriffene Querschnittsflächen F_1 und F_2 einer Stromröhre betrachtet, so muß die folgende Beziehung gelten

$$\varrho\, F_1 \cdot v_1 \cdot \mathrm{d}t = \varrho\, F_2 \cdot v_2 \cdot \mathrm{d}t\,. \tag{8.16}$$

Die Bezeichnungen sind in Abb. 8.11 eingeführt.

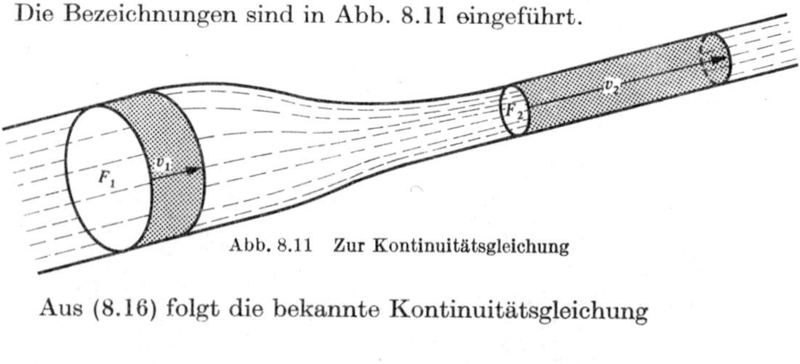

Abb. 8.11 Zur Kontinuitätsgleichung

Aus (8.16) folgt die bekannte Kontinuitätsgleichung

$$\frac{v_1}{v_2} = \frac{F_2}{F_1}\,. \tag{8.17}$$

Dort wo der Querschnitt F groß ist, ist die Geschwindigkeit klein und umgekehrt. (Eine Tatsache, die im Straßenverkehr von 1966 noch nicht bekannt ist.) Wenn im engeren Teil die Flüssigkeitsteilchen eine größere Geschwindigkeit haben als im weiten Querschnitt, müssen diese beschleunigt werden. Diese Beschleunigung wird durch Kräfte bewirkt, die an der Flüssigkeit angreifen. Die Existenz von Kräften setzt aber ein Druckgefälle $-\nabla p$ voraus. Wo die Geschwindigkeit wächst, muß der Druck abnehmen, was wir in Abb. 8.12 schematisch darstellen.

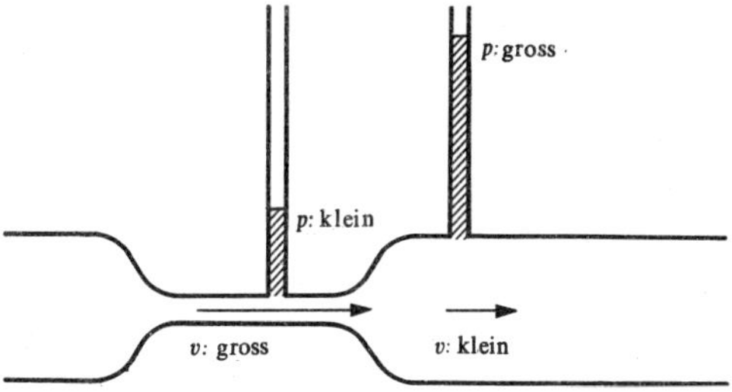

Abb. 8.12 Druckabhängigkeit von der Strömungsgeschwindigkeit.

Wir wollen nach einem quantitativen Zusammenhang der Geschwindigkeiten und Kräfte in einer Flüssigkeit ohne innere Reibung fragen. Betrachten wir dazu ein Flüssigkeits-Volumenelement in einer Stromröhre mit Berücksichtigung der Gravitation (nach Abb. 8.13).

Die beiden begrenzenden Flächen seien F_1 und F_2. Die Lage des Volumenelementes charakterisieren wir durch die Wegkoordinate

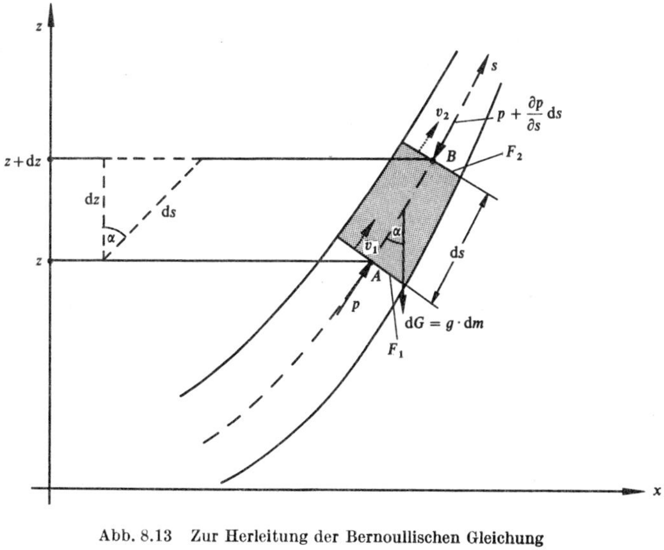

Abb. 8.13 Zur Herleitung der Bernoullischen Gleichung

$s = s(x, y, z)$. Die Länge unseres Elementes ist dann

$$\mathrm{d}s = \sqrt{\mathrm{d}x^2 + \mathrm{d}y^2 + \mathrm{d}z^2}\,. \tag{8.18}$$

Druck p und Geschwindigkeit $\boldsymbol{v}$ sind Funktionen des Weges s

$$v = v(s)\,,$$

$$p = p(s)\,.$$

Das Gewicht des Volumenelementes $\mathrm{d}V$ sei $\mathrm{d}G$ und seine Masse $\mathrm{d}m$.

$$\mathrm{d}G = g \cdot \mathrm{d}m = g \cdot \varrho \cdot \mathrm{d}V = g \cdot \varrho \cdot F_1 \cdot \mathrm{d}s\,. \tag{8.19}$$

Auf das Volumenelement zwischen den beiden Querschnitten F_1 und F_2 wirken die von folgenden Größen herrührenden Kräfte

1. Druck p auf Fläche F_1 : p,
2. Druck auf die Fläche $F_2 : p + \frac{\partial p}{\partial s}\,\mathrm{d}s$,
3. Gravitation (nur Komponente in Strömungsrichtung):

$$\mathrm{d}G_\mathrm{s} = \mathrm{d}G \cdot \cos\alpha\,.$$

Da $\cos\alpha = \frac{\mathrm{d}z}{\mathrm{d}s}$ ist, wird also

$$\mathrm{d}G_\mathrm{s} = \mathrm{d}G \cdot \frac{\mathrm{d}z}{\mathrm{d}s}\,. \tag{8.20}$$

In Bewegungsrichtung s können wir für die Gesamtkraft $\mathrm{d}K_\mathrm{s}$ auf das Volumelement $\mathrm{d}V$ das Newtonsche Gesetz anwenden (Vorraussetzung: $b = \text{const}$)

$$\mathrm{d}m \cdot \dot{v}\,(s) = \mathrm{d}K_\mathrm{s}\,. \tag{8.21}$$

Nach unserem Kräfteverzeichnis oben ist

$$\mathrm{d}K_\mathrm{s} = F_1 \cdot p - F_2 \left(p + \frac{\partial p}{\partial s}\,\mathrm{d}s\right) - \mathrm{d}G_\mathrm{s}\,. \tag{8.22}$$

Benutzen wir die Beziehungen (8.19) und (8.20), so wird das Newtonsche Gesetz (8.21) zu

$$\mathrm{d}s \cdot F_1 \cdot \varrho \cdot \frac{\mathrm{d}v}{\mathrm{d}t} = F_1 \cdot p - F_2 \left(p + \frac{\partial p}{\partial s}\,\mathrm{d}s\right) - g \cdot \varrho \cdot F_1\,\mathrm{d}s\,\frac{\mathrm{d}z}{\mathrm{d}s}\,. \tag{8.23}$$

Für ein hinreichend kleines Volumelement $\mathrm{d}V$ können wir in guter Näherung die beiden begrenzenden Flächen F_1 und F_2 als gleich groß betrachten

$$F_1 \approx F_2 \approx F\,.$$

Damit wird die Beziehung (8.23) zu

$$\varrho \cdot \mathrm{d}s \frac{\mathrm{d}v}{\mathrm{d}t} + \frac{\partial p}{\partial s} \mathrm{d}s + \varrho \cdot g \cdot \frac{\partial z}{\partial s} \mathrm{d}s = 0 . \qquad (8.24)$$

Durch Integration längs einer Stromlinie folgt aus (8.24)

$$\underbrace{\tfrac{1}{2} \varrho v^2}_{\text{Dynamischer Druck}} + \underbrace{p}_{\text{Statischer Druck}} + \underbrace{\varrho \cdot g \cdot z}_{\text{Schweredruck}} = \text{const} \; . \qquad (8.24\text{a})$$

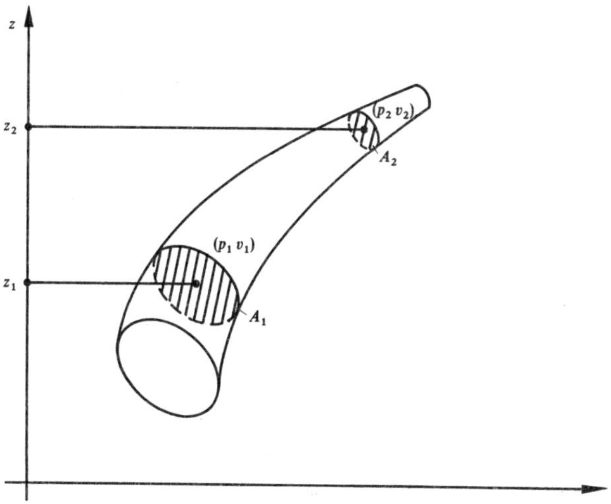

Abb. 8.14 Anwendung der Bernoulli-Gleichung auf Rohrströmung

Diese Gleichung (8.24a) wird als *Bernoullische Gleichung* bezeichnet. Die Summe der Drücke ist in jedem Querschnitt konstant. Betrachten wir zwei auseinanderliegende Querschnitte A_1 und A_2 nach Abb. 8.14, so gilt nach (8.24) die Beziehung

$$\tfrac{1}{2} \varrho v_1^2 + p_1 + \varrho g z_1 = \tfrac{1}{2} \varrho v_2^2 + p_2 + \varrho g z_2 . \qquad (8.25)$$

8.3 Anwendungsbeispiele der Bernoulli-Gleichung

Große praktische Bedeutung hat eine Meßmethode für Strömungsgeschwindigkeiten (oder Durchflußmengen) gewonnen, die mit einer Verengung oder mit einer Blende in der Rohrleitung nach Abb. 8.15 arbeitet.

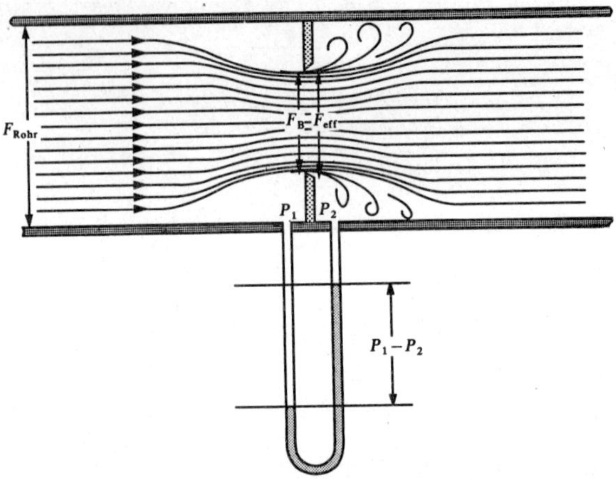

Abb. 8.15 Blende zur Messung der Strömungsgeschwindigkeit

Der Rohrquerschnitt sei F und die Strömungsgeschwindigkeit im freien Rohr v. Der geometrische Blendenquerschnitt sei F_B und die Geschwindigkeit durch die Blende v_B. Vor der Blende sei der statische Druck p_1 und unmittelbar nach der Blende p_2. Setzen wir ein horizontales Rohr voraus, dann ist $z_1 = z_2$ (in Gleichung 8.25) d. h. man kann den Schweredruck vernachlässigen. Die Bernoulli-Gleichung für diese Blendenanordnung lautet

$$p_1 + \frac{\varrho}{2} v^2 = p_2 + \frac{\varrho}{2} v_B^2 . \tag{8.26}$$

Nach der Kontinuitätsgleichung (8.17) ist

$$v = \frac{F_B}{F} \cdot v_B . \tag{8.27}$$

Wird (8.27) in die Gleichung (8.26) eingesetzt, so folgt für die Geschwindigkeit v_B

$$v_B = \left[\frac{p_2 - p_1}{\frac{\varrho}{2} \left(\frac{F_B^2}{F^2} - 1 \right)} \right]^{\frac{1}{2}} . \tag{8.28}$$

Der Druckunterschied $p_2 - p_1$ läßt sich leicht messen; die Querschnitte F_B und F sind aus der Konstruktion bekannt. Man kann bei bekannter Dichte ϱ der durchströmenden Flüssigkeit ihre Geschwindigkeit v_B und damit auch die Durchflußmenge pro Zeiteinheit

$$V = F_B \cdot v_B \tag{8.29}$$

bestimmen. Obige Überlegung setzt konstante Geschwindigkeitsverteilung in Blende und Rohr voraus. Dies ist jedoch oft nicht der Fall, und es entstehen prinzipielle Meßfehler. Diese Meßfehler werden in den Normblenden (nach VDI-Durchfluß-Meßregeln) durch festgelegte Toleranzen berücksichtigt. Eine zweite Einschränkung ist notwendig: Die scharfe Kante der Blende bewirkt eine starke Kontraktion (in der Abb. 8.15 angedeutet) der Strömung. Man darf daher nicht mit dem geometrischen Querschnitt F_B rechnen, sondern muß einen kleineren Querschnitt F_{eff}, den sogenannten effektiven Querschnitt, für exakte Messungen verwenden. Diese Korrekturen sind in den VDI-Normen angegeben.

Eine ähnliche Anordnung liegt der Wasserstrahlpumpe, schematisch in Abb. 8.16 dargestellt, zugrunde.

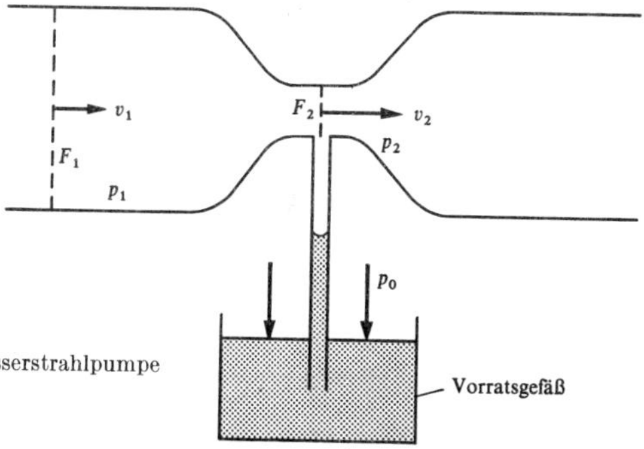

Abb. 8.16 Prinzip der Wasserstrahlpumpe

Wird der statische Druck p_2 kleiner als der äußere Luftdruck p_0, so wird die Flüssigkeit im Vorratsgefäß hinaufgedrückt, selbst wenn $p_1 > p_0$ ist. Sein Inhalt strömt nach der Stelle kleinen Drukkes p_2 hin, so lange bis der Druck im Rezipienten gleich dem Druck p_2 geworden ist. Durch Vergrößern von v_1 könnte man sogar erreichen, daß p_2 gleich Null und selbst negativ würde. Wegen des Verdampfens des Wassers erreicht man jedoch bestenfalls einen Druck[1], der dem Dampfdruck des Wassers bei der betreffenden Temperatur entspricht. Zur Erreichung besserer Vakua verwendet

[1] Dampfdruck des Wassers bei 20° C: 17,5 Torr

man Quecksilberdampfstrahl- oder Öldampfpumpen, die nach dem gleichen Prinzip arbeiten. Quecksilber und Öl besitzen wesentlich kleinere Dampfdrücke als Wasser.

Den statischen Druck in einem Rohr, in dem ein Medium (Flüssigkeit, Luft etc) fließt, könnte man einfach mit einer Meßanordnung nach Abb. 8.17 messen.

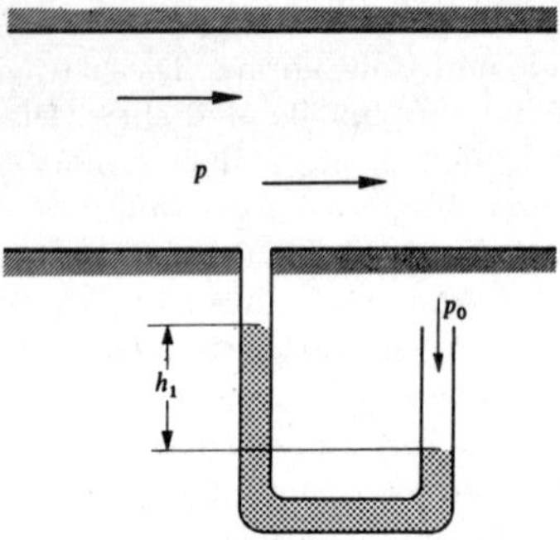

Abb. 8.17 Primitive Meßanordnung zur Bestimmung des statischen Druckes

Der statische Druck p im strömenden Medium ergibt sich aus der Beziehung

$$p_0 - p = \varrho_M \cdot g \cdot h_1, \tag{8.30}$$

wobei p_0 der äußere Luftdruck und ϱ_M die Dichte der Manometerflüssigkeit bedeuten. Die Meßanordnung von Abb. 8.17 wurde als primitiv apostrophiert, da wegen der *Reibung* des fließenden Mediums an den Rohrwänden die Strömung gestört wird *(Grenzschichteffekte)*. Man wird daher die Messung des statischen Druckes

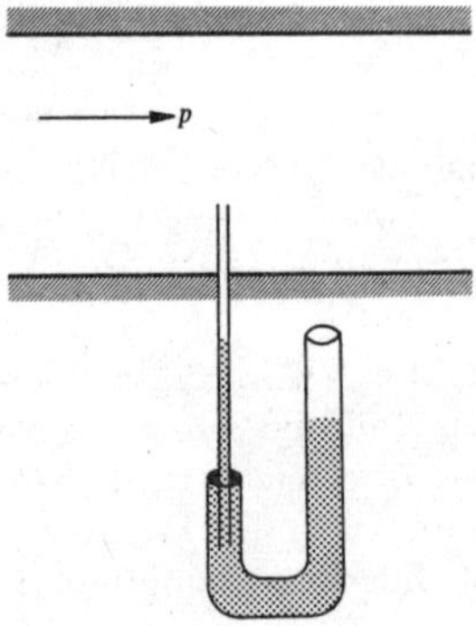

Abb. 8.18 Vorschlag zu einer verbesserten Druckmeßanordnung

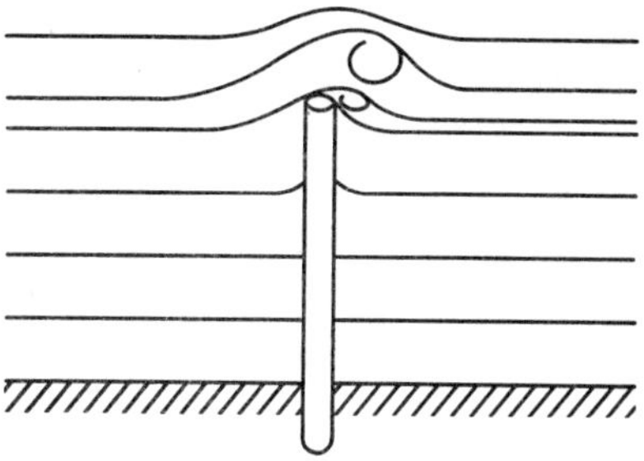

Abb. 8.19 Umströmen eines zylindrischen Rohres

ins Innere des Rohres verlegen; als naheliegende Anordnung ist z. B. an Abb. 8.18 zu denken.

Studieren wir jedoch das Umströmen eines zylindrischen Rohres. Auch wenn es noch so schlank gewählt wird, erhalten wir ein in Abb. 8.19 schematisch aufgezeichnetes Strömungsbild.

Aus dem Strömungsbild erkennen wir, daß eine Druckmessung mit einer derartigen Anordnung durch die Wirbelablösung verfälscht wird, da an der Rohröffnung ein Unterdruck entsteht. Das geeignete Instrument zur statischen Druckmessung ist die in Abb. 8.20 gezeichnete Druckmeßsonde, ein abgerundetes Rohr genau in Strömungsrichtung, an dem in einiger Entfernung von der Vorderkante ringsum kleine Bohrungen oder ein Ringschlitz angebracht sind.

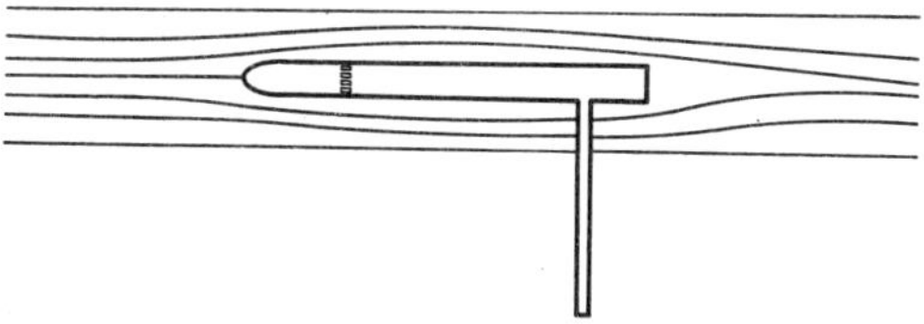

Abb. 8.20 Drucksonde

Im Innern der Sonde stellt sich dann der statische Druck der Strömung ein, der über ein Manometer abgelesen wird. Wir sind anhand dieses Beispiels absichtlich etwas tiefer in die Details der Strömungsmessung eingetreten, um Schwierigkeiten, die man beachten muß, aufzuzeigen. Wollen wir die Geschwindigkeit einer Strömung oder umgekehrt eines Flugzeuges in einem ruhenden Medium messen, müssen wir nach der Gleichung von Daniel Bernoulli sowohl den statischen als auch den dynamischen Druck bestimmen.

PRANDTL, Ludwig (1875–1953). Professor an der Universität Göttingen. Grundlegende Arbeiten auf dem Gebiet der Aerodynamik, Grenzschichttheorie, Stoßwellen bei $M = 1$. Gründer der Aerodynamischen Versuchsanstalt in Göttingen.

Ludwig Prandtl

Man benutzt dazu eine Meßsonde, die nach dem Begründer der modernen Aerodynamik, LUDWIG PRANDTL, das Prandtlsche Staurohr (Abb. 8.21) benannt wird.

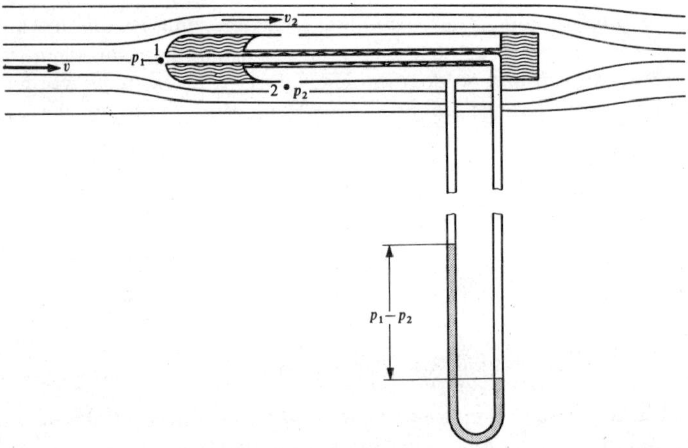

Abb. 8.21 Prandtlsches Staurohr (Schnittzeichnung)

Im Punkte 1, dem sogenannten Staupunkt, ist die Strömungsgeschwindigkeit $v = 0$ und der dort herrschende Druck (Staudruck) p_1. Im Punkte 2, dem Ort der seitlichen Schlitze, sei die Strömungsgeschwindigkeit v_2 und der statische Druck p_2. Ist die Dichte des strömenden Mediums ϱ, dann gilt für horizontale Strömung die Bernoullische Gleichung (8.24) ohne das Schweredruckglied

$$p_1 + 0 = p_2 + \frac{\varrho}{2} v_2^2 . \tag{8.31}$$

Daraus erhält man für die Geschwindigkeit v_2, die der zu messenden Geschwindigkeit entspricht,

$$v_2 = \left[\frac{2(p_1 - p_2)}{\varrho}\right]^{\frac{1}{2}}. \tag{8.32}$$

Die Geschwindigkeitsmessung kann also auf eine Druckmessung zurückgeführt werden. Zwei Einschränkungen für Messungen mit dem Prandtl-Rohr sollen noch erwähnt werden:

Spezielle Meßkorrekturen müssen vorgenommen werden:

a) bei Strömungen von oder in Flüssigkeiten hoher Zähigkeit,

b) bei starker Turbulenz.

8.4 Strömung mit innerer Reibung

Bei der Anwendung der Bernoullischen Gleichung darf man nicht vergessen, daß in ihr die innere Reibung nicht berücksichtigt wurde. Daß die Bernoulli-Gleichung nicht genügt, um Probleme des Strömungswiderstandes zu behandeln, wollen wir am folgenden Problem demonstrieren.

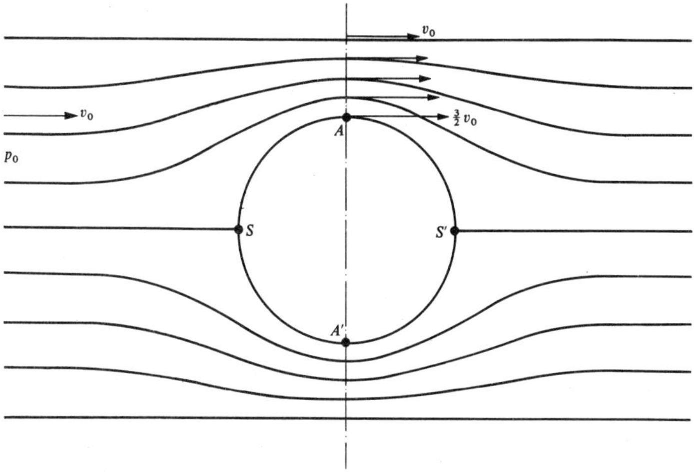

Abb. 8.22 Strömungsbild einer reibungslosen Flüssigkeit um eine Kugel

In Abb. 8.22 ist das Strömungsbild einer reibungslosen Flüssigkeit um eine Kugel dargestellt.

Mit v_0 und p_0 bezeichnen wir Geschwindigkeit und Druck in großer Entfernung von der Kugel. In den Staupunkten S und S' ist $v = 0$. Am größten ist die Geschwindigkeit in den Punkten A und A'. Man kann experimentell und theoretisch zeigen, daß in den Punkten A und A' die Geschwindigkeit

$$v_{\mathrm{A}} = \frac{3}{2} v_0$$

ist. Für große Entfernung (Index 0) von der Kugel und für einen Staupunkt S gilt bei horizontaler Strömung die Bernoulli-Gleichung

$$p_0 + \frac{\varrho}{2} v_0^2 = p_{\mathrm{S}} + \frac{\varrho}{2} v_{\mathrm{S}}^2 \,. \tag{8.33}$$

Da in den Staupunkten S und S' die Geschwindigkeit Null ist, $v_{\mathrm{S}} = 0$, folgt aus (8.33) für den Staudruck

$$p_{\mathrm{S}} = p_0 + \frac{\varrho}{2} v_0^2 \,. \tag{8.34}$$

Für die beiden „Pole" A und A' der umströmten Kugel gilt

$$\begin{aligned} p_0 + \frac{\varrho}{2} v_0^2 &= p_{\mathrm{A}} + \frac{\varrho}{2} v_{\mathrm{A}}^2 \\ &= p_{\mathrm{A}} + \left(\frac{3}{2}\right)^2 \cdot \frac{\varrho}{2} v_0^2 \,, \end{aligned} \tag{8.35}$$

und damit für den statischen Druck in A (resp. A')

$$p_{\mathrm{A}} = p_0 - \frac{5}{4} \cdot \frac{\varrho}{2} v_0^2 \,. \tag{8.36}$$

Berechnet man die Gesamtkraft auf die Kugel

$$K_{\mathrm{total}} = \sum p \, \mathrm{d}F \,,$$

so findet man aus Symmetriegründen

$$K_{\mathrm{total}} = 0 \,.$$

Bei einer reibungslosen Flüssigkeit erfährt die Kugel in der Strömung keinen Widerstand. Da eine reibungslose Flüssigkeit nicht existiert, ist unser Modell zu stark idealisiert. In praxi müssen wir die innere Reibung, welche die Ursache des Auftretens von Kräften auf die Kugel ist, in Rechnung stellen. Wir wollen uns im folgenden etwas näher damit befassen.

Wegen der Reibung an der Kugel ist die Geschwindigkeit im Extremfall im Punkte A gleich Null, $v_A = 0$. Anstelle eines Geschwindigkeitsprofils von $\frac{3}{2} v_0$ bis v_0 für die reibungslose Flüssigkeit ($\eta = 0$), liegt ein Profil von $v_A = 0$ bis v_0 vor, das in Abb. 8.23 dargestellt ist.

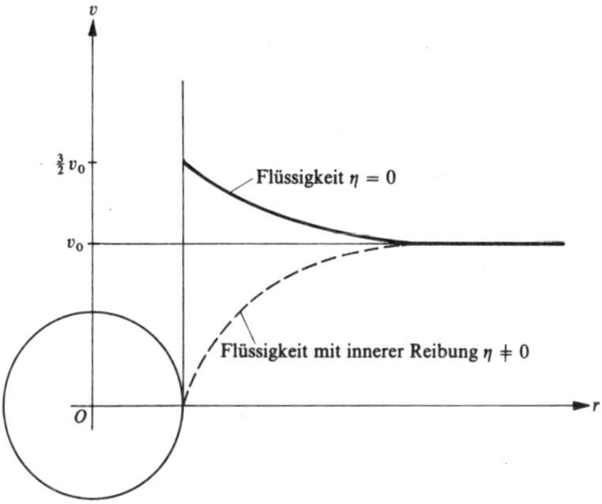

Abb. 8.23 Geschwindigkeitsprofil für reibungslose und Flüssigkeit mit innerer Reibung

Abb. 8.24 Zigarettenrauch als turbulente Strömung

Die innere Reibung oder Zähigkeit manifestiert sich in zwei verschiedenen Formen:

a) direkt als Reibungswiderstand oder
b) indirekt als Ursache des „Druckwiderstandes" bei der turbulenten Strömung. Durch die Reibung werden Wirbel erzeugt, die sich ablösen und dadurch den Flüssigkeitswiderstand bedingen.

Turbulente Strömungen beobachten wir alle Tage, wenn wir eine Zigarette oder Pfeife rauchen (Abb. 8.24).

Zur Definition des Koeffizienten der inneren Reibung benutzen wir eine experimentelle Anordnung von NEWTON, die in Abb. 8.25 schematisch aufgezeichnet ist.

Zwischen einer festen Glasplatte U und einer beweglichen Glasplatte B mit der Oberfläche F befindet sich eine Flüssigkeitsschicht der Dicke a. Um Randeffekte so klein als möglich zu halten, müssen diese Platten hinreichend groß sein. Durch eine Kraft K bringen wir die obere Glasplatte längs der Unterlage zum Gleiten. Wir wählen die Größe der Kraft derart, daß sich eine konstante Geschwindigkeit w einstellt. Diese anzuwendende Kraft K ist proportional zu w und zu F und umgekehrt proportional zur Schichtdicke a. Den Proportionalitätsfaktor η nennt man den *Koeffizienten der inneren Reibung*, die *Zähigkeit* oder die *Viskosität*. Es gilt also die empirische Beziehung

$$K = \eta \frac{w}{a} F . \qquad (8.37)$$

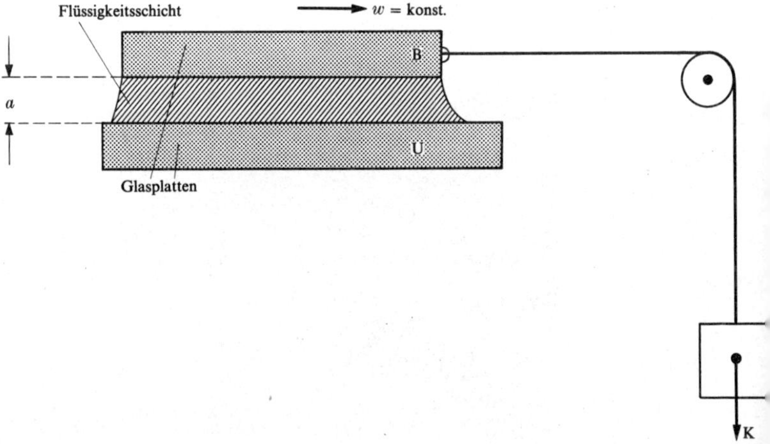

Abb. 8.25 Newtonsche Anordnung zur Bestimmung der Viskosität

Daraus erhalten wir für die Definition der Zähigkeit η

$$\eta = \frac{\frac{K}{F}}{\frac{w}{a}} = \frac{\text{Schubspannung}}{\text{örtl. Änderg. der Geschwindigkeit}}. \qquad (8.38)$$

Die Dimension der Zähigkeit ist

$$\dim \eta = \frac{\text{Kraft} \cdot \text{Länge}}{\text{Geschwindigkeit} \cdot \text{Fläche}}$$

und ihre Einheiten

$$\frac{\text{N} \cdot \text{m}}{\frac{\text{m}}{\text{sec}} \cdot \text{m}^2} = \frac{\text{N} \cdot \text{sec}}{\text{m}^2}.$$

Bemerkung für die Ingenieure und Autofahrer

In der Technik wurden für die Zähigkeit die cgs-Größen herangezogen und dafür ein neuer Name zu Ehren des französischen Arztes POISEUILLE gegeben

$$[\eta] = \frac{\text{dyn} \cdot \text{sec}}{\text{cm}^2} = \text{poise} \quad (\text{p}).$$

Oft werden auch die abgeleiteten Größen

$$\text{Centipoise} = 1\ \text{cp} = 10^{-2}\ \text{p} \quad \text{und}$$
$$\text{Mikropoise} = 1\ \mu\text{p} = 10^{-6}\ \text{p} \quad \text{verwendet.}$$

Die Zähigkeit ist stark von der Temperatur abhängig. In Tabelle 8.1 ist die Abhängigkeit der Viskosität η von der Temperatur für ein Motorenöl als Beispiel aufgeführt.

Tabelle 8.1

Viskosität von Motorenöl

Temperatur °C	η in poise
0	53,0
20	9,86
40	2,31
60	0,80
100	0,17

Das in Tabelle 8.1 beschriebene Viskositäts-Verhalten erklärt uns, weshalb im Winter sogenannte Winteröle für die Motorfahrzeuge verwendet werden sollen.

Da die Flüssigkeit sowohl an der oberen Platte B als auch an der Unterlage U haftet, stellt sich bei Bewegung der Platte infolge Reibung in der Flüssigkeit ein (meistens) lineares Geschwindigkeitsgefälle, dargestellt in Abb. 8.26, ein. Führen wir senkrecht zur Geschwindigkeitsrichtung $\boldsymbol{w}$ die z-Koordinate ein, so wird

$$w = w(z)$$

von $z = 0$ bis $z = a$.

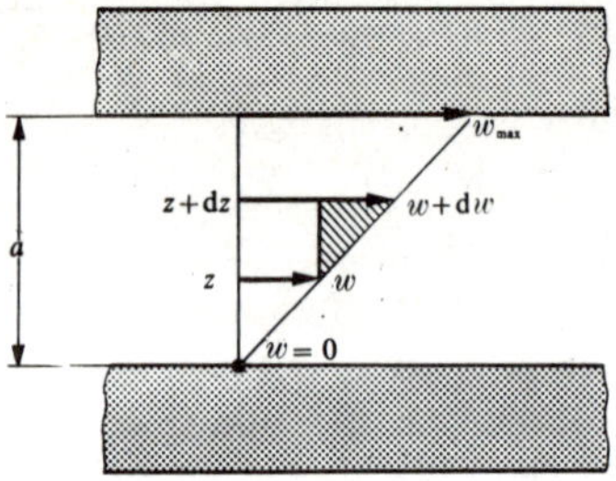

Abb. 8.26 Lineares Geschwindigkeitsgefälle in der viskosen Flüssigkeitsschicht

Das Geschwindigkeitsgefälle ist gegeben durch den Quotienten:

$$\frac{\mathrm{d}w}{\mathrm{d}z}.$$

Für ein lineares Geschwindigkeitsprofil gilt

$$\frac{\mathrm{d}w}{\mathrm{d}z} = \frac{w}{a}. \tag{8.39}$$

Damit wird nach (8.37) für die wirkende Kraft K

$$K = \eta \cdot F \cdot \frac{\mathrm{d}w}{\mathrm{d}z}. \tag{8.40}$$

Als *Schubspannung* τ bezeichnet man das Verhältnis der parallel zur Fläche F wirkenden Kraft K dividiert durch die Fläche F

$$\tau = \frac{K}{F}. \tag{8.41}$$

und nach (8.40) erhalten wir den sogenannten Newtonschen Ansatz

$$\tau = \eta \frac{\mathrm{d}w}{\mathrm{d}z}. \tag{8.42}$$

In der Flüssigkeit mit innerer Reibung werden wegen der Existenz eines Geschwindigkeitsgefälles Schubspannungen übertragen. Die

Flüssigkeitsschichten gleiten infolge verschiedener Geschwindigkeiten übereinander und üben aufeinander Reibungskräfte parallel zur Bewegungsrichtung aus. Für eine allgemeine Behandlung der Theorie viskoser Flüssigkeiten genügt der Ansatz (8.42) nicht.

Wir wollen nun die Umströmung einer Kugel in einer Flüssigkeit mit innerer Reibung betrachten. Der reine Reibungswiderstand W wird von der Zähigkeit η, der Strömungsgeschwindigkeit v_0 und dem Radius der Kugel $r = R$ abhängen; also besteht folgender funktionaler Zusammenhang

$$W = W(\eta, v_0, R) \tag{8.43}$$

Man kann die exakte Form dieser Funktion herleiten (vgl. z. B. A. Sommerfeld, Vorlesungen über theoretische Physik, Band 2, § 35). Wir wollen die Beziehung aufgrund einer sogenannten *Dimensionsbetrachtung* finden. Solche Dimensionsbetrachtungen sind für den Ingenieur sehr wichtig. Die Dimensionen der beteiligten Größen sind

$$\dim W = \frac{\text{Länge} \cdot \text{Masse}}{(\text{Zeit})^2},$$

$$\dim \eta = \frac{\text{Masse}}{\text{Länge} \cdot \text{Zeit}},$$

$$\dim v_0 = \frac{\text{Länge}}{\text{Zeit}},$$

$$\dim R = \text{Länge}.$$

Versuchen wir alle einfachen Kombinationen von η, v_0 und R, um die Dimension von W zu erhalten, so finden wir den Zusammenhang

$$W = \text{Zahlenfaktor} \cdot \eta \cdot R \cdot v_0 . \tag{8.44}$$

Durch Integration der Bewegungsgleichungen erhielt der englische Physiker Sir George Gabriel Stokes (1819–1903) für den Zahlenfaktor den Wert 6π. Wir erhalten damit die Stokessche Formel für den Widerstand einer Kugel in einer laminaren Strömung von Flüssigkeiten oder dichten Gasen

$$W = 6\pi \eta R v_0 . \tag{8.45}$$

Für stark verdünnte Gase zeigte Cunningham, daß anstelle von 6π eine Korrektur von der Form

$$\frac{6\pi}{1 + \alpha \frac{\lambda}{R}}$$

hinzutritt. λ ist die mittlere freie Weglänge der Gasmoleküle und α ein Zahlenfaktor ($\alpha \approx 0{,}86$). Diese Korrektur war für die Bestimmung der elektrischen Elementarladung durch MILLIKAN[1] von großer Bedeutung.

Lassen wir die Strömungsgeschwindigkeit v_0 größer werden, so ändert sich bei einer ganz bestimmten kritischen Geschwindigkeit v_{krit} der Charakter der Strömung, den wir durch folgende Stichworte beschreiben

$v_0 < v_{krit}$: ruhige, gleichmäßige Strömung, (laminare Strömung)

$v_0 > v_{krit}$: Ablösen von Wirbeln

oder in Abb. 8.27 schematisch veranschaulichen können.

Betrachten wir Flüssigkeitsteilchen in der Nähe der Kugel (oder Zylinder)-Oberfläche. Im reibungsfreien Fall wird ein Teilchen von

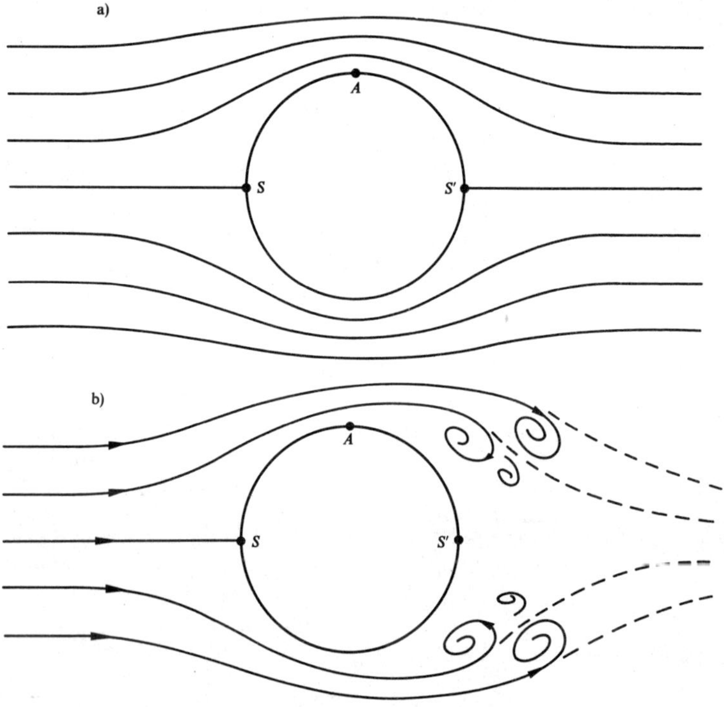

Abb. 8.27 Schematische Veranschaulichung der a) laminaren und b) turbulenten Strömung

[1] R. MILLIKAN, Phys. Rev. 2, 109, 1913

S nach A beschleunigt, da der Druck in S größer ist als in A. Auf dem Weg A nach S' wird es wieder verzögert. Es besitzt jedoch genügend kinetische Energie, um trotz des zunehmenden Druckes bis S' zu gelangen. Anders jedoch, wenn die Teilchen infolge Reibung auf dem Weg von S nach A gebremst werden. Diese Teilchen besitzen in A nicht die notwendige kinetische Energie, um gegen den Druckanstieg bis S' zu gelangen. Ihre Geschwindigkeit wird Null, bevor sie in S' ankommen. Die sich im Raume zwischen A und S' ansammelnden unbewegten Flüssigkeitsteilchen gestalten das Strömungsbild auf der Rückseite der Kugel (des Zylinders) um.

> Die Flüssigkeitsschicht in der Nähe der Kugel (Zylinder) wird aufgerollt, und es bilden sich Wirbel.

Diese Wirbel werden, nachdem sie eine gewisse Größe erreicht haben, abgelöst und schwimmen mit einer Geschwindigkeit $u < v_0$ davon. Bei Zylindern oder Tragflächen bilden die abgelösten Wirbel die sogenannte *Karmansche Wirbelstraße*.

Ein Wirbel hat infolge seiner Rotationsbewegung kinetische Energie. Um diese kinetische Energie zu erzeugen, wird Arbeit geleistet. Dieser Arbeit entspricht das Auftreten eines Strömungswiderstandes. Da hinter dem Körper zwischen A und S' der Druck nicht mehr gleich stark zunimmt wie im Falle der Idealströmung, nennt man diesen Strömungswiderstand auch „*Druckwiderstand*" W_{D}. Diese Druckwiderstände sind im allgemeinen für nicht sehr zähe Medien (Luft) und große Geschwindigkeit viel größer als die Stokesschen Reibungswiderstände. Man merke jedoch, daß das Auftreten des Druckwiderstandes eine Folge der inneren Reibung ist.

In einer ersten Näherung darf man meistens die reinen Reibungskräfte gegenüber den Druckwiderständen vernachlässigen. Diese Näherung gilt jedoch nicht für eine im allgemeinen dünne, dem Körper anliegende Schicht, der sogenannten Prandtlschen *Grenzschicht*. In dieser Schicht treten große Geschwindigkeitsgradienten auf, so daß die Reibungskräfte von gleicher Größenordnung wie die Druckkräfte werden. Die Dicke dieser Grenzschicht beträgt bei einem Flugzeug ca. 5 mm.

8.5 Das Gesetz von Poiseuille und Hagen

In diesem Abschnitt wollen wir die Strömung durch enge Röhrchen bei praktisch allen erreichbaren Geschwindigkeiten besprechen. Da das strömende Medium (Flüssigkeit, Gas) an der Rohrwand haftet, bildet sich ein Geschwindigkeitsprofil aus. Betrachten wir für unsere Überlegungen eine (gedachte) Flüssigkeitsröhre (nach Abb. 8.28.).

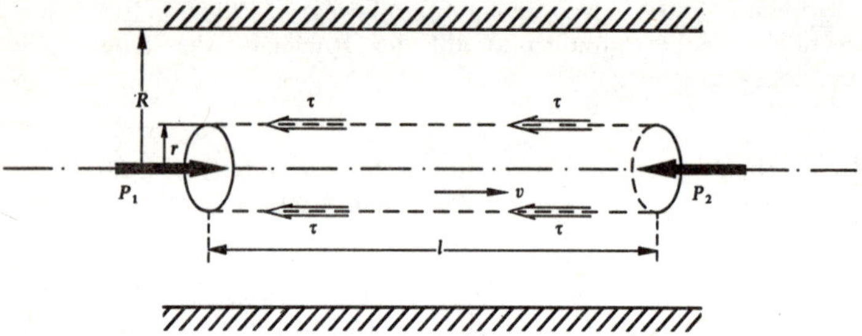

Abb. 8.28 Kräfte an einer Flüssigkeitsröhre

Wir interessieren uns für die Geschwindigkeitsverteilung

$$v = v(r)\,.$$

An der Rohrwand $r = R$ ist: $v = 0$, und in der Mitte $r = 0$: $v = \max$.

Auf das Volumen der gedachten Flüssigkeitsröhre wirken parallel zur Rohrachse die beiden Kräfte:

1. Kraft, die die Flüssigkeit vorantreibt (Druckkraft)

$$K_{\mathrm{D}} = r^2\,\pi\,(p_1 - p_2)\,. \tag{8.46}$$

2. Reibungskraft nach Gleichung (8.40)

$$K_{\mathrm{R}} = -\,\eta\,2\,\pi\,r \cdot l \cdot \frac{\mathrm{d}v}{\mathrm{d}r}\,,\ \text{da}\ \frac{\mathrm{d}v}{\mathrm{d}r} < 0\ \text{ist.} \tag{8.47}$$

Hier müssen wir die Zylinderoberfläche $2\,\pi\,r \cdot l$ des Stromrohrs als Reibungsfläche, an der die Schubspannungen τ auftreten, einsetzen. Für eine stationäre Strömung müssen die Druckkräfte und die Reibungskräfte entgegengesetzt gleich sein

$$|\boldsymbol{K}_{\mathrm{D}}| = |\boldsymbol{K}_{\mathrm{R}}|\,. \tag{8.48}$$

Setzen wir (8.46) und (8.47) ein und lösen nach der Geschwindigkeitsableitung auf, so erhalten wir

$$\frac{\mathrm{d}v}{\mathrm{d}r} = -\,\frac{1}{2\eta}\,\frac{p_1 - p_2}{l}\,r\,. \tag{8.49}$$

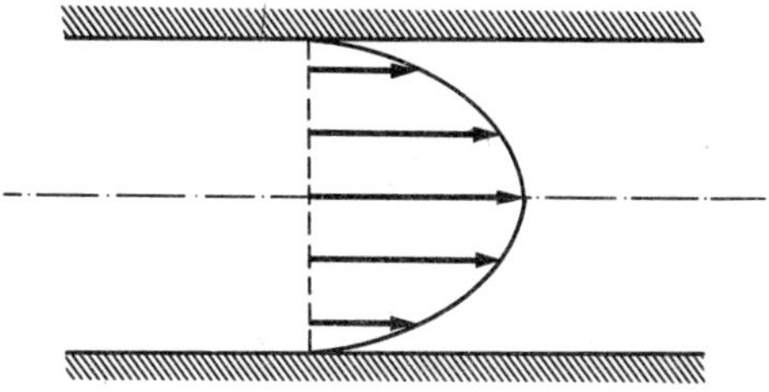

Abb. 8.29 Parabolisches Geschwindigkeitsprofil.

Separieren wir die Variablen und integrieren links von v bis $v = 0$ und rechts von r bis $r = R$, so erhalten wir für die Geschwindigkeit

$$v(r) = \frac{1}{4\eta} \frac{p_1 - p_2}{l} (R^2 - r^2) . \tag{8.50}$$

Der Ausdruck (8.50) ist vom Typ

$$y = 1 - x^2 ,$$

die Geschwindigkeitsverteilung wird also durch eine Parabel dargestellt (nach Abb. 8.29).

Wir berechnen nun das gesamte Flüssigkeitsvolumen, das pro Zeiteinheit durch das Rohr strömt. Durch die Zone zwischen r und $r + \mathrm{d}r$ fließt pro Sekunde die Flüssigkeitsmenge dQ

$$\mathrm{d}Q = 2\pi r \cdot \mathrm{d}r \cdot v(r) \tag{8.51}$$

und für $v(r)$ den Ausdruck (8.50) eingesetzt

$$\mathrm{d}Q = 2\pi r \cdot \mathrm{d}r \cdot \frac{1}{4\eta} \frac{p_1 - p_2}{l} (R^2 - r^2) . \tag{8.52}$$

Integrieren wir von $r = 0$ bis $r = R$ den Ausdruck (8.52), so erhalten wir die durch das ganze Rohr pro Sekunde fließende Menge

$$Q = \int_0^R \mathrm{d}Q = \frac{\pi}{8\eta} \frac{p_1 - p_2}{l} R^4 \tag{8.53}$$

Gesetz von Hagen und Poiseuille.

Die pro Zeiteinheit durchfließende Menge oder Stromstärke ist proportional R^4. Diese Gesetzmäßigkeit stellte G. HAGEN[1] 1839 durch Experimente auf. Unabhängig von ihm fand der französische Arzt C. R. POISEUILLE[2] dasselbe Gesetz. Daß das Gesetz gewöhn-

[1] G. HAGEN, Poggendorffs Annalen 46, 423, 1839

[2] C. R. POISEUILLE, Comptes Rendues, II, 1840

lich nur nach seinem zweiten Entdecker benannt wird, schreibt PRANDTL dem Umstand zu, daß die Veröffentlichung HAGENS in Physikerkreisen damals unbeachtet blieb, da HAGEN Ingenieur war. Dieses Superioritätsgefühl der Physiker über die Ingenieure ist gottlob heute nur noch bei dummen Physikern anzutreffen.

Das Gesetz von Hagen-Poiseuille hat eine große Bedeutung in der Physiologie. Das Kapillarsystem des Menschen hat eine Länge von rund 10^5 km. Eine Steigerung der Muskeltätigkeit verlangt eine Zunahme der Blutstromstärke Q. Das wird höchst wirksam durch eine Erweiterung der Kapillaren erreicht, wegen der Proportionalität $Q \sim R^4$. Der Mehrbedarf an Blut wird aus den Speichern Milz und Leber gedeckt.

8.6 Hydrodynamische Regelkreise

In elementaren Schulbüchern wird der elektrische Strom häufig mit einem Flüssigkeitsstrom verglichen. Diese ursprünglich rein didaktische Analogie hat heute in der Technik hydrodynamischer Regelkreise (engl. fluid control) praktische Anwendung gefunden. Durch Steuerung von Flüssigkeits- und Gasströmen kann man Schalt- und Verstärkereffekte erzielen. Da solche Schaltkreise fast unempfindlich gegen Temperaturänderungen, Strahlung und Erschütterungen sind, werden sie zum Teil bereits anstelle von elektronischen Elementen in der Raumfahrttechnik und in der Waffentechnik verwendet. Betrachten wir die einfachste Anordnung eines bi-stabilen Schaltelementes in Abb. 8.30.

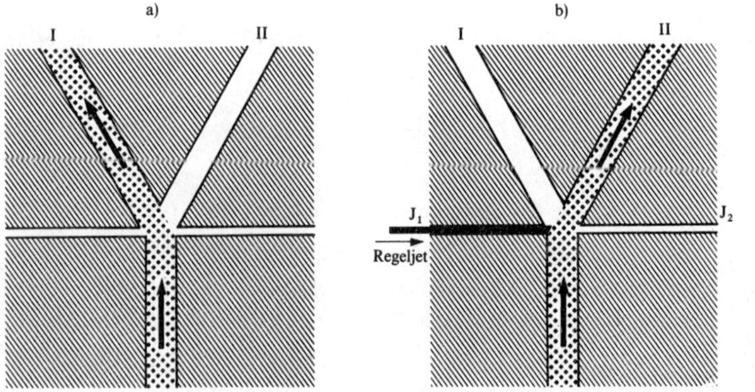

Abb. 8.30 Bi-stabiles Schaltelement

Nehmen wir an, daß die Flüssigkeit durch die Röhre I abfließe. Wird diese Strömung durch einen kleinen sogenannten Regeljet gestört, so kippt die Flüssigkeitsströmung um und fließt durch den Ausgang II ab. Soll die Strömung wieder in Röhre I zurückkippen, wird eine Jet-Störung durch das Röhrchen I_2 injiziert.

In einem Proportional-Element (Abb. 8.31) wird mit einem Kontroll-Jet die Menge der abfließenden Flüssigkeit in beiden Abflußkanälen reguliert. Im ungestörten Zustand fließt durch I und II dieselbe Menge ab.

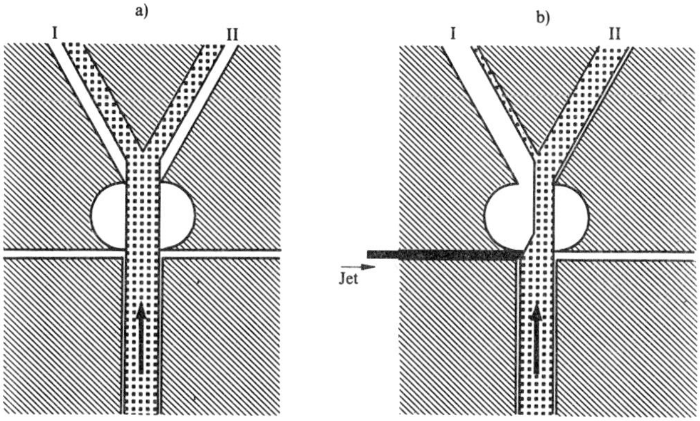

Abb. 8.31 Proportional-Element

Die Kammer zwischen den Balken des Y dient zur Verhinderung des sogenannten *Coanda-Effektes*, ein Phänomen, das zuerst von dem rumänischen Ingenieur Henri Coanda in den 30iger Jahren studiert wurde. Schematisch stellen wir diesen Coanda-Effekt in Abb. 8.32 dar.

Tritt ein Gasstrahl hoher Geschwindigkeit durch eine Düse in einen größeren Hohlraum aus, verbreitet sich dieser Strahl, indem er Luft von diesem Hohlraum mitreißt. Dadurch erniedrigt sich der Druck im Hohlraum, und es entsteht ein unstabiler Zustand des Strahles. Eine kleine Störung, z.B. Druckschwankung δp_1, genügt, um den Strahl an die Wand zu drücken (Abb. 8.32b). Diesen Coanda-Effekt kann man analog zu den Schaltelementen von Abb. 8.30 und Abb. 8.31 zum Bau solcher Elemente ausnutzen. Kritisch ist dabei für ein Proportionalelement nach Abb. 8.31 die Entfernung des Strahlteilers von der Düsenöffnung. Im Element, dargestellt in Abb. 8.33, ist für die Strahleinstellung ausschließlich

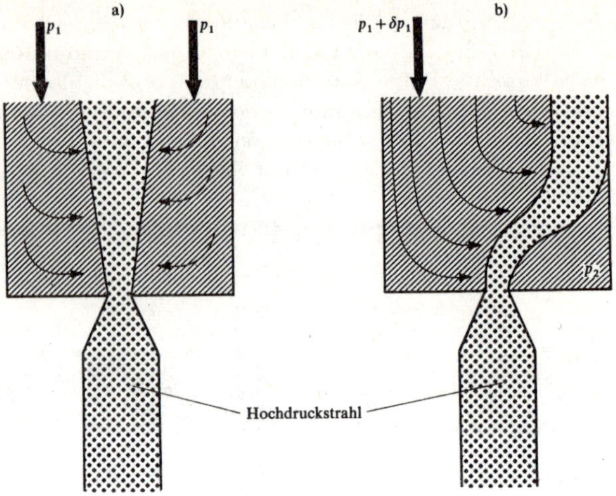

Abb. 8.32 Coanda-Effekt

der Coanda-Effekt verantwortlich, da die Distanz wenigstens das Sechsfache der Düsenöffnung beträgt.

Als Beispiel einer Anwendung hydraulischer (besser pneumatischer) Steuerung ist in Abb. 8.34 die Strahlablenkung in einem Raketentriebwerk schematisch dargestellt.

Beim Geradeausflug (Abb. 8.34a) wird der Steuergasstrom mit dem Kontrolljet J_1 durch eine Hilfsdüse abgeführt. Soll der Strom

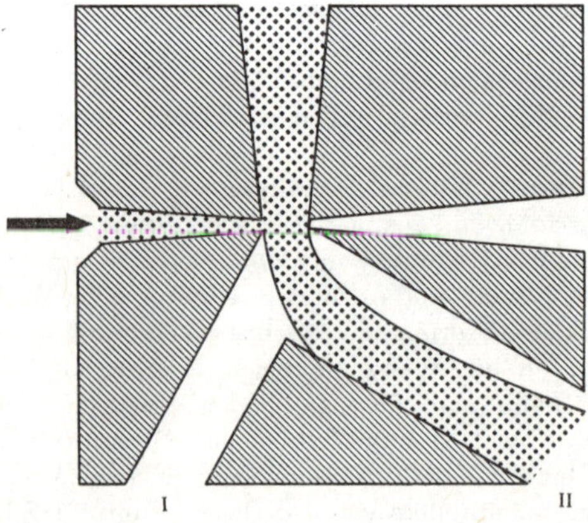

Abb. 8.33 Proportionalelement, auf dem Coanda-Effekt beruhend

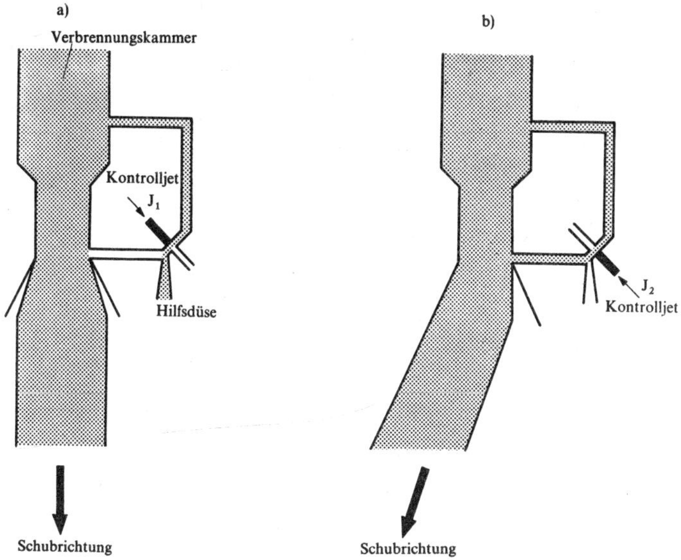

Abb. 8.34 Pneumatische Strahlablenkung in einem Raketentriebwerk

abgelenkt werden, lenkt der Kontrolljet J_2 den Steuergasstrom in die Hauptdüse um. Dadurch wird der Hauptgasstrom abgelenkt und damit die Schubrichtung geändert.

Als letztes Beispiel wollen wir den Vortex-Verstärker betrachten, der in Abb. 8.35 skizziert ist.

Die Hauptströmung tritt in den zylindrischen Mittelraum ein und strömt dort spiralförmig gegen die Austrittsöffnung senkrecht zur Einfallsrichtung, dabei ist der Druckabfall zwischen Eingang und Austritt relativ klein. Tritt nun eine Strömung durch den Kontrolljet in die Kammer, wird der Charakter der Zirkularströmung verändert, indem die Hauptströmung an die Innenkammerwand forciert wird. Bei einem bestimmten Eintrittsdruck wird damit die Strömung gehemmt und die Austrittsmenge verkleinert. Soll die ursprüngliche Menge ausfließen, muß der Eingangsdruck erhöht werden. Das quantitative Verhalten eines solchen Vortex-Elementes kann durch das gegenseitige Spiel der vier Parameter resp. Variablen charakterisiert werden:

1. Druck der Hauptströmung am Eingang p_i (engl. inlet pressure);
2. Strömungsmenge pro Sekunde oder Fluß am Eingang ϕ_i (engl. inlet flow);

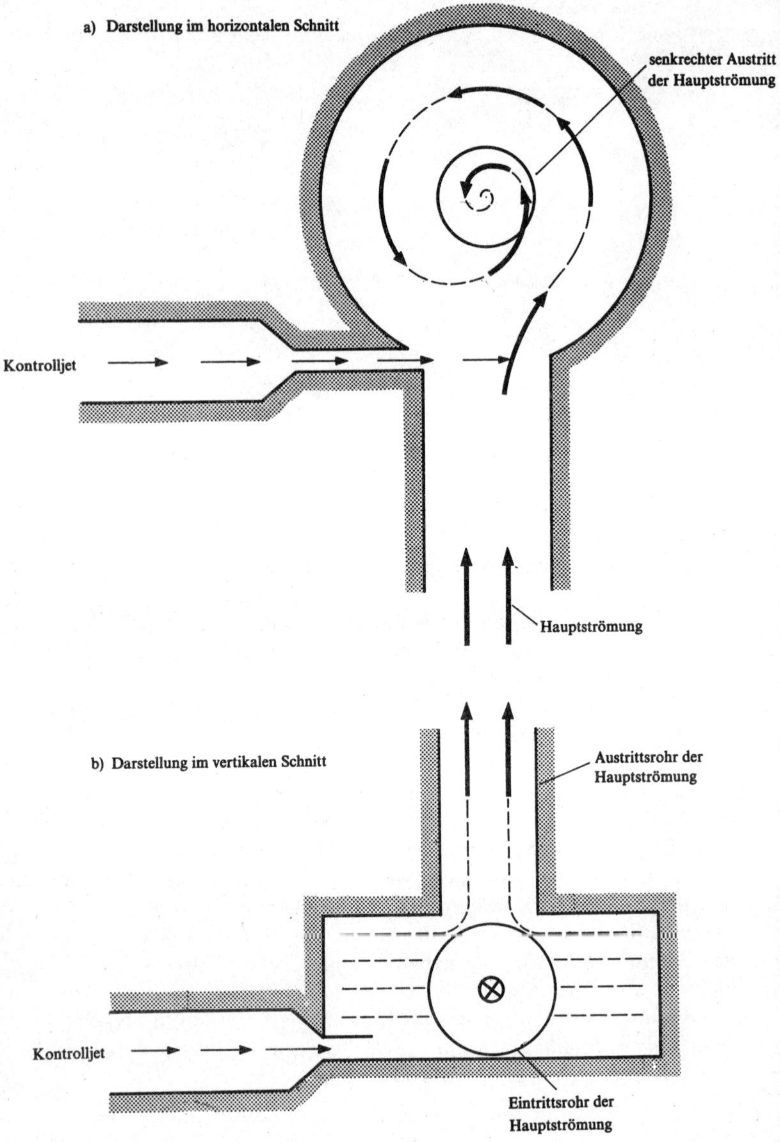

Abb. 8.35 Vortex-Verstärker

3. Druck des Kontrolljets p_c (engl. control pressure);
4. Strömungsmenge pro Sekunde oder Fluß des Kontrolljets ϕ_c (engl. control flow).

Die gegenseitige Abhängigkeit wird in grafischer Darstellung, den sogenannten Kennlinien, wiedergegeben. Als Beispiel diene die Abb. 8.36.

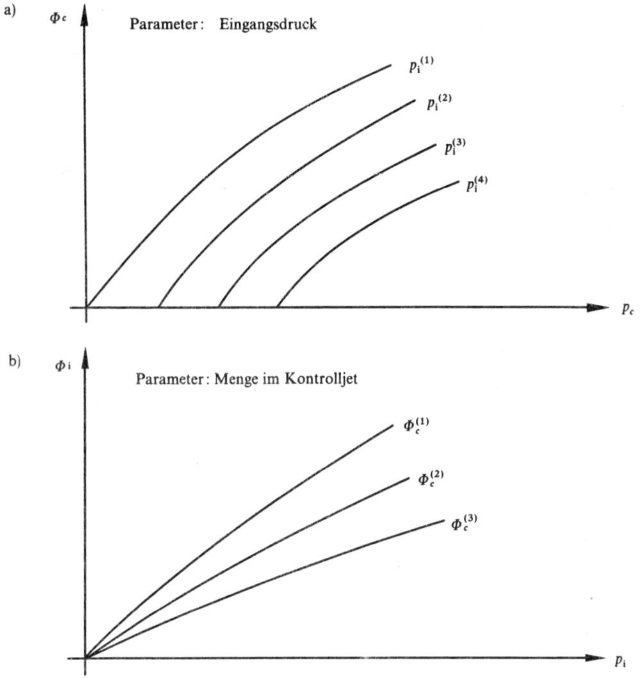

Abb. 8.36 Schematische Beispiele von Kennlinien eines Vortex-Verstärkers

Je zwei der vier Variablen betrachten wir als unabhängige Parameter.

Wir können einen Flußverstärkungsfaktor V_Φ bei konstantem Eingangsdruck p_i definieren

$$V_\Phi = \left(\frac{\Delta\,\phi_i}{\Delta\,\phi_c}\right)_{p_i\,=\,\text{konst}}, \tag{8.54}$$

indem wir die Änderung $\Delta\,\phi_i$ des Hauptflusses betrachten, wenn der Fluß im Kontrolljet sich um den Betrag $\Delta\,\phi_c$ ändert.

Ganz analog definieren wir eine Druckverstärkung V_p, wenn wir die Änderung des Druckes am Hauptströmungseingang Δp_i in Abhängigkeit einer Druckänderung im Kontrolljet Δp_c bei konstantem Hauptfluß ϕ_i studieren

$$V_p = \left(\frac{\Delta p_i}{\Delta p_c}\right)_{\Phi_i = \text{konst}} \tag{8.55}$$

Das Produkt $V_\Phi \cdot V_p$ stellt die theoretisch maximale Leistungsverstärkung eines solchen Vortex-Verstärkers dar.

Bemerkung:

Dieser Vortex-Verstärker kann als exaktes Analogon zum Transistor herangezogen werden. Benutzen wir den in Tabelle 8.2 aufgeschriebenen dictionnaire,

Tabelle 8.2

Vortex-Verstärker	Transistor
Kontrolljet-Druck p_c	Basis-Emitter Potentialdifferenz V_{BE}
Fluß im Kontrolljet ϕ_c	Basis-Strom J_B
Eingangsdruck p_i	Kollektor-Emitter Potentialdifferenz V_{CE}

so erhalten wir die zu Abb. 8.36a analogen Kennlinien für einen Transistor, dargestellt in Abb. 8.37.

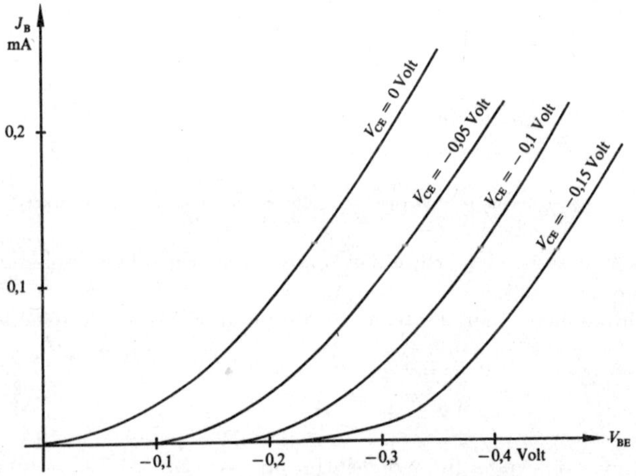

Abb. 8.37 Transistor-Kennlinien

Im Anfängerpraktikum der Universität von Kalifornien in Berkeley werden die Transistoren über das Beispiel der Vortex-Verstärker eingeführt (vgl. dazu The Berkeley Physics Laboratory, Part B, McGraw Hill, N. Y. 1966).

Die Technik dieser hydraulischen und pneumatischen Schaltelemente ist wahrscheinlich heute (1966) noch am Anfang einer sehr steilen Entwicklung.

Zum weiteren Studium seien etwa empfohlen:

S. W. ANGRIST, Fluid Control Devices, in Scientific American Dec. 1964, S. 81;

Fluid Amplifier Handbook, herausgegeben von Diamond Ordnance Fuze Laboratories, Dept. of US-Army, 1962–1963;

Fluid Jet Control Devices, herausgegeben von F. T. BROWN, Am. Soc. Mech. Eng., 1962;

Proc. Fluid Amplifier Symposium, herausgegeben vom Diamond Ordnance Fuze Laboratories, 1962.

8.6 Der dynamische Auftrieb

Die vier grundlegenden Faktoren der Flugkörperkonstruktion sind:

Aerodynamik,
Antrieb,
Festigkeit,
Steuerung.

In einem Kurs über Experimentalphysik kann man bestenfalls dem Ingenieur die Grundlagen vermitteln, auf die er später in Spezialvorlesungen über Flugzeugbau aufbauen kann. Wir können hier nur Teilgebiete der Aerodynamik kurz erwähnen.

Fliegen wird entweder durch den statischen Auftrieb (Ballon) oder den sogenannten dynamischen Auftrieb (Flugzeug) ermöglicht. Mit der Vorwärtsbewegung des Flugzeugs treten an den Tragflügeln auch Kräfte senkrecht zur Bewegungsrichtung auf. Für unsere Betrachtung ist es gleichgültig, ob die Luft ruht und das Flugzeug sich bewegt, oder ob das Flugzeug in Ruhe ist und die Luft strömt. Beide Beschreibungen sind wegen der allein interessierenden Relativbewegung gleichwertig.

Wird in einem Windkanal ein Tragflügelprofil von Luft der Geschwindigkeit v_0 angeströmt, so erfährt der Tragflügel eine Kraft $\boldsymbol{K}$, die wir nach Abb. 8.38 in eine Komponente $\boldsymbol{A}$ senkrecht zur Strömungsrichtung und eine Komponente $\boldsymbol{W}$ parallel der Strömungsrichtung zerlegen.

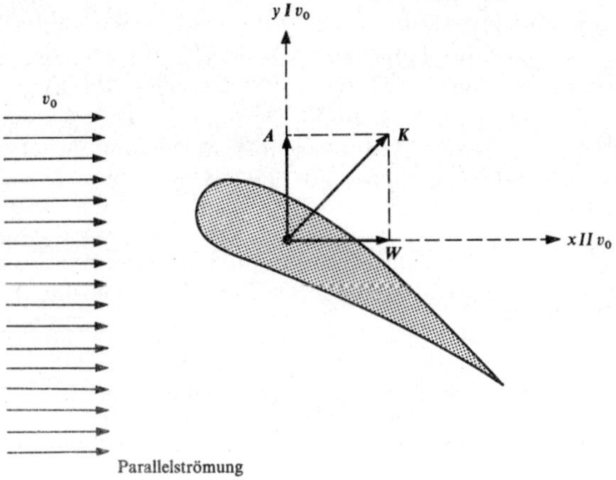

Abb. 8.38 Anströmen eines Tragflügelprofils im Windkanal

A nennt man den *dynamischen Auftrieb*, und die Komponente *W* hat die Bedeutung eines Widerstandes. Der Auftrieb leistet beim Horizontalflug keine Arbeit, da er senkrecht zur Bewegungsrichtung steht. Die gesamte Motorleistung wird zur Überwindung von *W* verwendet. Strömungstechnisch erscheint die Tragfläche als die günstigste, bei der für gleichen Auftrieb der Widerstand *W* am kleinsten ist. Als quantitatives Maß für die Güte eines Tragflügels wurde der sogenannte *Gleitwinkel* γ eingeführt. Darunter versteht man den kleinsten Neigungswinkel γ der Gleitbahn (Abb. 8.39)

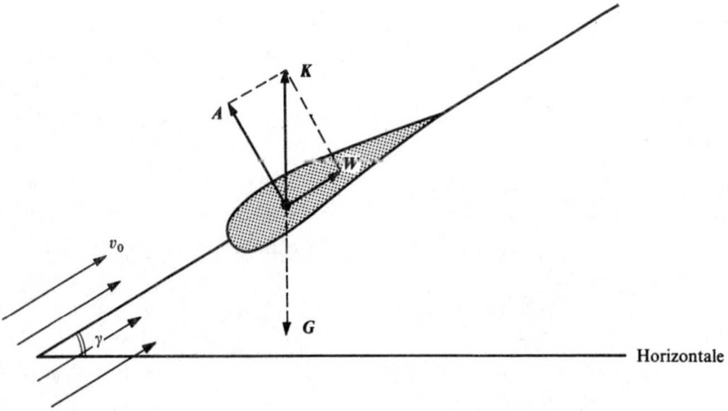

Abb. 8.39 Zur Definition des Gleitwinkels

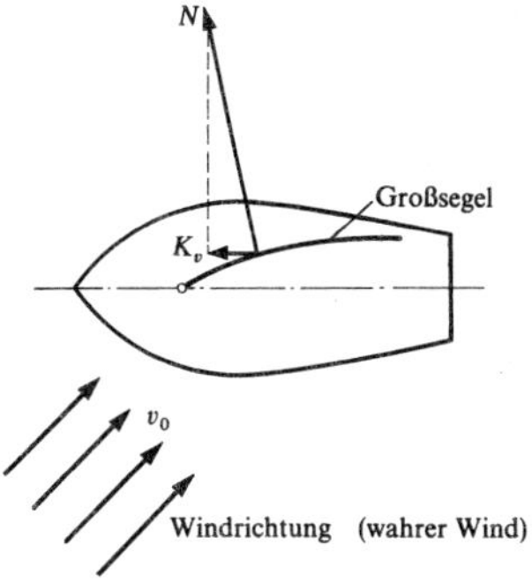

Abb. 8.40 Segeln gegen den Wind

gegen die Horizontale, bei dem noch stationärer Gleitflug möglich ist.

Für den Gleitflug ist $\boldsymbol{K} = -\boldsymbol{G}$. Ein Segelflugzeug ist umso besser konstruiert, je kleiner der Gleitwinkel γ ist, ohne daß das Flugzeug absackt.

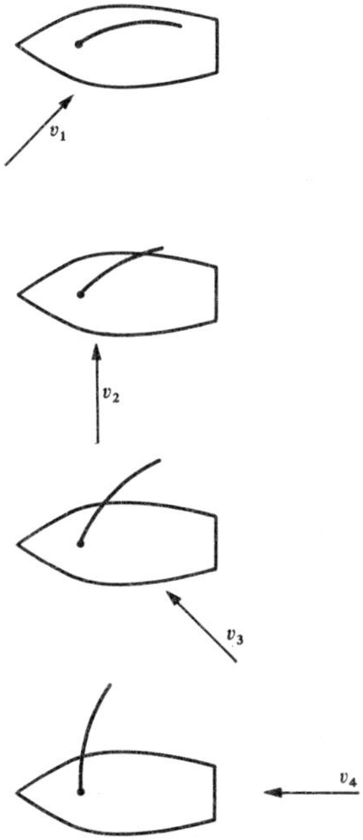

Abb. 8.41 Stellung des Großsegels bei verschiedenen Windrichtungen

Den Tangens tg γ des Gleitwinkels nennt man *Gleitzahl* w, und es gilt

$$w = \operatorname{tg} \gamma = \frac{W}{A}. \tag{8.56}$$

Praktische Werte von Gleitzahlen liegen zwischen 1/10 und 1/30, entsprechend $\gamma = 2°$ bis etwa $\gamma = 9°$. Die gleichen aerodynamischen Vorgänge, welche den Auftrieb eines Flügelprofils hervorrufen, erlauben das Segeln gegen den Wind. Das Segel ist gebogen (vgl. Abb. 8.40) und erfährt in einer Luftströmung eine Kraft schräg zu v_0; damit kann eine Kraftkomponente K_v (der

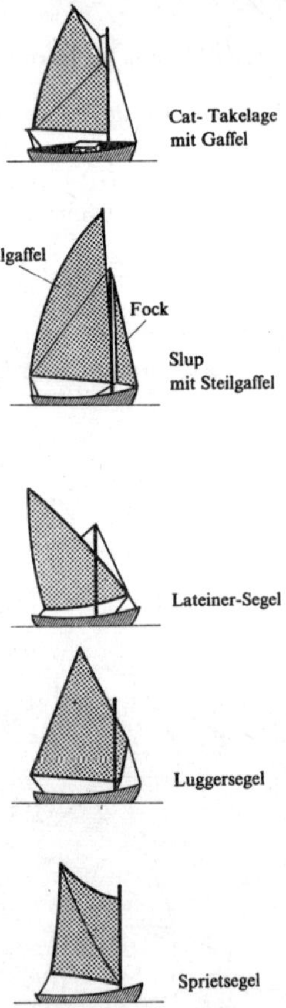

Abb. 8.42 Wichtigste Segelarten bei Kleinbooten

sogenannte Vortrieb) in Fahrtrichtung des Bootes auftreten. Wegen des Schwertes oder Kiels wird das Boot nicht einfach auf der Wasseroberfläche abgedrängt.

Richtige Segelstellungen für verschiedene Windrichtungen $v_1 \ldots v_4$ sind in Abb. 8.41 schematisch dargestellt.

Da von München aus mehrere Segelmöglichkeiten bestehen, sind in Abb. 8.42 die wichtigsten Segelarten von kleinen Booten wiedergegeben.

In Tabelle 8.3 sind die Daten einiger wichtiger internationaler Boote aufgezeichnet.

Tabelle 8.3

Bootsklasse	Zeichen	Länge über Alles	Größte Breite	Tiefgang	Wasserverdrängung	Segelfläche
6m R	6	10,70 m	1,90 m	1,60 m	5 200 kg	40 m²
Lacustre		9,50 m	1,81 m	1,20 m	1 730 kg	25 m²
Star		6,92 m	1,73 m	1,01 m	740 kg	26,13 m²
Moucheron	M	5,30 m	≈ 1,60 m	0,90 m	650 kg	15 m²
Snipe		4,72 m	1,52 m	0,96 m mit Schwert	212,5 kg	10,78 m²
Pirat		5,00 m	1,61 m	1,045 m mit Schwert	170 kg	10 m²

Nach diesen Abschweifungen wollen wir uns die Frage stellen, wie der Auftrieb zustande kommt. Kehren wir wieder zum einfachsten Strömungskörper, dem Zylinder, zurück. Die Druckverteilung bei der idealen Strömung ist symmetrisch in bezug auf die Ebene $E - E$, dargestellt in Abb. 8.43.

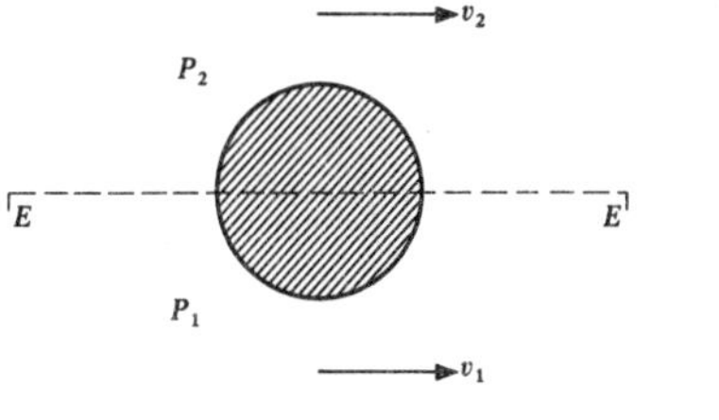

Abb. 8.43 Ideale Zylinderumströmung: $v_1 = v_2$

Bei dieser idealen Strömung kann keine Kraftkomponente senkrecht zur Strömungsrichtung auftreten. Damit ein Auftrieb A zustande kommt, muß der Druck p_2 klein und p_1 groß sein, d. h. für die Geschwindigkeiten muß gelten

$$v_2 > v_1 .$$

Modellmäßig können wir dies erreichen, indem wir der ursprünglichen linearen Strömung eine Zirkulationsströmung v_z um den Zylinder überlagern; das entsprechende Strömungsbild ist in Abb. 8.44 dargestellt.

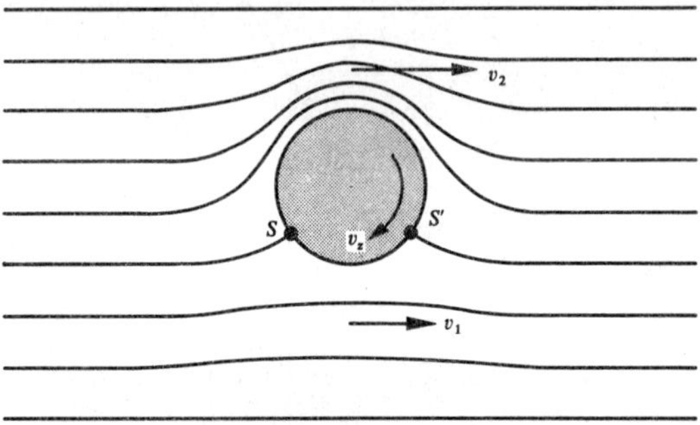

Abb. 8.44 Strömungsbild bei der Überlagerung der linearen Umströmung eines Zylinders mit einer Zirkulationsströmung um den Zylinder

Die Strömung wird unsymmetrisch, die Staupunkte S und S' rücken auf die Unterseite. Ein Auftrieb senkrecht zur Strömung resultiert. Nach W. M. KUTTA[1] und N. JOUKOWSKI[2] (französisch ausgesprochen) kann man für einige bestimmte Typen von Flügelprofilen den Auftrieb berechnen[3]. Bezeichnen wir die Zirkulation um den Zylinder mit Γ, die Strömungsgeschwindigkeit weit entfernt vom Zylinderprofil mit v_0 und die Spannweite mit l, illustriert in Abb. 8.45, so gilt nach Kutta-Joukowsky für den Auftrieb

$$A = \varrho \cdot v_0 \, \Gamma \cdot l , \tag{8.57}$$

wobei die Zirkulation Γ allgemein folgendermaßen definiert ist

$$\Gamma = \oint \boldsymbol{v} \cdot \mathrm{d}\boldsymbol{s} \tag{8.58}$$

[1] W. M. KUTTA, Sitzungsbericht der Bayerischen Akademie der Wissenschaften, Math. Phil. Kl., 1910

[2] N. JOUKOWSKI, Aerodynamique, Paris 1916

[3] Die Theorie von KUTTA und JOUKOWSKI beruht auf der konformen Abbildung. Erweiterungen stammen von Th. v. KÁRMÁN, TREFFTZ, R. v. MISES u. a. m. Vgl. dazu das Buch von L. PRANDTL, Strömungslehre

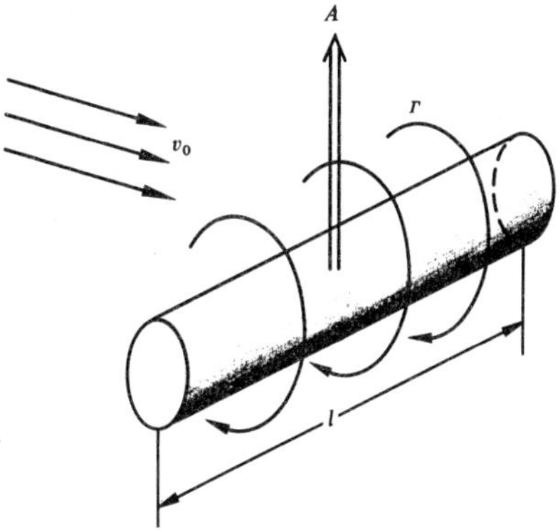

Abb. 8.45 Anströmen eines Zylinders für Kutta-Joukowski-Formel

und speziell für eine kreisförmige Zirkulationsströmung mit dem Radius R

$$\Gamma = v \cdot 2\,\pi\,R\,. \tag{8.59}$$

Zwischenbemerkung:

In der Elektrizitätslehre bildet der Strom I ein Analogon zur Zirkulation Γ. Für einen geschlossenen Umlauf längs d$\boldsymbol{s}$ um einen stromdurchflossenen Draht gilt gilt dort für Magnetfeld $\boldsymbol{H}$ und den Strom I:

$$I = \oint \boldsymbol{H} \cdot \mathrm{d}\boldsymbol{s}\,.$$

Die ähnliche Formel zur Kutta- und Joukowski-Beziehung (8.57) wäre das Gesetz von Biot und Savart

$$K = \mu_0 \cdot \mu \cdot H \cdot I \cdot l.$$

Die Zirkulation läßt sich nicht nur bei zylindrischen Körpern erzeugen. Es genügt, dem Körper eine geeignete Form zu geben, damit die Zirkulation bei größerer Geschwindigkeit von selbst einsetzt, z. B. durch eine scharfe Kante am hinteren Ende, wie in

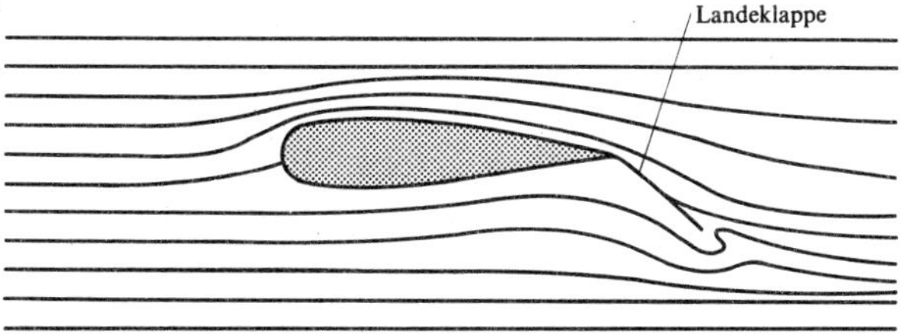

Abb. 8.46 Landeklappe sorgt bei geringen Geschwindigkeiten für Zirkulation

Abb. 8.46 am Beispiel eines Flugzeugflügelprofils mit heruntergelassener Landeklappe gezeigt ist.

Die Landeklappe sorgt dafür, daß auch bei kleineren Geschwindigkeiten (Start und Landung) eine Zirkulation um die Tragflächen und damit ein Auftrieb entsteht. Verschwindet diese Zirkulation, was z. B. beim Überziehen eines Flugzeuges geschehen kann, so sackt die Maschine ab, was oft schon einen fatalen Ausgang zur Folge hatte. Damit auch in großen Höhen bei sehr verdünnter Luft noch genügend Auftrieb vorhanden ist, baut man Flugzeuge für solche Anforderungen mit sehr langen, schlanken Flügeln, d. h. mit großem Seitenverhältnis[1]. Beim berühmten U-2-Aufklärer ist das Seitenverhältnis ca. 20.

Wegen des Drehimpulssatzes muß bei der Bildung der Zirkulation um den Tragflügel ein entgegengesetzt gerichteter Wirbel entstehen. Der Zirkulationswirbel und dieser sogenannte Anfahrwirbel bilden einen einzigen geschlossenen Wirbelring, schematisch in Abb. 8.47 dargestellt.

Sehr schön kann man diese sich ablösenden Anfahrwirbel hinter einem anfahrenden Boot beobachten. Bei der Tragfläche bilden der Anfahrwirbel und die Zirkulation einen geschlossenen Ring, verbunden durch die Wirbelzöpfe, welche sich von den Rändern der Tragfläche lösen. Bei der Vorwärtsbewegung des Flugzeuges werden diese Wirbelzöpfe verlängert. Zur kontinuierlichen Erzeugung der Wirbelzöpfe muß ständig Arbeit geleistet werden, d. h. der induzierte Widerstand W der Tragfläche muß überwunden werden. Man kann keinen Auftrieb erzeugen, ohne gleichzeitiges Auftreten des Widerstandes W. Das Verhältnis A/W hängt wesentlich von der Geometrie der Tragfläche (Seitenverhältnis) ab. Je größer das Seitenverhältnis, desto günstiger die Gleitzahl.

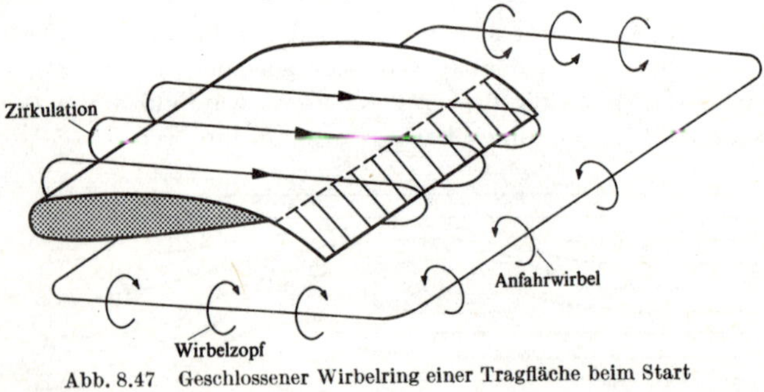

Abb. 8.47 Geschlossener Wirbelring einer Tragfläche beim Start

[1] Als Seitenverhältnis einer Tragfläche bezeichnet man das Verhältnis der Spannweite zur mittleren Flügeltiefe

Wir müssen den Zusammenhang zwischen Auftrieb und induzierten Widerstand noch etwas besser untersuchen. Die Randwirbel bewirken hinter dem Tragflügel eine zusätzliche Abwärtsgeschwindigkeit u_y der Luft. Betrachten wir dazu eine mit der Geschwindigkeit v_0 angeströmte Tragfläche im Schnitt (Abb. 8.48).

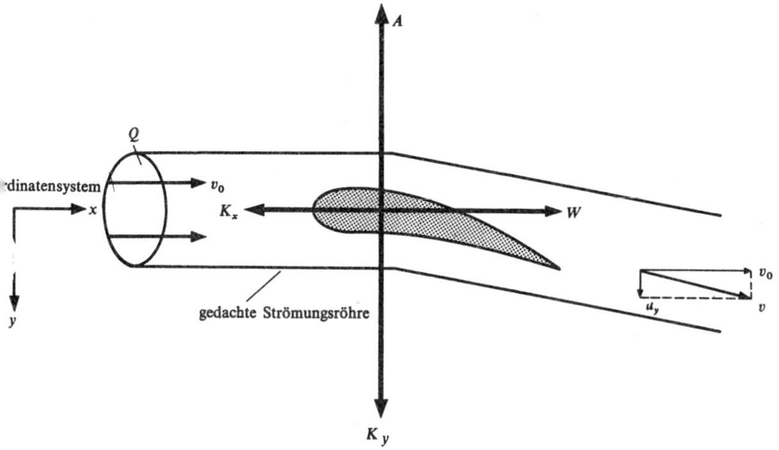

Abb. 8.48 Zusammenhang zwischen Auftrieb A und induziertem Widerstand W

Man denkt sich dazu eine Strömungsröhre vom Querschnitt Q, die durch die Tragfläche etwas nach unten umgelenkt wird. Nach dem Impulssatz erfährt der Tragflügel eine Reaktion A

$$A = -K_y = -\frac{\partial}{\partial t}(p_y) \,. \tag{8.60}$$

Die Impulsänderung

$$\frac{\partial}{\partial t}(p_y)$$

in y-Richtung ist dabei gegeben durch

$$\frac{\partial}{\partial t}(p_y) = q \cdot u_y \,, \tag{8.61}$$

wobei q die pro sec durch den Querschnitt Q strömende Masse der Luftmenge der Dichte ϱ ist, also

$$q = \varrho \cdot Q \cdot v_0 \,. \tag{8.62}$$

Damit wird nach (8.60) mit (8.61) und (8.62)

$$A = \varrho \cdot Q \cdot v_0 \cdot u_y \,. \tag{8.63}$$

Die Luft hinter dem Flügel hat eine größere Geschwindigkeit

$$\boldsymbol{v} = \boldsymbol{v}_0 + \boldsymbol{u}_y \tag{8.64}$$

und somit auch eine größere kinetische Energie. Die Arbeit dazu muß der Flügel über die Widerstandskraft W leisten. Die pro Zeiteinheit geleistete Arbeit $W \cdot v_0$ ist bestimmt durch die Zunahme der kinetischen Energie $\Delta \dot{E}_{\mathrm{kin}}$:

$$\Delta \dot{E}_{\mathrm{kin}} = \frac{q}{2}\left(v_0^2 + u_y^2\right) - \frac{q}{2} v_0^2 = W \cdot v_0 = \frac{q}{2} u_y^2 \tag{8.65}$$

und nach Gleichung (8.63)

$$\Delta \dot{E}_{\mathrm{kin}} = \tfrac{1}{2} \varrho Q \cdot v_0 \cdot u_y^2 \,. \tag{8.66}$$

Somit hat der Widerstand den folgenden Wert

$$W = \tfrac{1}{2} \varrho Q u_y^2 \,. \tag{8.67}$$

Eliminiert man u_y aus (8.63) und (8.67), da diese nicht direkt gemessen wird, folgt für den Widerstand W

$$W = \frac{A^2}{2 \varrho Q v_0^2} \,. \tag{8.68}$$

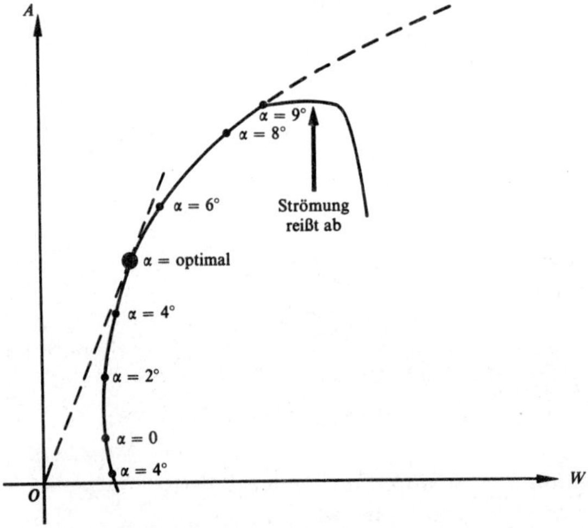

Abb. 8.49 Beispiel eines Polardiagramms (den günstigsten Anstellwinkel α, d. h. $\frac{A}{W}$ = max, erhalten wir, wenn wir an die Polarkurve vom Ursprung 0 aus eine Tangente legen. Der zum Berührungspunkt gehörende Wert des Parameters α gibt diesen Winkel)

Ist l die Spannweite der Tragfläche, so liefert eine exakte Durchrechnung des Stromquerschnittes Q

$$Q = \frac{\pi}{4} l^2 . \qquad (8.69)$$

Damit wird (8.68) zu

$$W = \frac{A^2}{\frac{\pi}{2} l^2 \varrho v_0^2} . \qquad (8.70)$$

Bei festem Auftrieb A wird der Widerstand umso kleiner je größer die Spannweite und die Fluggeschwindigkeit (im Modell: Anströmgeschwindigkeit) werden. Tragen wir die experimentellen Werte für den Auftrieb A und den induzierten Widerstand W mit dem Anstellwinkel α als Parameter in ein Diagramm (Abb. 8.49) ein, so erhalten wir das von Lilienthal eingeführte sogenannte *Polardiagramm.*

Otto Lilienthal (1848–1896) untersuchte 1873 verschiedene Profile und veröffentlichte seine Messungen in seinem im Jahre 1889 in München erschienenen Buch „Der Vogelflug als Grundlage der Fliegekunst“, das unter anderem auch die Gebrüder Wright stark beeinflußte.

Historisch betrachtet, verdanken wir die Realisierung des durch Kraft getriebenen Fluges neben Lilienthal vor allem den bahnbrechenden Arbeiten von George Cayley und den Gebrüdern Wilbar und Orville Wright.

Anmerkung: Bei unseren bisherigen aerodynamischen Betrachtungen hätten wir ebensogut ein anderes Fluidum als Luft, z. B.

Lilienthal, Otto (1848–1896), geboren in Anklam (Pommern). Ingenieur in Berlin. Macht sich 1880 selbständig, um eigene Erfindungen auszuwerten. Forschungen über Vogelflug und Aerodynamik. Veröffentlicht 1889 ein Buch „Der Vogelflug als Grundlage der Fliegekunst“, das spätere Forscher (Gebr. Wright, Chanute) stark beeinflußte. Begann 1891 eine Serie von Gleitern zu bauen und selbst zu fliegen. 1896 konstruierte er einen Eindecker, dessen Tragflächen mit Schlagflügeln versehen waren, die von einem mit Kohlensäure betriebenen Motor bewegt wurden. Es war dies der erste Versuch zur mechanischen Luftfahrt. Während eines Fluges am 9. August mit einem Doppeldecker bei Rathenow löste sich der ungenügend befestigte Oberflügel und Lilienthal stürzte tödlich ab.

Otto Lilienthal

Wasser, nehmen können, denn wir haben vorausgesetzt, daß die Luft beim Strömungsvorgang die Dichte nicht ändert. Ebenso haben wir die Temperatur der Luft nicht berücksichtigt. In der modernen Aerodynamik müssen wir beide Einschränkungen fallen lassen. Da Luft als kompressibles Medium betrachtet werden muß, breiten sich Druckschwankungen mit Schallgeschwindigkeit c aus. Große Druckunterschiede besitzen eine Geschwindigkeit, die etwas größer ist als die Schallgeschwindigkeit.

Fliegt ein Flugzeug mit einer Geschwindigkeit v, die kleiner als die Schallgeschwindigkeit c ist, geht gewissermaßen eine „Warnung" mit Schallgeschwindigkeit c voraus, und die Luft bereitet sich auf die Störung vor. Bei Überschallflügen geht keine solche „Warnung" dem Flugkörper voraus, die Strömung kann sich daher nicht langsam anschmiegen, sondern ändert sich abrupt. Die Konstruktion von Überschallflugzeugen unterscheidet sich deshalb wesentlich von konventionellen Unterschallflugzeugen. In Abb. 8.50 ist der Grundriß des von der US-Regierung angenommenen Projektes des Boeing-2707-Überschallverkehrsflugzeuges aufgezeichnet.

Die Boeing 2707 wird eine Reisegeschwindigkeit von 2900 km/h besitzen, ca. 400 Passagieren Platz bieten. Die verstellbaren Pfeilflügel erlauben verhältnismäßig niedrige Start- und Landegeschwindigkeiten, etwa vergleichbar mit den heutigen Typen Boeing 707 oder Douglas DC-8. Die Boeing 2707 soll ca. 1974 im interkontinentalen Verkehr eingesetzt werden können. Die Flugzeit Kennedy-Airport bis Orly wird mit diesen Maschinen noch $2^1/_2$ Stunden sein. Je kühner und großartiger die technischen Realisationen des Menschen werden, desto mehr werden die Menschen vergessen. Die Druckwellen, die ein Überschallflugzeug hinter sich herzieht, breiten sich aus und treffen schließlich auf die vorläufig noch von Menschen bewohnte Erde. Die Wirkung ist genau die gleiche, wie die der Druckwelle eines Kanonenschusses. Dieser Knall wird als sogenannter Lärmteppich von ca. 100 km Breite unterhalb des Überschallflugzeuges entlangrollen. Bis heute (1966) steht noch keine Möglichkeit zur Vermeidung dieses Lärmteppichs bei Überschallflügen in Aussicht.

Das Verhältnis der Fluggeschwindigkeit v zur Schallgeschwindigkeit c in der entsprechenden Flughöhe bezeichnet man als MACH-Zahl M

$$M = \frac{v}{c}\,. \tag{8.71}$$

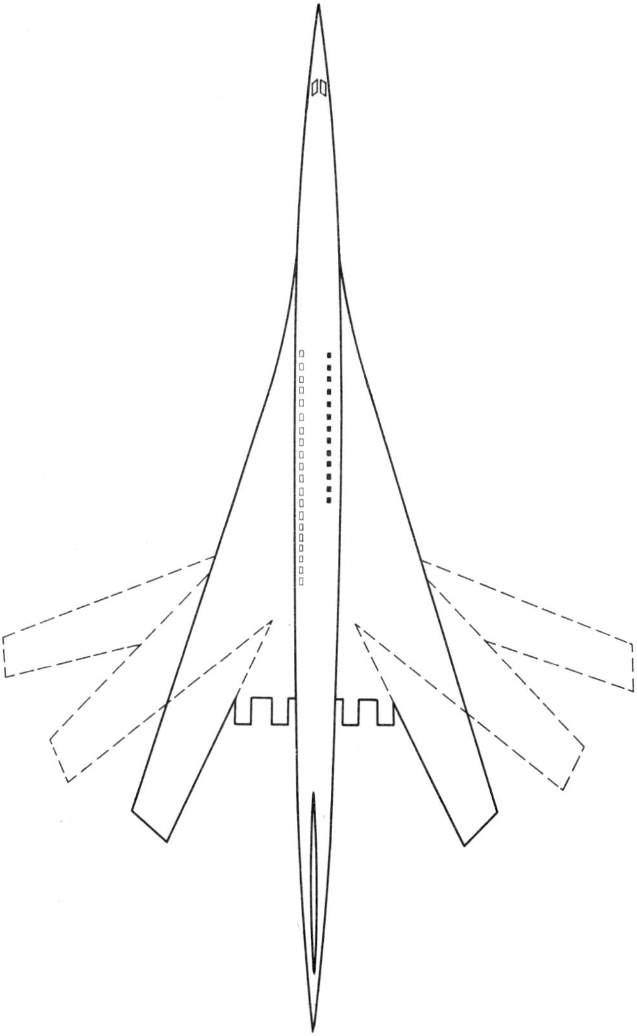

Abb. 8.50 Grundriß des von der amerikanischen Regierung angenommenen Projektes des Boeing-2707-Überschallverkehrsflugzeuges mit veränderlichen Pfeilflügeln

Für Machzahlen $M < 1$ können die vom Flugzeug erzeugten Druckwellen davonlaufen. Bei $M = 1$ und $M > 1$ ist ein Ausweichen nicht mehr möglich. Die Druckwellen überlagern sich, verstärken sich gegenseitig und erzeugen eine Hochdruckwelle. Die ersten Druckwellen bilden sich an den Tragflächen, wo der Luftstrom durch das Profil der Flügel beschleunigt wird. Diese Druckwellen können den Wirkungsgrad der Steuerflächen beeinträchtigen und verursachen eine starke Erhöhung des Widerstan-

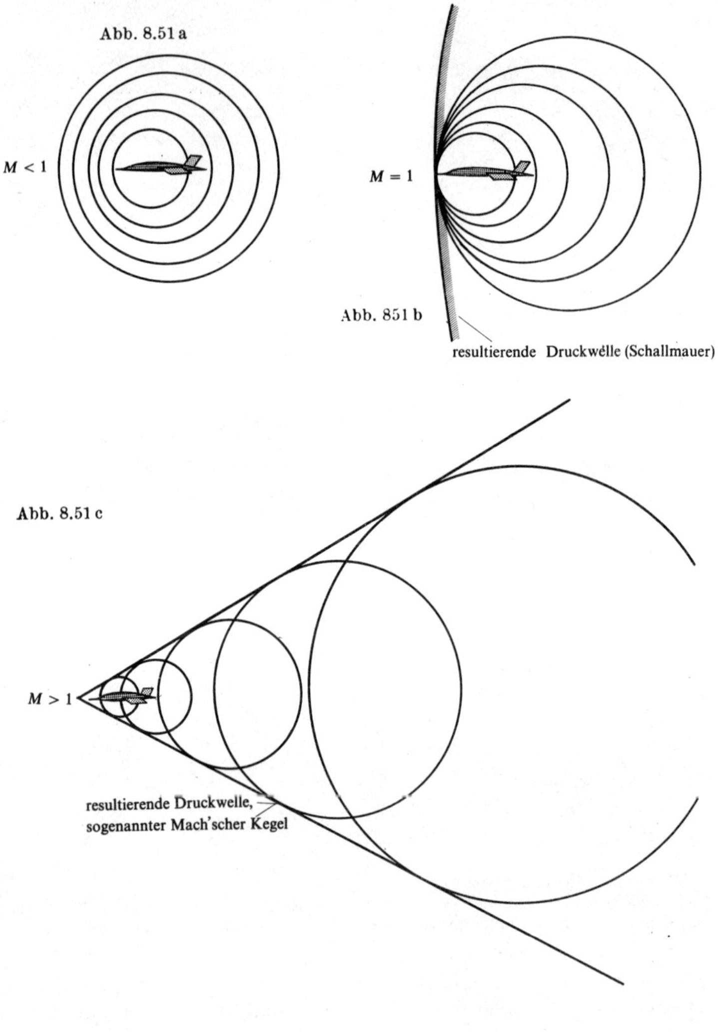

Abb. 8.51 Entstehen von Druckwellen in den 3 Bereichen $M < 1$, $M = 1$ und $M > 1$

MACH, Ernst (1838–1916), geboren bei Brünn. 1864 Professor für Physik in Graz und 1867 an der Universität Prag. 1895 Professor der Philosophie in Wien. Starb 1916 in Vaterstetten bei München. Untersuchungen zur Optik, Akustik und Mechanik. Grundlegende Arbeiten über Überschallströmungen. Arbeiten zur Erkenntnistheorie.

Ernst Mach

des. In Abb. 8.51 ist die Ausbreitung der Druckwellen für die 3 typischen Bereiche schematisch für eine einzelne Druckwelle dargestellt.

Die ersten Untersuchungen von Überschallströmungen verdanken wir dem österreichischen Physiker und Philosophen ERNST MACH.

Die Anforderungen an die Materialien bei Überschallflügen sind wesentlich größer als beim normalen Flug. Hier zeigte sich, wie wichtig Ergebnisse von ganz anderen Teilgebieten, Materialforschung und Festkörperphysik, sein können. Eng verknüpft mit den Beanspruchungsproblemen von Materialien bei Flügen von $M > 1$ sind die Anforderungen an Baustoffe von Raumkapseln beim Wiedereintritt in die Erdatmosphäre (Hitzemauer); ein noch weites Tätigkeitsgebiet für Materialforschungszentren, von denen es in der Bundesrepublik zu wenige gibt.

Aufgaben zu Kapitel 8

Aufgabe 8.1. Tragfähigkeit:

Welche Masse Kork $\left(\varrho = 0{,}3\,\frac{\text{g}}{\text{cm}^3}\right)$ ist nötig, um einen Würfel aus Eisen $\left(\text{Kantenlänge 1 cm, } \varrho = 7{,}8\,\frac{\text{g}}{\text{cm}^3}\right)$ in Wasser gerade schwebend zu halten?

Aufgabe 8.2. Stabile Schwimmlage:

Ein dünner, homogener Stab (Dichte ϱ_1, Länge L) soll in vertikaler Lage in einer Flüssigkeit (Dichte ϱ_3) schwimmen. Dazu wird an einem Stabende ein anderer homogener Körper (Dichte $\varrho_2 > \varrho_1$, Länge l, Querschnitt wie der des Stabes) angebracht.

a) Wie lang ist das aus der Flüssigkeit herausragende Stabstück?

b) Wie groß muß l mindestens sein, damit die vertikale Lage überhaupt stabil ist?

Aufgabe 8.3. Flutbecken:

Gegeben sei ein an der Meeresküste gelegenes Wasserbecken der Grundfläche $F = 1\ \text{km}^2$, in welches bei Flut das Wasser einfließen kann. Welche Energie kann gewonnen werden, wenn man bei Ebbe das Wasser wieder ablaufen läßt und der Wasserstand im Becken bei Ebbe und Flut sich um $H = 1$ m unterscheidet? Welche Leistung, gemittelt über einen Gezeitenwechsel, erhält man?

Aufgabe 8.4. Bogenstaumauer:

Eine Bogenstaumauer (Grundriß: Kreisbogen, Zentriwinkel $2\varphi_0$, Radius R, Kreismittelpunkt auf der Talseite; Wasserstauhöhe H) wird an beiden Enden durch die Talwände abgestützt. Man berechne die tangential zum Bogen an den beiden Abstützstellen auftretenden Kräfte unter den vereinfachenden Annahmen, daß auf dem Fundament keine Kraft abgestützt wird und daß der Bogen völlig starr ist.

Aufgabe 8.5. Ausströmgeschwindigkeit und Rückstoß:

Ein geschlossener zylindrischer Flüssigkeitsbehälter (Querschnitt F) ist teilweise mit Wasser gefüllt. An einer unterhalb des Wasserspiegels liegenden Stelle befindet sich eine kleine Öffnung (Querschnitt $f \ll F$, Außendruck p_0). Mit welcher Geschwindigkeit strömt das Wasser aus, wenn der Luftdruck im Behälter, p, konstant gehalten wird? Welche Kraft wirkt dabei auf den Behälter? Nach welcher Zeitfunktion sinkt der Flüssigkeitsspiegel, wenn $p = p_0$?

Aufgabe 8.6. Verzweigung einer Rohrleitung:

Eine Ölleitung geht von einer Pumpstation A zu einer Verzweigungsstelle B ($\overline{AB} = L_1$), von wo aus zwei Leitungen zu verschieden weit entfernten Abnehmern C und D laufen ($\overline{BC} = L_2$; $\overline{BD} = L_3$). Welcher Druck in A ist nötig, wenn die Dimensionierung der Rohre so knapp als möglich, aber so vorgenommen wird, daß in keiner der Teilstrecken Turbulenz auftritt und an jeden Abnehmer (Rohrende offen) ohne zusätzliche Drosselung das gleiche Volumen pro Zeit, q, geliefert wird (Viskosität η)?

Aufgabe 8.7. Kutta-Joukowsky:

Die mittlere Strömungsgeschwindigkeit an der Unterseite eines Tragflügels betrage v_1, an seiner Oberseite v_2. Man betrachte die Bernoulli-Gleichung und versuche daraus die Kutta-Joukowsky-Formel durch eine Abschätzung zu verifizieren.

Aufgabe 8.8. Divergenz:

Sind die gegebenen Strömungsfelder einer inkompressiblen Flüssigkeit quellenfrei; unter welchen Bedingungen werden sie quellenfrei?

a) $$\boldsymbol{v} = a\,\boldsymbol{r};$$

b) $$v_x = axy,\quad v_y = byz,\quad v_z = cyz + dz^2.$$

Aufgabe 8.9. Lineare Senke:

Gegeben ein gerades Rohr, welches an seinem Umfang kleine Löcher verteilt hat und allseitig von Wasser umgeben ist; in seinem Inneren wird Unterdruck erzeugt, so daß pro Meter Rohrlänge und pro Sekunde das Wasservolumen Q abgesaugt wird. Wie groß ist die Strömungsgeschwindigkeit im Abstand ϱ vom Rohr? Wie ist das Geschwindigkeitspotential der sich um das Rohr ausbildenden Strömung? Ist die Laplace-Gleichung erfüllt?

Aufgabe 8.10. Strömungsfunktion*:

In eine zweidimensionale parallele Strömung einer inkompressiblen Flüssigkeit wird eine ebene Platte senkrecht zur Strömung eingebracht. Was kann man über die im Gebiet vor der Plattenmitte sich ausbildende Strömung aussagen, wenn bekannt ist, daß dort die Geschwindigkeitskomponente in Richtung der Plattennormalen proportional dem Abstand von der Platte ist und die Strömung wirbelfrei ist? Wie verlaufen die Stromlinien?

Aufgabe 8.11. Kinetische Energie der Ausweichströmung; zusätzliche Masse:

Bei der Bewegung eines Körpers durch ein sonst ruhendes Medium erhält dieses durch die Umströmung des Körpers die kinetische Energie $T = \frac{\varrho}{2} \int_F \phi \frac{\partial \phi}{\partial n} \mathrm{d}f$ (ϱ = Dichte der Flüssigkeit, ϕ = Geschwindigkeitspotential der Strömung außerhalb des Körpers, $\boldsymbol{n}$ = Flächennormale im Oberflächenelement $\mathrm{d}f$ des umströmten Körpers, F = die den Körper begrenzende Fläche). Man berechne T für den Fall, daß eine Kugel vom Radius a mit der Geschwindigkeit v bewegt wird; das dazugehörige Geschwindigkeitspotential ist

$$\phi = \frac{v a^3}{2 r^2} \cos \vartheta .$$

Aufgabe 8.12. Diskussion eines Strömungsfeldes*:

Ein ebenes Strömungsfeld in der w-Ebene, wird durch die Funktion $w = f(x + \mathrm{i}\, y) = \phi(x, y) + \mathrm{i}\, \psi(x, y)$ beschrieben. Im Anschluß an Aufg. 8.10 berechne man daraus in jedem Punkt der w-Ebene die Strömungsgeschwindigkeit nach Größe und Richtung. Anwendung z. B. auf $w = \mathrm{i}\, a \ln z$.

Aufgabe 8.13. Magnus-Effekt*:

Die ebene Strömung um einen Zylinder (Radius R), der um seine Achse rotiert (Winkelgeschwindigkeit ω), wird beschrieben durch das komplexe Potential

$$w = v_0 \left(z + \frac{R^2}{z} \right) + \mathrm{i}\, a \ln z ;$$

dabei bedeutet v_0 die Geschwindigkeit, mit der das Medium in großem Abstand vom Zylinder gegen diesen anströmt. Man finde die Zirkulation an der Zylinderoberfläche und anhand der Formel von Kutta-Joukowsky die auf den Zylinder wirkende Kraft. Wie geht ω in das Ergebnis ein, wenn man annimmt, daß an der Zylinderoberfläche durch die Drehung das umgebende Medium ganz mitgeführt wird?

9. BESCHREIBUNG STATISTISCHER VORGÄNGE

9.1 Der Gasdruck

Wir wollen uns im folgenden mit einigen Problemen der klassischen kinetischen Gastheorie befassen. Der Gegenstand dieser Theorie ist ein verdünntes Gas von N Molekülen (oder Atomen bei Edelgasen z. B.), die in einem Kasten vom Volumen V eingeschlossen sind.

Zwischenbemerkung (für Physiker):

Wir treffen dabei die Voraussetzung, daß die Temperatur so hoch und die Teilchendichte so klein ist, daß man die Moleküle als Wellenpakete lokalisieren kann. Die räumliche Ausdehnung dieser Wellenpakete ist als klein im Vergleich zum mittleren Molekülabstand angenommen. Unter diesen Bedingungen darf man jedes Molekül als klassisches Teilchen mit einigermaßen definierten Orts- und Impulskoordinaten betrachten. Die Moleküle besitzen ferner keine Identität, d. h. sie sind untereinander nicht unterscheidbar. Sie treten miteinander durch Stöße in Wechselwirkung, deren Natur durch den sogenannten *differentiellen Wirkungsquerschnitt* beschrieben wird.

Betrachten wir ein einatomiges Gas (z. B. Argon), so hätten wir prinzipiell die Möglichkeit, den Zustand dieses Gases zu beschreiben, indem wir das individuelle Verhalten der einzelnen Gasatome studieren.

Jedes Atom besitze die Ortskoordinaten

$$x_i, y_i, z_i, \text{ wobei } i = 1, 2 \ldots N$$

ist. Die gesamte potentielle Energie des Systems ist dann

$$U = U(x_1, y_1, z_1; x_2, \ldots; x_N, y_N, z_N) \tag{9.1}$$

also eine Funktion von $3N$ Variablen.

Zur Beschreibung dieses Systems müssen wir für jedes Atom die Bewegungsgleichung aufschreiben und erhalten die folgenden $3N$ Gleichungen

$$m_i \ddot{x}_i = -\frac{\partial U}{\partial x_i}, \tag{9.2}$$

$$m_i \ddot{y}_i = -\frac{\partial U}{\partial y_i}, \tag{9.3}$$

$$m_i \ddot{z}_i = -\frac{\partial U}{\partial z_i}, \tag{9.4}$$

worin der Index i wieder von 1 bis N läuft, und m die Masse eines Atoms (oder Moleküls) bedeutet. N liegt in der Größenordnung von 10^{20} bis 10^{26}. Wir müßten also diese Zahl von Gleichungen lösen. Voll und ganz können wir für dieses Unterfangen dem bekannten, ungewöhnlich vielseitigen Forscher und einem der glänzendsten Lehrer der theoretischen Physik, RICHARD BECKER (1887 bis 1955), beistimmen, der einmal äußerte: „*Gott schütze uns vor dem Mann, der etwa eines Tages die vollständige Lösung präsentiert*".

Wir wollen und können daher nicht aus den Einzelprozessen das kollektive Verhalten unseres Gases herleiten. Wir interessieren uns lediglich für gewisse Mittelwerte, wie z. B. den Druck auf die Wände des Volumens V. Dazu denken wir uns das in Abb. 9.1 dargestellte Modell. Die Moleküle werden an den Wänden elastisch reflektiert (idealisierte Wände).

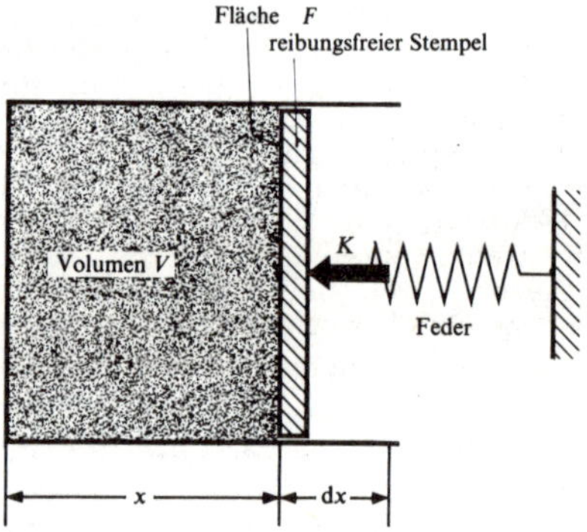

Abb. 9.1 Modell zur Diskussion des Gasdruckes

Anstelle einer der sechs Wände denken wir uns einen reibungsfreien Stempel der Fläche F. Damit dieser Stempel nicht hinausgeschleudert wird, müssen wir von außen mit der Kraft $K = p \cdot F$ gegen ihn drücken. Der Stempel bleibt dabei nicht in Ruhe, da die gleichmäßige Kraft pF die regellosen Molekülstöße nicht kompensieren kann. Ein etwaiger zeitlicher Verlauf der auf den Stempel wirkenden Kraft ist in Abb. 9.2 aufgezeichnet.

Wir wählen die Kraft K, resp. den Druck p, daß der Stempel im zeitlichen Mittel in Ruhe bleibt, d. h. die mittlere Gesamtkraft auf den Stempel $\langle K \rangle$ muß verschwinden. Wenn wir die Auslenkungen des Stempels aus seiner Ruhelage x in Abhängigkeit der Zeit t in Abb. 9.3 auftragen, entsprechen die einzelnen Zacken nach

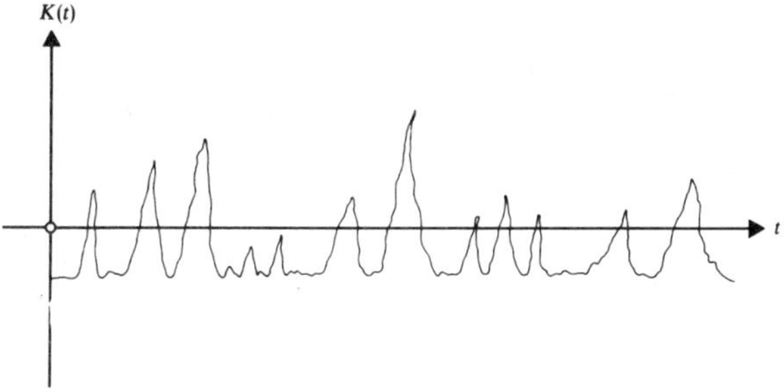

Abb. 9.2 Zeitlicher Verlauf der auf den Stempel wirkenden Kraft, herrührend von Molekülstößen

oben dem Aufprall eines Moleküls, und die Zacken nach unten der Reaktion der Federkraft.

Soll der Stempel um die Ruhelage „schwingen", müssen die Flächen oberhalb der Ruhelage und unterhalb der Ruhelage in Abb. 9.3 gleich groß sein. Der Druck p, der zur Erfüllung dieser Bedingung notwendig ist, entspricht dem *Gasdruck* (experimentelle Definition des Gasdrucks).

Wir wollen diesen Gasdruck auf den Kolben abschätzen. Dazu interessiert uns im Augenblick nur die Geschwindigkeitskomponente $\dot{x}_i$ senkrecht zum Stempel nach Abb. 9.4.

Da sich die Geschwindigkeit des i-ten Moleküls in x-Richtung von $+\dot{x}_i$ auf $-\dot{x}_i$ ändert, ist die Änderung des Impulses bei jedem Stoß mit dem Stempel

$$\Delta I_x = 2\, m\, \dot{x}_i\,. \tag{9.5}$$

Führen wir die Stoßzeit τ ein, so entspricht diese Impulsänderung dem Zeitintegral über die entgegenwirkende Federkraft in x-Rich-

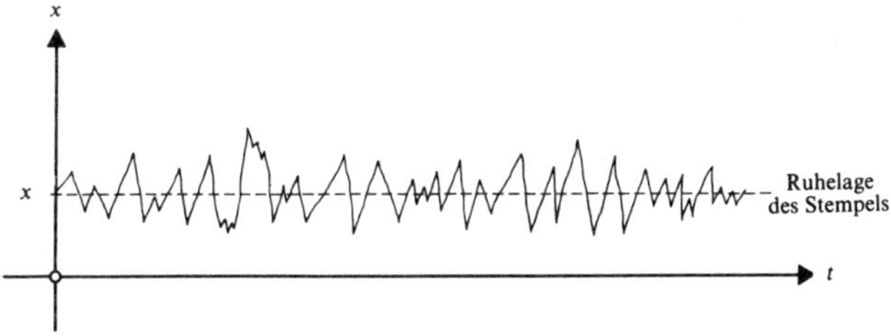

Abb. 9.3 Auslenkung des Stempels aus der Ruhelage

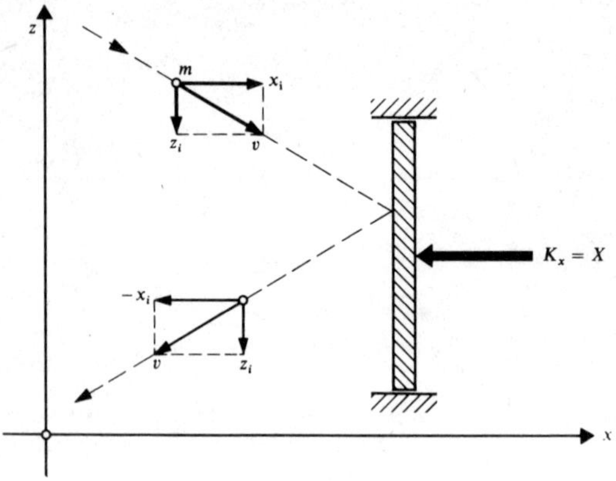

Abb. 9.4 Stoß eines einzelnen Moleküls mit dem Kolben

tung $K_x = X$, also

$$\Delta I_x = \int_0^\tau X \, \mathrm{d}t \, . \tag{9.6}$$

Für die mittlere Kraft $\langle X \rangle$, die während der Stoßzeit τ bei einem Stoß eines einzigen Moleküls auf den Stempel wirkt, wird demnach laut (9.5)

$$\langle X \rangle = \frac{2\, m\, \dot{x}_i}{\tau} \, . \tag{9.7}$$

In der Zeit τ legt ein Molekül den Weg

$$\dot{x}_i \, \tau$$

zurück. Die Länge des betrachteten Volumens V in x-Richtung sei gleich a (Abb. 9.5).

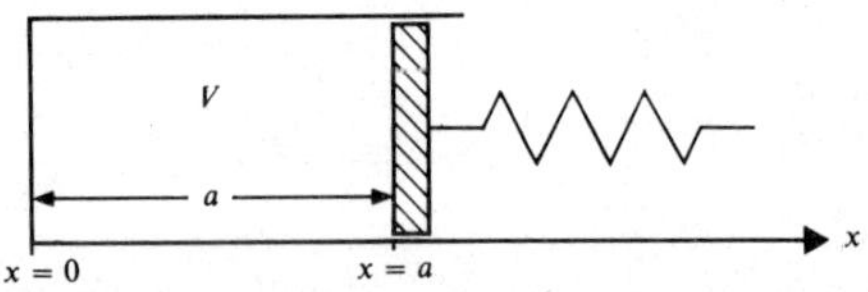

Abb. 9.5 Zur Berechnung der Stoßzahl

Bis das gleiche Molekül wieder auf den Stempel stößt, muß es den Weg $2\,a$ in x-Richtung zurücklegen, da es erst wieder an der dem Stempel gegenüberliegenden Wand reflektiert werden muß.

Daraus folgt für die Anzahl ζ der Stöße eines einzigen Moleküls auf die gleiche Fläche (hier Kolben) während der Zeit τ

$$\zeta = \frac{\dot{x}_i \, \tau}{2a}. \tag{9.8}$$

Sei N die Gesamtzahl der Moleküle (oder Atome) im Volumen V, dann bewegen sich im Mittel in einer Koordinatenrichtung

$$\frac{N}{3} \text{ Moleküle.}$$

Die Kolbenfläche F wird im ganzen also von $N/3$ Molekülen getroffen. Da jedes Molekül ζ-mal während der Zeit τ stößt, so wird die gesamte Stoßzahl Z während der Zeit τ auf dieselbe Wand

$$Z = \frac{N}{3} \zeta \tag{9.9}$$

und mit dem Wert von Gleichung (9.8) eingesetzt

$$Z = \frac{N}{3} \frac{\dot{x}_i \, \tau}{2\,a}. \tag{9.10}$$

Der Mittelwert der resultierenden Kraft auf den Stempel wird daher mit den Beziehungen (9.7) und (9.10) zu

$$\begin{aligned} \langle K_{\text{tot}} \rangle = \langle X \rangle \cdot Z &= \frac{2\,m\,\dot{x}_i}{\tau} \cdot \frac{N}{3} \frac{\dot{x}_i \, \tau}{2\,a} \\ &= \frac{2}{3} N \cdot \frac{1}{2} m \, \dot{x}_i^2 \cdot \frac{1}{a}. \end{aligned} \tag{9.11}$$

Diese Beziehung ist streng nur gültig, unter der Voraussetzung, daß alle $N/3$ Moleküle dieselbe Geschwindigkeit in x-Richtung besitzen. Diese Einschränkung rührt von unserer zu einfachen Herleitung her. Wir dürfen bei solchen Herleitungen nicht ohne weiteres die Größen des einzelnen Teilchens für die Gesamtheit übernehmen. Anstelle der individuellen Geschwindigkeitskomponente x_i müssen wir in (9.11) eine mittlere Geschwindigkeit in x-Richtung nach folgender Definition einsetzen

$$\langle \dot{x}^2 \rangle = \frac{\dot{x}_1^2 + \dot{x}_2^2 + \ldots + \dot{x}_{i-1}^2 + \dot{x}_i^2 + \ldots \dot{x}_N^2}{N}. \tag{9.12}$$

Anstelle von (9.11) müssen wir daher schreiben

$$\langle K_{\text{tot}} \rangle = \frac{2}{3} N \cdot \frac{1}{2} m \, \langle \dot{x}^2 \rangle \cdot \frac{1}{a}\,; \tag{9.13}$$

$\frac{1}{2} m \, \langle \dot{x}^2 \rangle$ bedeutet die mittlere kinetische Energie (translations energie) eines Moleküls.

Durch Division mit der Kolbenfläche F finden wir den mittleren Druck auf den Kolben und damit den mittleren Gasdruck zu

$$p = \langle p \rangle = \frac{\langle K_{\text{tot}} \rangle}{F} = \frac{2}{3} N \cdot \frac{1}{a \cdot F} \cdot \frac{1}{2} m \langle \dot{x}^2 \rangle \quad . \tag{9.14}$$

Beispiel:

Nehmen wir an, daß das zu betrachtende Volumen V gleich dem Mol-Volumen V_{M} des betreffenden Gases und würfelförmig

$$V_{\text{M}} = a^3$$

sei. Die Anzahl der Moleküle pro Mol wird meistens die *Avogadro-Zahl* N_0 genannt, obschon die erste exakte Bestimmung 1900 durch den genialen französischen Physiker Jean Perrin gemacht wurde. Perrin erhielt für diese Zahl N_0 eine Wert zwischen 6,5 und $7{,}2 \cdot 10^{23}$. Die exakteste Methode heute benutzt die Messung der Gitterkonstanten mit Röntgenstrahlen in einem Kristall. Ihr Wert[1] ist

$$\begin{aligned} \text{cgs:}\ N_0 &= (6{,}02252 \pm 0{,}00028) \cdot 10^{23}\,\frac{\text{Moleküle}}{\text{g-Mol}}\,, \\ \text{MKS:}\ N_0 &= (6{,}02252 \pm 0{,}00028) \cdot 10^{26}\,\frac{\text{Moleküle}}{\text{kg-Mol}}\,. \end{aligned} \tag{9.15}$$

Unter Standardbedingungen (760 mm Hg Luftdruck, 20 °C) ist das Molvolumen eines idealen Gases gleich folgendem Wert

$$V_{\text{M}}^{(\text{Standard})} = 22\,400 \text{ cm}^3\,. \tag{9.16}$$

Häufig wird in der Literatur die Anzahl der Moleküle pro cm^3 angegeben, sie heißt die Loschmidtsche Zahl L

$$L = \frac{6{,}023 \cdot 10^{23}}{22\,400} = 2{,}69 \cdot 10^{19}\,\frac{\text{Moleküle}}{\text{cm}^3}\,. \tag{9.17}$$

In der deutschsprachigen Literatur wird oft die Avogadro-Zahl als Loschmidtsche Konstante bezeichnet. Wir wollen uns jedoch an die oben gegebene, internationale Bezeichnung halten.

Da wir für das Molvolumen nach unserer Voraussetzung auch schreiben können

$$V_{\text{M}} = a \cdot F = a^3\,, \tag{9.18}$$

wird Gleichung (9.14) zu

$$p = \frac{2}{3} N \cdot \frac{1}{V_{\text{M}}} \cdot \frac{1}{2} m \langle \dot{x}^2 \rangle\,, \tag{9.19}$$

[1] Nach E. R. Cohen und J. W. M. Du Mond, Proc. Sec. Int. Conf. on Nucl. Masses, Springer, Wien 1964

oder in der bereits aus der Chemie bekannten Schreibweise

$$p \cdot V_M = \frac{2}{3} N \frac{1}{2} m \langle \dot{x}^2 \rangle \quad . \tag{9.20}$$

Das mittlere Geschwindigkeitsquadrat ist selbstverständlich eine Funktion der Temperatur: je höher die Temperatur T, umso größer auch $\langle \dot{x}^2 \rangle$[1]. Wir können daher (zu mindestens für einen bestimmten Temperaturbereich) folgende Proportionalität annehmen

$$\frac{2}{3} N \cdot \frac{1}{2} m \langle \dot{x}^2 \rangle \sim T \, . \tag{9.21}$$

Damit wir (9.21) als Gleichung schreiben können, führen wir eine Proportionalitätskonstante R ein und erhalten

$$\frac{2}{3} N \cdot \frac{1}{2} m \langle \dot{x}^2 \rangle = RT \, , \tag{9.22}$$

oder nach Gleichung (9.20) auch

$$p V_M = RT \, . \tag{9.23}$$

Diese Beziehung (9.23) ist unter dem Namen *Boyle-Mariotte-Gay-Lussac-Gesetz* bekannt (in der englischen Literatur lediglich als Boyle's law nach seinem Entdecker ROBERT BOYLE 1660). Der numerische Wert der Konstanten R, der sogenannten *Gaskonstanten*, ist

$$\text{MKS:} \quad R = 8{,}3143 \pm 0{,}0012 \, \frac{\text{Joule}}{\text{grad} \cdot \text{mol}} \, ,$$

$$\text{cgs:} \quad R = (8{,}3143 \pm 0{,}0012) \cdot 10^7 \, \frac{\text{erg}}{\text{grad} \cdot \text{mol}} \, .$$

Für ein einzelnes Molekül ist die mittlere Translationsenergie nach (9.22) gleich

$$\frac{1}{2} m \langle v^2 \rangle = \frac{3}{2} \frac{R}{N} T \, , \tag{9.24}$$

wobei für die Geschwindigkeit v gilt

$$\langle v^2 \rangle = \langle \dot{x}^2 \rangle + \langle \dot{y}^2 \rangle + \langle \dot{z}^2 \rangle \, . \tag{9.25}$$

Anstelle der konstanten Größe $\frac{R}{N}$ setzt man den Term k

$$\frac{R}{N} = k \tag{9.26}$$

---

[1] $\langle x^2 \rangle$ ist hier identisch mit $\langle v^2 \rangle$ da sich N/3 der Molekühle in jeder Richtung bewegen, die bereits die volle Energie besitzen.

Ludwig Boltzmann

BOLTZMANN, Ludwig (1844–1906), geboren in Wien. Schüler von Josef Stefan, 1869 Professor für Physik an der Universität Graz, dann München und 1894 als Nachfolger von Stefan zurück nach Wien. 1900 Universität Leipzig und 1902 zurück nach Wien. Einen reich dotierten Ruf als Nachfolger Kirchhoffs nach Berlin lehnte er ab, da ihm die Betonung der „Etikette“ in Berlin nicht behagte. (Eine Frau bedeutete ihm einmal, daß er sich bei Tisch nicht zu benehmen wisse.) In einem Zustand seelischer und körperlicher Leiden machte er am 5. September 1906 in Duino an der Adria seinem Leben ein Ende. Er leistete ganz bedeutende Beiträge zur statistischen Auffassung des Naturgeschehens (vergleiche: L. Boltzmann, Vorlesungen über Gastheorie, Springer 1895). In der Einleitung zu seiner Gastheorie schreibt Boltzmann: „... darum freie Bahn für jede Richtung, weg mit der Dogmatik in atomistischem und antiatomistischem Sinne.“

und nennt k die *Boltzmannsche Konstante* zu Ehren des hervorragenden österreichischen Theoretikers LUDWIG BOLTZMANN.

Der numerische Wert der Boltzmannschen Konstanten, den man wegen des häufigen Gebrauchs auswendig wissen sollte, ergibt sich zu:

$$\text{MKS: } k = (1{,}38054 \pm 0{,}00018) \cdot 10^{-23} \, \frac{\text{Joule}}{\text{grad}} ,$$

$$\text{cgs: } k = (1{,}38054 \pm 0{,}00018) \cdot 10^{-16} \, \frac{\text{erg}}{\text{grad}} .$$

Für eine Komponente der Geschwindigkeit $v = v\{\dot{x}, \dot{y}, \dot{z}\}$ nach (9.24) mit der Bezeichnung (9.26) wird daher

$$\tfrac{1}{2}\, m \, \langle \dot{x}^2 \rangle = \tfrac{1}{2}\, k\, T \; ; \qquad (9.27)$$

d. h.

Die mittlere kinetische Energie eines Freiheitsgrades ist gleich $\frac{1}{2}\, k\, T$.

Damit ist es gelungen, eine Größe der Wärmelehre, die Temperatur T, auf eine rein mechanisch erklärte Größe zurückzuführen. Der durch die Beziehung (9.27) ausgedrückte Satz ist die einfachste Form des sogenannten *Aequipartitions-* oder *Gleichverteilungsge-*

setzes. Die Verallgemeinerung davon ist eine der Aufgaben der statistischen Mechanik[1]. In der Quantenmechanik wird gezeigt, daß das Aequipartitionsgesetz nur in der Näherung hinreichend hoher Temperaturen gilt.

9.2 Experimentelle Bestimmung der Molekülgeschwindigkeit

Verschiedene experimentelle Methoden zur Bestimmung von Molekülgeschwindigkeiten wurden angewandt, z. B. von

Stern, Born und Gerlach	1920;
Zartmann und Ko	1930;
Estermann, Simpson und Stern	1947.

Wir skizzieren im folgenden eine von Born und Gerlach vorgeschlagene Technik, schematisch erläutert in Abb. 9.6.

Der Verdampfungsofen zur Erzeugung eines Atomstrahles, z. B. Ag, ist in einer Zylindertrommel von Radius R montiert. Ofen

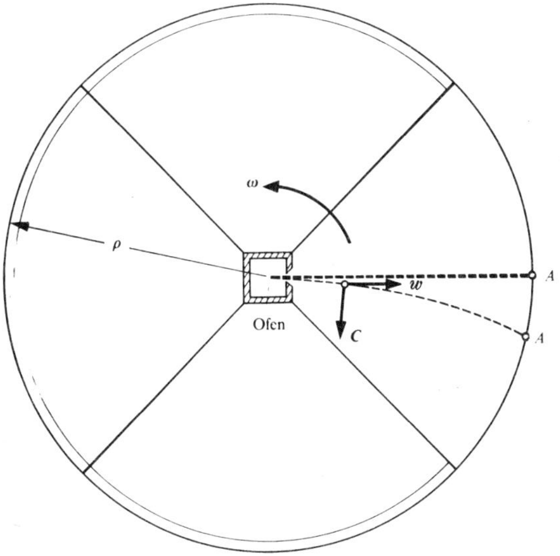

Abb. 9.6 Bestimmung der Molekül-(Atom-)Geschwindigkeit nach Born und Gerlach

[1] Vgl. z. B. K. Huang, Statistische Mechanik I, Seite 86ff., B·I-Hochschultaschenbücher 68, 1964, oder L. D. Landau und E. M. Lifschiz, Statistische Mechanik, Akademie Verlag Berlin 1966.

und Trommel rotieren mit der Winkelgeschwindigkeit ω. Auf die verdampften Silberatome wirkt die Corioliskraft C

$$C = 2\,m\,\langle w\rangle\,\omega\,, \tag{9.28}$$

wobei m die Masse eines Silberatoms, $\langle w\rangle$ die mittlere Geschwindigkeit im Strahl und ω die Winkelgeschwindigkeit bedeuten. Die Silberatome treffen deshalb nicht im Punkt A sondern in A' auf die Trommelwand. Die Strecke $\overline{AA'}$ kann direkt gemessen werden. Ist τ die Flugzeit eines Atoms (oder Moleküls), um vom Ofen zur Peripherie zu gelangen, so ist

$$\tau = \frac{\varrho}{\langle w\rangle}\,; \tag{9.29}$$

ϱ ist der Zylinderradius.

Die Coriolisbeschleunigung b_c ist nach (9.28)

$$b_c = \frac{C}{m} = 2\,\langle w\rangle\,\omega\,. \tag{9.30}$$

Wir erhalten daraus für die während der Zeit τ erfolgte Ablenkung $\overline{AA'}$

$$\overline{AA'} = \tfrac{1}{2}\,b_c\,\tau^2 = \langle w\rangle\cdot\omega\cdot\tau^2\,, \tag{9.31}$$

und mit der Beziehung (9.29) in (9.31) eingesetzt

$$\overline{AA'} = \langle w\rangle\cdot\omega\cdot\frac{\varrho^2}{\langle w\rangle^2} = \frac{\varrho^2\cdot\omega}{\langle w\rangle}\,. \tag{9.32}$$

Die Größen ϱ, ω und $\overline{AA'}$ können gemessen werden. Wir erhalten deshalb für die mittlere Molekül-(Atom-)Geschwindigkeit $\langle w\rangle$ den Ausdruck

$$\langle w\rangle = \frac{\varrho^2\cdot\omega}{\overline{AA'}}\,. \tag{9.33}$$

Die 1944 von Estermann, Simpson und Stern vorgeschlagene und durchgeführte Methode des „freien Falls von Molekülen“ erlaubt eine präzisere Bestimmung der Geschwindigkeit. In Abb. 9.7 ist ein vereinfachtes Schema der Versuchsanordnung wiedergegeben.

Durch Verdampfen von z. B. Cäsium wird ein Atomstrahl erzeugt, der den Ofen unter einem Öffnungswinkel ϑ verläßt. Durch einen vorgeschaltenen Spalt wird ein enges Bündel ausgeblendet. Bei Abwesenheit eines Gravitationsfeldes würde nur ein horizontaler Strahl durch den Spalt durchtreten können und in der Meßebene h im Punkte H nachgewiesen werden. Das Gravitationsfeld zwingt die Cäsiumatome auf Parabelbahnen, von denen einige gestrichelt eingezeichnet sind, wobei die Krümmung stark übertrie-

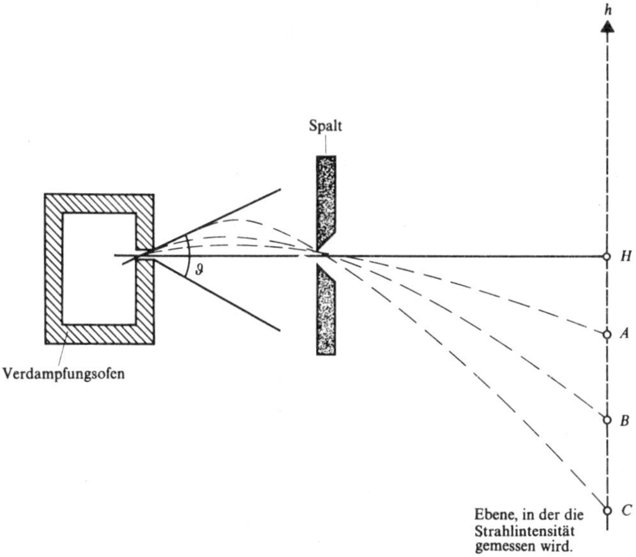

Abb. 9.7 Prinzipieller Versuchsaufbau von ESTERMANN, SIMPSON und STERN zur Messung der Geschwindigkeit von Molekülen

ben dargestellt ist. Mit einem Detektor wird man auch in den Punkten A, B ... Cäsiumatome nachweisen. In Abhängigkeit des Meßortes h erhält man die in Abb. 9.8 abgebildete Intensitätsverteilung in der Meßebene.

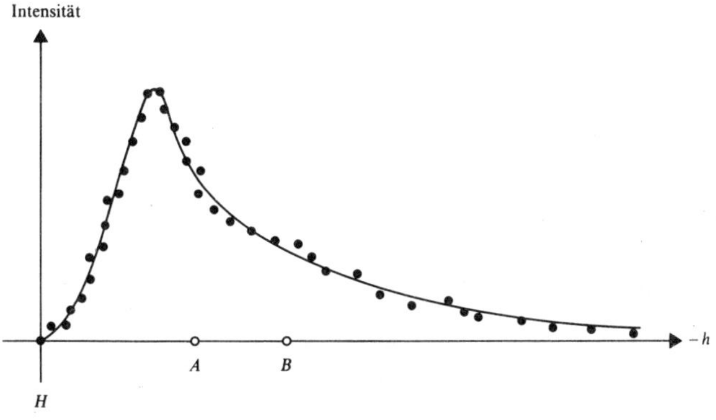

Abb. 9.8 Meßpunkte der Intensitätsverteilung der Cäsiumatome

Bemerkung für den Physiker:

Die Messung eines neutralen Atomstrahlstromes führt man zweckmäßig auf eine elektrische Strommesssung zurück, indem die Cäsiumatome an einem heißen Wolframdraht ionisiert und von einem negativ gegen den Wolframdraht vorgespannten Gitter aufgefangen werden (Literaturreferenz: I. B. TAYLOR, Phys. Rev. **35**, 375, 1930).

Eine weitere Methode zur Geschwindigkeitsbestimmung von Atomen und Molekülen ist die in der Neutronenphysik oft angewandte „Chopperanordnung", schematisch dargestellt in Abb. 9.9.

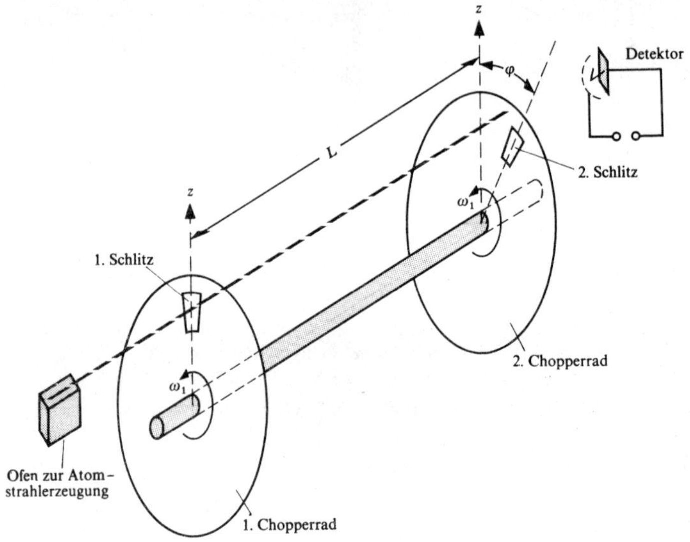

Abb. 9.9 Choppermethode zur Geschwindigkeitsbestimmung

Die beiden Chopperräder sind auf derselben Achse in einem Abstand L montiert und rotieren mit der Winkelgeschwindigkeit ω_1. Beträgt die Laufzeit eines i-ten Atoms, das durch den ersten Schlitz hindurchtreten kann, bis zum zweiten Chopperrad τ_i, so beträgt seine Geschwindigkeit

$$v_i = \frac{L}{\tau_i}. \tag{9.34}$$

Man wählt den Phasenwinkel φ derart, daß dieses i-te Atom durch den zweiten Schlitz hindurchtreten kann und auf den heißen Wolframdrahtdetektor fällt. Es muß dann für den Phasenwinkel φ gelten

$$\varphi = \omega_1 \tau_i \tag{9.35}$$

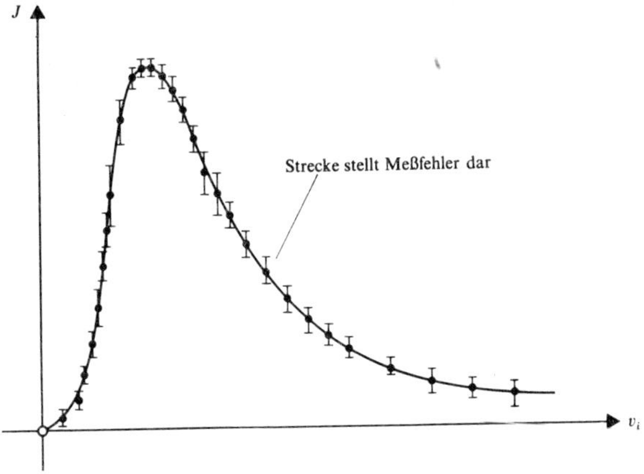

Abb. 9.10 Gemessene Geschwindigkeitsverteilung der Atome

oder nach (9.34)

$$v_i = \frac{L}{\varphi/\omega_1} = \frac{L \cdot \omega_1}{\varphi} . \tag{9.36}$$

Die Größen auf der rechten Seite von (9.36) sind alle meßbar und somit ist die Geschwindigkeit experimentell bestimmbar.

Der am Wolframdetektor gemessene Ionenstrom ist proportional zur Strahlintensität. Tragen wir diesen Strom als Funktion der gemessenen Geschwindigkeiten für die Atome (Moleküle) in Abb. 9.10 auf, so erhalten wir eine analoge Verteilungskurve wie in Abb. 9.8.

Verändert man die Temperatur des Ofens, so ändert sich auch die Geschwindigkeitsverteilung.

9.3 *Die Brownsche Molekularbewegung*

Im Jahre 1809 beobachtete der englische Botaniker ROBERT BROWN mit einem Mikroskop kleinste Pollenkörner, die in einer Flüssigkeit suspendiert waren. Er stellte fest, daß sich diese Pollen in ständiger unregelmäßiger Bewegung befinden. Erst anfangs dieses Jahrhunderts gab JEAN PERRIN die Erklärung dieser sogenannten *Brownschen Bewegung*, die durch Stöße der Flüssigkeitsmoleküle auf diese Teilchen verursacht wird. Will man diese Bewegung der Moleküle sichtbar machen, beobachtet man durch ein Mikroskop Kolloidteilchen, die in einer Flüssigkeit suspendiert sind. Würde man die Bewegung eines Kolloidteilchens auf-

Jean Baptiste Perrin

PERRIN, Jean Baptiste (1870–1942), geboren in Lille. Trat 1891 als Student und anschließend als Vorlesungsassistent in die „École Normale Supérieure" ein und gehörte zu einer Forschergruppe zusammen mit Paul Langevin und dem Biologen Noël Bernard. Professor für physikalische Chemie an der Sorbonne. Erhielt 1926 den Nobelpreis für seine Arbeiten über den diskontinuierlichen Aufbau der Materie und insbesondere für seine Entdeckung des Sedimentationsgleichgewichtes". Weitere Arbeiten über Kathodenstrahlen. Die Schaffung des „Centre National de la Récherche Scientifique"(CNRS) und das „Palais de la Découverte" sind seine Werke. 1936 ernannte ihn Léon Blum zum Unterstaatssekretär für wissenschaftliche Forschung.

zeichnen, würde man ein Bild der Art, wie in Abb. 9.11 dargestellt, erhalten.

Jedesmal wenn das Kolloidteilchen mit einem Molekül zusammenstößt, ändert es seine Richtung. Wir interessieren uns für den effektiv zurückgelegten Weg der Teilchen bei der Brownschen Bewegung im Mittel während der Zeit τ. Infolge der Stöße wirken auf die gestoßenen Kolloidteilchen Kräfte $\boldsymbol{S}$, die ständig ihre Richtung ändern. Ferner wirken die Stokesschen Reibungskräfte $\boldsymbol{R}$, die geschwindigkeitsproportional sind. Bezeichnen wir die Ortsvektoren mit $\boldsymbol{x}$, so gilt der Newtonsche Ansatz für ein Kolloidteilchen der Masse m,

$$m\,\ddot{\boldsymbol{x}} = \boldsymbol{S} + \boldsymbol{R}\,, \tag{9.37}$$

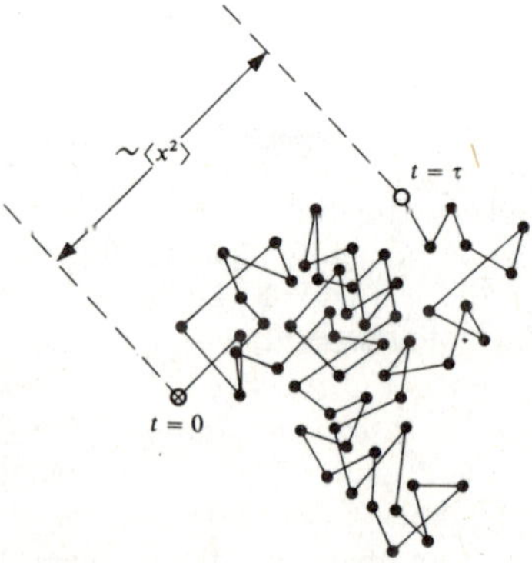

Abb. 9.11 Aufgezeichneter Weg eines Kolloidteilchens (Vergrößerung)

wenn wir von der Schwerkraft absehen, da wir einen horizontal ausgebreiteten Flüssigkeitstropfen voraussetzen.

Ist a der Radius eines Kolloidteilchens und η die Viskosität der Flüssigkeit, so ist die Stokessche Kraft auf ein einziges Teilchen

$$-6\,\pi\,\eta\,a\cdot\frac{\mathrm{d}\boldsymbol{x}}{\mathrm{d}t},$$

und damit wird Gleichung (9.37) zu

$$m\cdot\ddot{\boldsymbol{x}} = \boldsymbol{S} - (6\,\pi\,\eta\,a\cdot\dot{\boldsymbol{x}})\,. \tag{9.38}$$

Multiplizieren wir Gleichung (9.38) mit $\boldsymbol{x}$ und berücksichtigen die Beziehung

$$\boldsymbol{x}\cdot\ddot{\boldsymbol{x}} = \frac{1}{2}\frac{\mathrm{d}^2}{\mathrm{d}t^2}(\boldsymbol{x}^2) - (\dot{\boldsymbol{x}})^2\,, \tag{9.39}$$

so folgt aus (9.38)

$$\frac{m}{2}\frac{\mathrm{d}^2}{\mathrm{d}t^2}(\boldsymbol{x}^2) - m\cdot\dot{\boldsymbol{x}}^2 = \boldsymbol{x}\cdot\boldsymbol{S} - 6\,\pi\,\eta\,a\cdot\frac{1}{2}\frac{\mathrm{d}}{\mathrm{d}t}(\boldsymbol{x}^2)\,. \tag{9.40}$$

Da diese Kolloidteilchen eine statistische Vielheit bilden, müssen wir den Mittelwert über viele Versuche an vielen Teilchen bilden, d. h. wir ersetzen in Gleichung (9.40) die Größen nach folgendem Schema:

$$\begin{aligned} x^2 &\longrightarrow \langle x^2\rangle \\ \dot{x}^2 &\longrightarrow \langle \dot{x}^2\rangle \\ \boldsymbol{x}\cdot\boldsymbol{S} &\longrightarrow \langle \boldsymbol{x}\cdot\boldsymbol{S}\rangle\,. \end{aligned} \tag{9.41}$$

Der zweite Term in (9.40) stellt dann nach (9.24) bzw. (9.27) die mittlere kinetische Energie dar

$$\frac{1}{2}\,m\,\langle \dot{x}^2\rangle = \frac{1}{2}\,k\,T\,, \tag{9.42a}$$

oder für alle 3 Freiheitsgrade

$$\frac{1}{2}\,m\,\langle \dot{\boldsymbol{x}}^2\rangle = \frac{3}{2}\,k\,T\,. \tag{9.42b}$$

Setzen wir (9.41) in die Gleichung (9.40) ein, so erhalten wir die Differentialgleichung, die den Zusammenhang zwischen dem *mittleren Schwankungsquadrat* $\langle x^2\rangle$ und der Zeit ergibt

$$\frac{m}{2}\frac{\mathrm{d}^2}{\mathrm{d}t^2}\langle x^2\rangle + 6\,\pi\,\eta\,a\cdot\tfrac{1}{2}\frac{\mathrm{d}}{\mathrm{d}t}\langle x^2\rangle - \langle x\,S\rangle = k\,T \tag{9.43a}$$

beziehungsweise für 3 Freiheitsgrade

$$\frac{m}{2}\frac{\mathrm{d}^2}{\mathrm{d}t^2}\langle \boldsymbol{x}^2\rangle + 6\,\pi\,\eta\,a\cdot\tfrac{1}{2}\frac{\mathrm{d}}{\mathrm{d}t}\langle \boldsymbol{x}^2\rangle - \langle \boldsymbol{x}\cdot\boldsymbol{S}\rangle = 3k\,T\,. \tag{9.43b}$$

Da das Vorzeichen von $\boldsymbol{x}$ und $\boldsymbol{S}$ manchmal positiv, manchmal negativ ist, wird dieser Term im Mittel gleich Null

$$\langle \boldsymbol{x} \cdot \boldsymbol{S} \rangle = 0 . \tag{9.44}$$

Damit wird die Differentialgleichung der Brownschen Bewegung

$$\frac{m}{2} \frac{\mathrm{d}^2}{\mathrm{d}t^2} \langle \boldsymbol{x}^2 \rangle + \frac{6\,\pi\,\eta\,a}{2} \frac{\mathrm{d}}{\mathrm{d}t} \langle \boldsymbol{x}^2 \rangle = 3\,k\,T . \tag{9.45}$$

Setzen wir für die erste Ableitung

$$\frac{\mathrm{d}\,\langle \cdots \rangle}{\mathrm{d}t} = \xi , \tag{9.46}$$

so erkennen wir den Typus der Differentialgleichung (9.45), nämlich

$$\dot{\xi} + A\,\xi = B . \tag{9.47}$$

Die allgemeine Lösung setzt sich aus der allgemeinsten Lösung der homogenen Differentialgleichung ($B = 0$) und einer speziellen Lösung der inhomogenen Gleichung (9.47) zusammen.

Die stationäre Lösung, die hier primär interessant ist, erhalten wir für hinreichend große Zeiten t, dann wird in der homogenen Lösung $\exp\,[- \cdots t] \to 0$, und das mittlere Schwankungsquadrat $\langle x^2 \rangle$ wird

$$\langle \boldsymbol{x}^2 \rangle = \frac{k\,T}{\pi\,\eta\,a} \cdot t . \tag{9.48}$$

Dieser Ausdruck trägt den Namen „*Formel von Einstein und Smoluchowski*".

Das mittlere Schwankungs- oder Verschiebungsquadrat $\langle \boldsymbol{x}^2 \rangle$ ist nach Gleichung (9.48) proportional der Zeit. Die mittlere Verschiebung $\langle \boldsymbol{x} \rangle$ selbst bleibt Null. Da das mittlere Verschiebungsquadrat $\langle \boldsymbol{x}^2 \rangle$ direkt gemessen werden kann, erlaubt die von EINSTEIN und VON SMOLUCHOWSKI aufgestellte Beziehung (9.48) eine Bestimmung der Boltzmannschen Konstante k.

Die Brownsche Bewegung können wir nicht nur an suspendierten Kolloidteilchen beobachten, sondern z. B. auch als Zitterbewegung des Spiegels eines hochempfindlichen Galvanometers. Zeichnen wir die Ablesung des Auslenkwinkels ϑ als Funktion der Zeit auf, so erhalten wir eine in Abb. 9.12 schematisch dargestellte Schwankung um die Auslenkung ϑ_0.

Sei $\langle \vartheta^2 \rangle$ das mittlere Winkelschwankungsquadrat im Bogenmaß, so gilt die Beziehung für die mittlere Rotationsenergie $\langle E_{\mathrm{rot}} \rangle$, da nur ein Freiheitsgrad zu berücksichtigen ist

$$\langle E_{\mathrm{rot}} \rangle = \tfrac{1}{2}\,I\,\omega_0^2\,\langle \vartheta^2 \rangle = \tfrac{1}{2}\,k\,T , \tag{9.49}$$

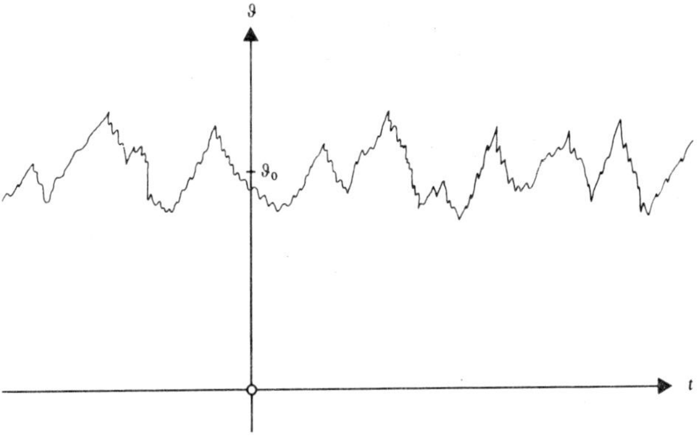

Abb. 9.12

wobei I das Trägheitsmoment der Galvanometeranordnung und ω_0 die Eigenfrequenz des Galvanometers bedeuten. Durch Kühlen der Galvanometerdämpfung kann diese Zitterbewegung des Spiegels verkleinert werden.

Eine andere „Anwendung" der Brownschen Bewegung ist das *Widerstandsrauschen*. Die Elektronen sind in einem elektrischen Widerstand im thermischen Gleichgewicht[1] mit den Kristallgitteratomen und führen bildlich gesprochen Zitterbewegungen aus, d. h. wir haben lokale Elektronendichteschwankungen, was lokale elektrische Felder erzeugt, die man in der Elektrotechnik durch „fiktive Spannungen" V_ω beschreibt. Für eine bestimmte Frequenz ω innerhalb des Frequenzintervalls $\Delta\omega$ gilt die sogenannte NYQUIST-Formel[2]

$$\langle V_\omega^2 \rangle = \frac{2}{\pi} k\, T \cdot R \cdot \Delta\omega\,, \tag{9.50}$$

wobei R der ohmsche Widerstand bedeutet. Dieses Widerstandsrauschen setzt bei elektronischen Verstärkerschaltungen eine praktische Grenze für den Verstärkungsfaktor. In empfindlichen Verstärkern werden häufig diese Rauschquellen gekühlt, da nach der Nyquist-Formel (9.50)

$$\langle V_\omega^2 \rangle \sim T$$

ist.

[1] Nur Elektronen an der Fermifläche sind thermisch anregbar.

[2] Vgl. die Herleitung der Nyquist-Formel mit quantenmechanischen Methoden: H. B. CALLEN und T. A. WELTON, Phys. Rev. **83**, 34, 1951

9.4 *Geschwindigkeitsverteilung der Moleküle*

(Nur für Physiker)

Wir haben im Abschnitt 9.2 bereits experimentelle Messungen der Geschwindigkeitsverteilung von Atomen dargestellt. Wir wollen hier das Problem etwas quantitativer betrachten; dazu gehen wir von folgender Fragestellung aus:

Wir betrachten eine Gesamtheit von N Teilchen. Wie groß ist die Anzahl $\mathrm{d}N$ der Teilchen, die Geschwindigkeiten zwischen v und $v + \mathrm{d}v$ besitzen?

Die Funktion $f(v)$, welche diese Größe in Abhängigkeit von v angibt, heißt *Häufigkeitsfunktion*

$$\frac{\mathrm{d}N}{N} = f(v)\,\mathrm{d}v\,. \tag{9.51}$$

Aufgrund der Wahrscheinlichkeitsrechnung[1] erhält man die sogenannte *Maxwellsche Geschwindigkeitsverteilung*

$$f(v) = \frac{4\,v^2}{\sqrt{\pi}}\left(\frac{m}{2\,kT}\right)^{\frac{3}{2}} \exp\left[-\frac{m\,v^2}{2\,kT}\right] \quad ; \tag{9.52}$$

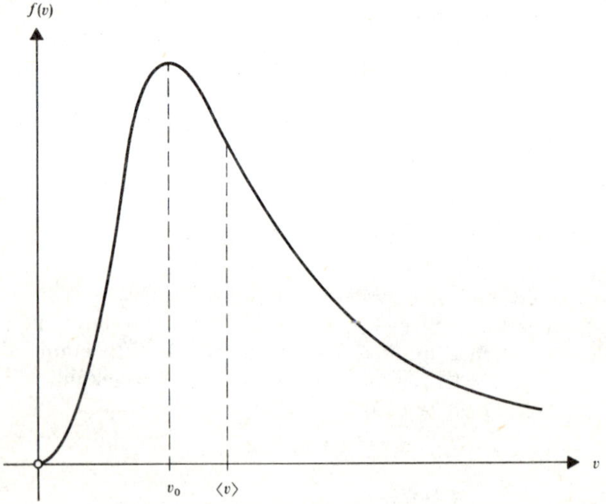

Abb. 9.13 Maxwellsche Geschwindigkeitsverteilung

[1] Herleitung siehe z. B. R. Becker, Theorie der Wärme, S. 65ff, Springer, Berlin 1966

MAXWELL, James Clerk wurde 1831 in Edinburgh geboren. Mit 13 Jahren kam er auf die Universität seiner Vaterstadt, 1747 nach Cambridge. 1856 Prof. für Physik in Aberdeen. 1860–1865 Physikprofessur am Kings College in London, wo er mit Faraday zusammentraf. Während sechs Jahren lebte er zurückgezogen auf seinem Landsitz, wo er vorallem an seinem Hauptwerk über die Theorie der Elektrizität arbeitete. 1871 übernahm er die Physikprofessur an der Universität in Cambridge. Maxwell ging von den experimentellen Arbeiten Faradays aus für die Aufstellung der nach ihm benannten fundamentalen Gleichungen. Daneben grundlegende Arbeiten zur Gastheorie.

James Clerk Maxwell

dabei bedeuten

m: Molekül-(oder Atom-)Masse,
k: Boltzmannsche Konstante,
T: Temperatur (in °K).

Die grafische Darstellung der Funktion $f(v)$ in Abb. 9.13 ergibt das bekannte Bild.

Ganz kleine und ganz große Geschwindigkeiten sind relativ selten. v_0 ist die am häufigsten vorkommende Geschwindigkeit. Man beachte vor allem, daß die mittlere Geschwindigkeit $\langle v \rangle$ (Flächenmittel!) größer ist als die wahrscheinlichste Geschwindigkeit v_0

$$\langle v \rangle > v_0 \,.$$

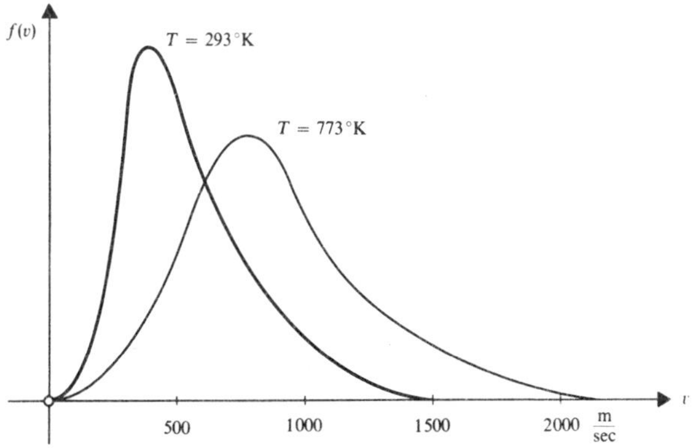

Abb. 9.14 Geschwindigkeitsverteilung von Stickstoffmolekülen

Man erhält für das mittlere Geschwindigkeitsquadrat

$$\langle v^2 \rangle = \frac{3}{2} v_0^2 \,. \tag{9.53}$$

Die Geschwindigkeitsverteilung hängt wesentlich von der Temperatur T ab, da T sowohl im Faktor als $T^{-3/2}$ als auch im Exponenten von (9.52) vorkommt. Als Beispiel sind in Abb. 9.14 die Geschwindigkeitsverteilungen von Stickstoffmolekülen bei 20 °C und 500 °C aufgetragen.

9.5 *Thermodynamische Begriffe*

Die thermodynamischen Begriffe, von denen wir hier einige wenige besprechen werden, entstanden aus einer phänomenologischen Theorie der Materie. Nur wenige Parameter werden benötigt, um ein makroskopisches System zu beschreiben, im Gegensatz zur großen Zahl in einer atomistischen Beschreibung. Der Grund für ein einfaches makroskopisches Modell ist die relative Langsamkeit der makroskopischen Messungen am System[1] verglichen mit den Geschwindigkeiten atomarer Bewegungen.

Jedes beliebige makroskopische System nennen wir ein *thermodynamisches System*.

3 Beispiele einfacher Systeme sind:

a) chemisch definierte homogene Flüssigkeit,
b) chemisch definierter homogener fester Körper,
c) homogene Mischung verschiedener chemischer Substanzen.

Druck p, Volumen V, Temperatur T, Magnetfeld $\boldsymbol{B}$, Magnetisierung $\boldsymbol{M}$ usw. sind *thermodynamische Zustandsgrößen* (engl. states), die experimentell bestimmt werden können. In einem System sind diese Größen nicht unabhängig voneinander, sondern durch eine Beziehung der allgemeinen Form

$$f(p, V, T) = 0 \tag{9.54}$$

miteinander verknüpft. Man nennt eine Gleichung (9.54) *Zustandsgleichung* (engl. equation of state). Der Zustand eines Systems kann durch einen Punkt im dreidimensionalen p-V-T-Raum repräsentiert werden. Hängt der thermodynamische Zustand eines Systems nicht von der Zeit ab, so spricht man von *thermodynamischem Gleichgewicht* (engl. state of equilibrium). Jeder Punkt im

[1] Um die Körpertemperatur zu messen, wissen wir seit unserer Kindheit, daß der „Fiebermesser" wenigstens 5 Minuten in Wärmekontakt mit dem Körper sein muß

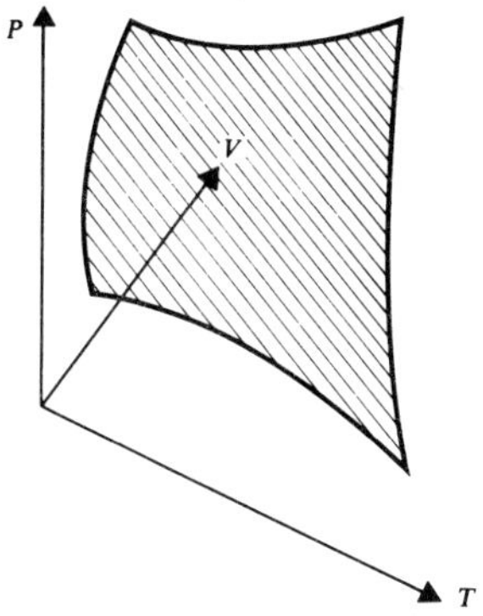

Abb. 9.15 Darstellung der Zustandsgleichung $f(p, V, T) = 0$ als Fläche im p-V-T-Raum

p-V-T-Raum stellt einen Gleichgewichtszustand dar. Durch die Zustandsgleichung (9.54) ist die Fläche, dargestellt in Abb. 9.15, in diesem dreidimensionalen Raum definiert.

Jede der drei Variablen in Gleichung (9.54) kann als Funktion der beiden anderen ausgedrückt werden, indem wir Gleichung (9.54) auflösen

$$T = T(p, V), \tag{9.55}$$

$$p = p(T, V), \tag{9.56}$$

$$V = V(p, T). \tag{9.57}$$

Man benutzt häufig zweidimensionale Darstellungen, wie im Beispiel der Abb. 9.16 aufgezeichnet.

Jeder Punkt im $(V-p)$- oder $(p-V)$-Diagramm stellt einen Gleichgewichtszustand dar, da wir uns die Zustandsfläche $f(p, V, T)$ auf die $(p-V)$-Ebene projiziert denken können. Punkte gleicher

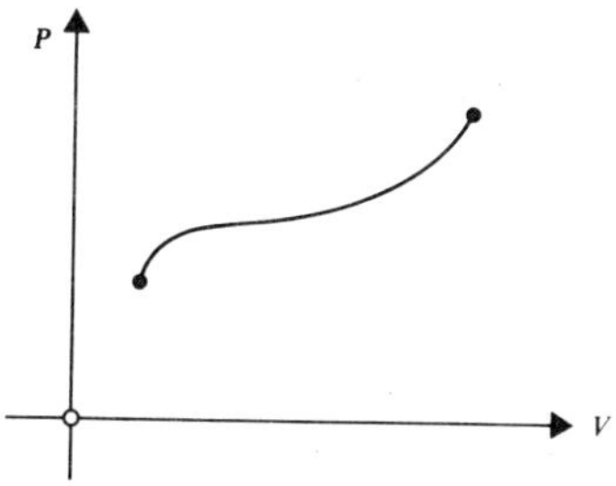

Abb. 9.16 $(V-p)$-Diagramm

Temperatur können durch eine Kurve miteinander verbunden werden, die *Isotherme* heißt.

Der Begriff der Arbeit in der Thermodynamik entspricht exakt demjenigen der Mechanik. Ein System sei durch die Zustandsgrößen $p - V - T$ charakterisiert. Wird das Volumen V um den Betrag $\mathrm{d}V$ bei konstanter Temperatur vergrößert, dann muß die folgende Arbeit geleistet werden

$$\mathrm{d}A = p \cdot \mathrm{d}V\,. \tag{9.58}$$

Wir stellen uns das Zustandekommen der Formel (9.58), die für jedes beliebig geformte Volumen gilt, am einfachsten mit der Arbeitsleistung für die Verschiebung eines Kolbens um den Betrag $\mathrm{d}s$ vor (dargestellt in Abb. 9.17).

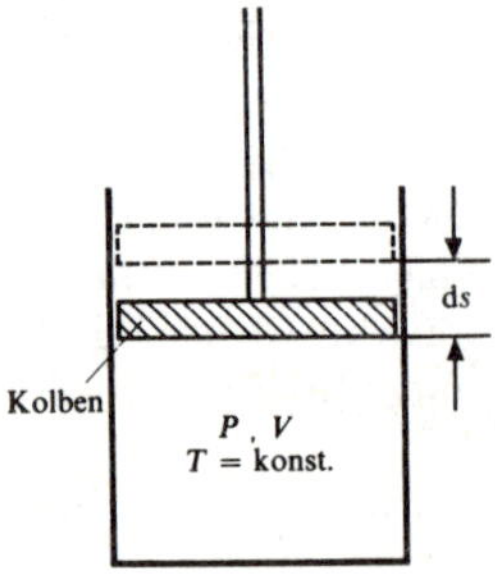

Abb. 9.17 Arbeitsleistung zur Verschiebung des Kolbens um d*s*

Ist die Kolbenfläche F, so ist die zu leistende Arbeit $\mathrm{d}A$

$$\mathrm{d}A = p \cdot F \cdot \mathrm{d}s\,. \tag{9.59}$$

Da aber $F \cdot \mathrm{d}s = \mathrm{d}V$, also gleich der Volumenänderung ist, folgt daraus die Beziehung (9.58). Wird das Volumen von V_1 auf V_2 vergrößert, so ist die Arbeitsleistung A gleich dem Integral

$$A = \int_{V_1}^{V_2} p \cdot \mathrm{d}V\,. \tag{9.60}$$

Dieses Integral wird im $(V - p)$-Diagramm in Abb. 9.18 durch die schraffierte Fläche dargestellt.

Besonders wichtig sind Transformationen, bei denen Anfangs- und Endzustand identisch sind, dargestellt durch eine geschlossene Kurve im $(V - p)$-Diagramm, (Abb. 9.19).

Solche Transformationen heißen *zyklische Zustandsänderungen* oder *Kreisprozesse* (engl. cyclical transformations oder cycles).

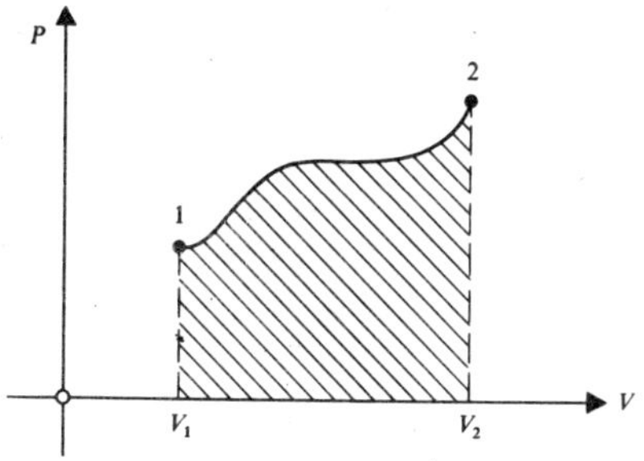

Abb. 9.18 Darstellung der geleisteten Arbeit als Fläche im $(V-p)$-Diagramm

Die Arbeit zur Änderung des Volumens von V_A auf V_B ist gegeben durch die Fläche, begrenzt durch die Kurve Γ_1, und die Arbeitsleistung, um V_B wieder zurück zum Volumen V_A zu bringen gleich der Fläche, begrenzt durch die Kurve Γ_2, wenn wir im Uhrzeigersinn vorgehen. Die resultierende Arbeit zur Durchführung, dieses Zyklus im Uhrzeigersinn ist also gleich der eingeschlossenen Fläche, (in Abb. 9.19 schraffiert)

$$A = \int_{V_A(\Gamma_1)}^{V_B} p \cdot \mathrm{d}V - \int_{V_B(\Gamma_2)}^{V_A} p \cdot \mathrm{d}V . \tag{9.61}$$

Führen wir diesen Zyklus im Gegenuhrzeigersinn durch, so wird die Arbeit negativ.

Erhöht sich die Temperatur T eines homogenen Systems um den Betrag ΔT, ohne daß das System Arbeit leisten muß, so sagt man: Das System hat *Wärme* ΔQ aufgenommen, und man schreibt

$$\Delta Q = C \cdot \Delta T . \tag{9.62}$$

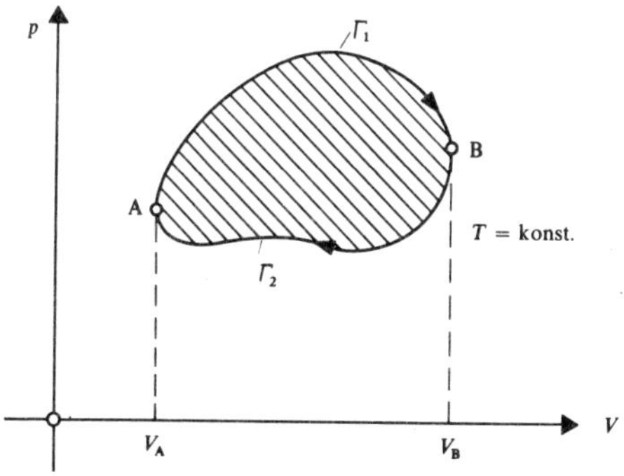

Abb. 9.19 $(V-p)$-Darstellung eines Zyklus

Man nennt die Proportionalitätskonstante C die *Wärmekapazität*, die von der speziellen Natur des Systems abhängt. Die *Wärmekapazität* je Masseneinheit oder je Mol einer Substanz nennt man die *spezifische Wärme* (engl. specific heat).

Für ein vorgegebenes ΔT kann die Wärmeaufnahme ΔQ je nach der Art der Erwärmung des Systems verschiedene Werte annehmen, d. h. daß die spezifische Wärme von der Erwärmungsart abhängt.

Erfolgt die Wärmezufuhr bei konstantem Volumen, so schreibt man für die Wärmekapazität C_v resp. für die spezifische Wärme c_v

$$V = \text{konst} : c_v \,.$$

Wird dem System bei konstantem Druck Wärme zugeführt, schreibt man C_p bzw. c_p

$$p = \text{konst} : c_p \,.$$

Die Dimension der spezifischen Wärme ist nach (9.62)

$$\dim c = \frac{\text{Wärmemenge}}{\text{Masse} \cdot \text{Temperatur}} \,. \tag{9.63}$$

Die Wärmemenge stellt eine Energie dar. Aus historischen Gründen benutzt man jedoch eine eigene Einheit, die *Kalorie*, nach folgender Definition:

cgs: **Man nennt die Wärmemenge, die 1 Gramm Wasser von 14,5 °C auf 15,5 °C erwärmt, eine Kalorie (1 cal).**

Die Einheit der spezifischen Wärme ist demnach

$$[c] = \frac{\text{cal}}{\text{g} \cdot \text{Grad}} \,.$$

1000 cal nennt man auch 1 kcal. Die spezifische Wärme bei 15° C des Wassers ist definitionsgemäß

$$c_{H_2O} = 1 \, \frac{\text{cal}}{\text{g} \cdot \text{Grad}} \,.$$

Im MKS-System merken wir uns: 1 cal = 4,184 Joule[1].

In Tabelle 9.1 sind Werte von spezifischen Wärmen für einige Elemente als Beispiele aufgeführt.

---

[1] In der International Steam Table ist der Wert etwas verschieden:

$$1 \, \text{cal}_{(\text{Int})} = 4{,}1868 \text{ Joule}$$

Tabelle 9.1

Element	C $\frac{\text{cal}}{\text{g} \cdot \text{Grad}}$
Mg	0,24
Si	0,17
Fe	0,11
Ag	0,056

In der Chemie gebraucht man häufig den Begriff *Atomwärme* C_A oder *Molwärme* und versteht darunter die Wärmemenge, die man benötigt, um ein Grammatom bzw. Mol um 1 °C zu erwärmen. Sei A das Atom- bzw. Molekulargewicht, so ist

$$C_A = c \cdot A \,. \tag{9.64}$$

Es gibt eine empirische *Regel von Dulong-Petit*, die aussagt, daß innerhalb eines gewissen Temperatur-Intervalles die Atomwärmen aller Elemente nahezu denselben Wert von

$$6 \frac{\text{cal}}{\text{g} - \text{Atom} \cdot \text{Grad}}$$

besitzen.

Ist ein System so groß, daß jede Zufuhr oder Entnahme einer endlichen Wärmemenge seine Temperatur nicht ändert, so nennt man es auch *Wärmespeicher* oder *Wärmereservoir* (engl. volume reservoir oder heat reservoir).

Ein wichtiges, idealisiertes thermodynamisches System ist das sogenannte *ideale Gas. In hinreichend großer Verdünnung verhalten sich alle Gase experimentell gleich.* Wird die Zustandsgleichung

$$f(p, V, T) = 0$$

eines Gases durch die Boyle-Mariotte-Gay-Lussacsche Gleichung

$$p \cdot V = N \cdot kT \tag{9.65}$$

(wobei $k = 1{,}38 \cdot 10^{-23}$ Joule/Grad ist)
beschrieben, so nennen wir ein solches Gas ideal. Diese Zustandsgleichung (9.65) kann zur Definition einer Temperaturskala benutzt werden.

Wir bestimmen experimentell die Größe

$$\frac{p \cdot V}{N}$$

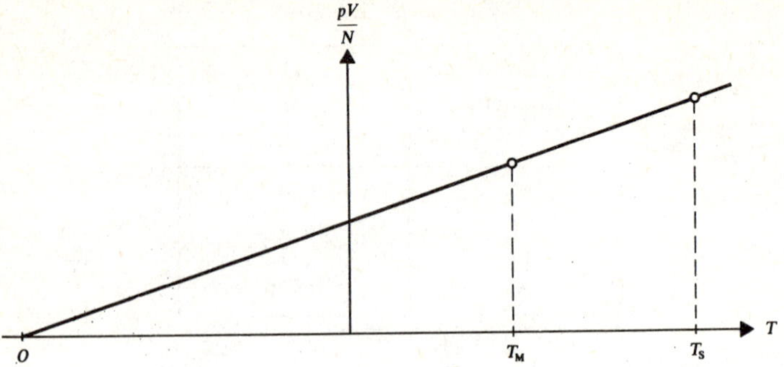

Abb. 9.20 **Definition einer Temperaturskala durch das ideale Gas**

eines idealen Gases am Gefrierpunkt T_M und am Siedepunkt T_S von Wasser und tragen diese beiden Punkte in einem $\left(T - \frac{pV}{N}\right)$-Diagramm ein (nach Abb. 9.20).

Verbinden wir diese beiden Punkte durch eine Gerade, so ergibt der Schnittpunkt dieser Geraden mit der Abszisse den Nullpunkt. Die Intervalle der Temperaturskala zwischen T_M und T_S sind so gewählt, daß dieses in 100 gleiche Teile zerfällt. Die so erhaltene Temperaturskala wird nach Lord Kelvin (°K) benannt. In der Physik wird fast ausschließlich diese Kelvinskala benutzt. In der Technik und im täglichen Leben wird die Celsiusskala und in angelsächsischen Ländern (inkl. den USA) die Fahrenheitskala benutzt. In Tabelle 9.2 sind die drei Fixpunkte der verschiedenen Skalen aufgeschrieben.

Tabelle 9.2

Skala	Absoluter Nullpunkt	Gefrierpunkt von Wasser	Siedepunkt von Wasser
Kelvin	0 °K	273,16 °K	373,16 °C
Celsius	– 273,16 °C	0 °C	100 °C
Fahrenheit	– 460 °F	+ 32 °F	212 °F
Réaumur	– 218,5 °R	0 °R	80 °R
Rankine	0 °Rk	492 °Rk	672 °Rk

Der kuriosen Vollständigkeit halber, haben wir auch die beiden Skalen nach Réaumur und Rankine in die Tabelle aufgenommen. Vor allem auf dem Lande kann man noch oft Thermometer, die in

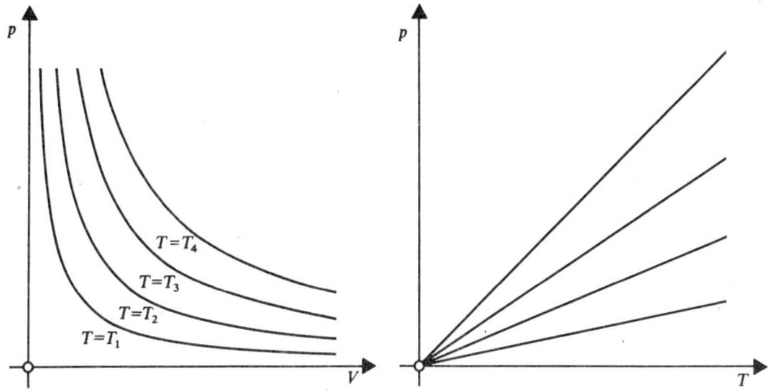

Abb. 9.21 (pV)- und (pT)-Diagramme eines idealen Gases

Réaumur-Graden geeicht sind, antreffen. Die Rankine-Skala wird in den USA und Großbritannien noch oft in technischen Angaben benutzt.

Einige wichtige international vereinbarte Fixpunkte der Kelvin-Temperaturskala sind:

normaler Siedepunkt von Sauerstoff	90,18 °K,
Tripelpunkt von Wasser	273,16 °K,
normaler Schmelzpunkt von Zink	692,66 °K,

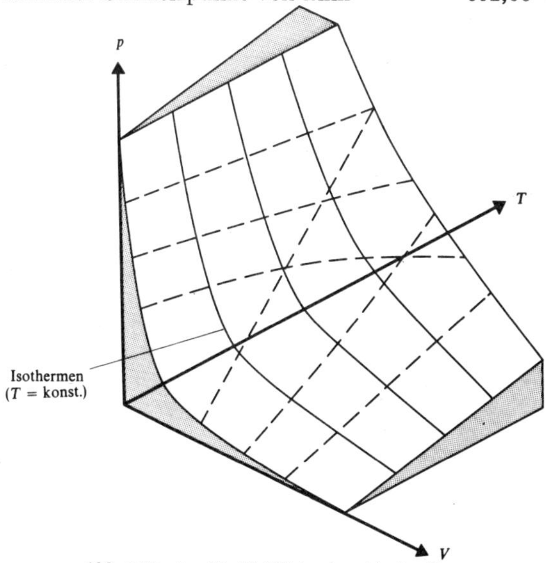

Abb. 9.22 $(p-V-T)$-Fläche eines idealen Gases

normaler Schmelzpunkt von Antimon	903,65 °K,
normaler Schmelzpunkt von Silber	1233,95 °K,
normaler Schmelzpunkt von Gold	1336,15 °K.

Bestimmen wir für ein ideales Gas experimentell das $(V - p)$-Diagramm, indem wir T als Parameter betrachten, sowie das $(T - p)$-Diagramm mit V als Parameter, so erhalten wir die in Abb. 9.21 gezeichneten Kurven.

Konstruieren wir aus diesen beiden Projektionen die $(p - V - T)$-Fläche im dreidimensionalen Raum, falls wir die Fertigkeit aus der Vorlesung über Darstellende Geometrie nicht ganz verlernt haben, so erhalten wir eine hyperbolische Fläche, dargestellt in Abb. 9.22.

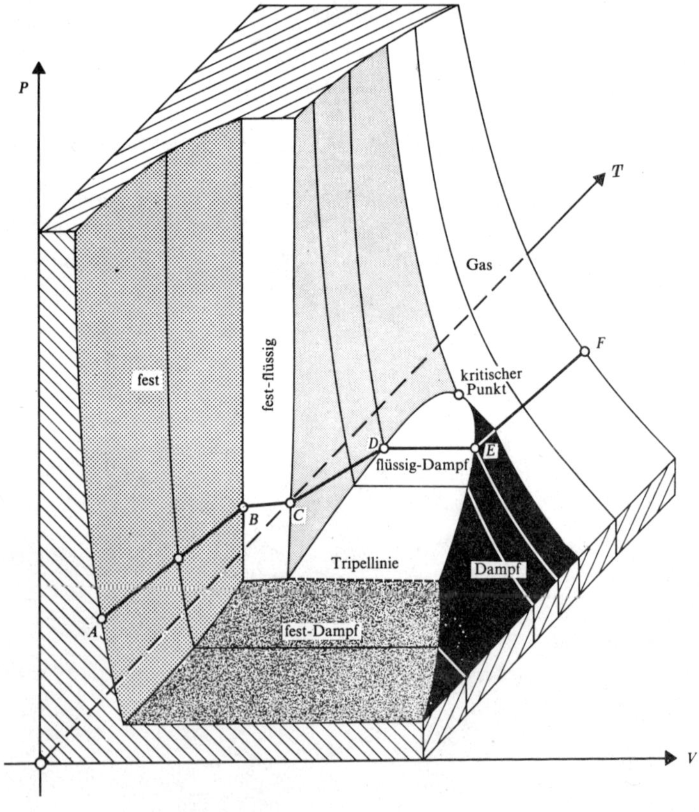

Abb. 9.23 $(p - V - T)$-Fläche einer realen Substanz [nach SEARS und ZEMANSKY]

Jeder Punkt dieser Fläche entspricht einem Gleichgewichtszustand des idealen Gases. Es gibt keinen Gleichgewichtszustand des Gases, der durch einen anderen als auf der Fläche liegenden Punkt dargestellt wird. Die ausgezogenen Hyperbeln stellen die Beziehung $p = p(V)$ für T = konst dar und heißen Isothermen.

Reale Substanzen approximieren das Verhalten eines idealen Gases nur bei hinreichend niedrigem Druck und genügend hoher Temperatur. Wird die Temperatur einer Substanz erniedrigt und/oder der Druck erhöht, geht sie von der Gasphase in die flüssige Phase oder feste Phase über. In Abb. 9.23 ist ein Beispiel einer $(p - V - T)$-Fläche einer realen Substanz stark übertrieben dargestellt.

Verfolgen wir den Zustand dieser Substanz längs einer der beliebig gewählten Linien $A\ B\ C\ D\ E\ F$. Erwärmen wir die Substanz und halten den Druck konstant, so liegen die Zustandspunkte auf der Strecke $\overline{AB}$, daher vergrößert sich das Volumen. Im Punkte B beginnt die Substanz zu schmelzen, dabei vergrößert sich das Volumen stark, ohne daß die Temperatur merklich steigt. In den Zuständen auf der Strecke $\overline{BC}$ existieren feste und flüssige Phase nebeneinander. Im Punkte C ist alle Substanz geschmolzen, und wir haben die reine Flüssigkeit entsprechend den Zuständen längs $\overline{CD}$. Im Punkte D beginnt das Verdampfen. Bei gleichbleibender Temperatur haben wir längs $\overline{DE}$ die flüssige und Dampfphase nebeneinander, wobei das Volumen stark zunimmt. Im Punkte E ist alle Flüssigkeit verdampft, und die Temperatur beginnt wieder zuzunehmen, und der Dampf bzw. das Gas dehnen sich weiter aus.

Die flüssige und gasförmige Phase können nur nebeneinander existieren, wenn die Temperatur und der Druck kleiner sind als die Werte am sogenannten *kritischen Punkt*. Die zu diesem Punkt gehörigen T-, p-, V-Werte heißen

	kritische Temperatur	T_c,
	kritischer Druck	p_c
und	*kritisches Volumen*	V_c.

Eine Unterscheidung zwischen Dampf und Gas ist physikalisch nicht notwendig, praktisch wird der Ausdruck Dampf jedoch häufig gebraucht für ein Gas, dessen Temperatur T unterhalb der kritischen Temperatur liegt. Oft wird Dampf auch verwendet für ein Gas, das sich im Gleichgewicht mit seiner flüssigen Phase befindet, sogenannter gesättigter Dampf (engl. saturated vapor). Betrachten wir die Übertragung der Fläche von Abb. 9.23 auf die $(T - p)$-Ebene, so erhalten wir die Darstellung in Abb. 9.24.

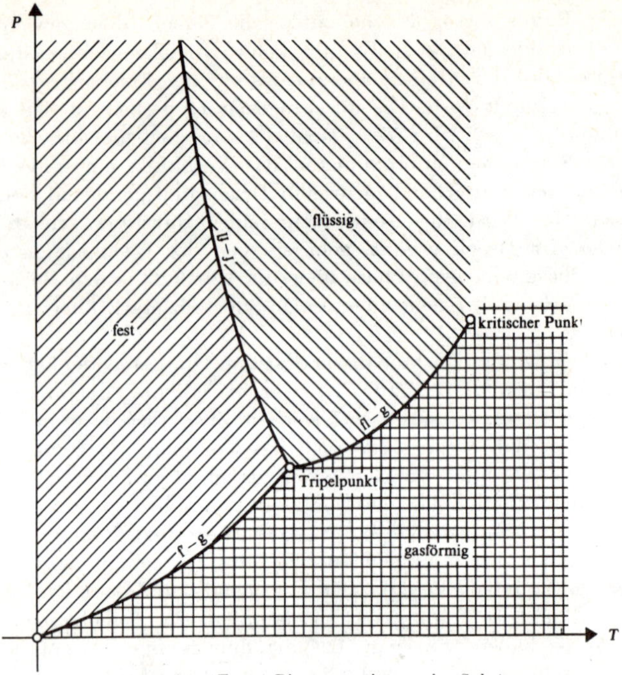

Abb. 9.24 (T — p)-Diagramm einer realen Substanz

Zustände, die durch Punkte auf den eingezeichneten Linien dargestellt werden, sind solche, bei denen zwei Phasen nebeneinander existieren. Auf der Strecke f — g ist die feste Phase neben der gasförmigen Phase existent, f — g stellt daher auch die Abhängigkeit des *Sublimationspunktes* von der Temperatur dar. Zustände auf der Strecke f — fl entsprechen der Koexistenz von festem und flüssigem Zustand, und die Kurve f — fl gibt die Abhängigkeit des Schmelzpunktes von der Temperatur wieder. Die Strecke fl — g stellt die Abhängigkeit des Siedepunktes von der Temperatur dar. Der *Tripelpunkt* entspricht dem Zustand, in dem alle drei Phasen nebeneinander existieren. Es gibt also nur ein Temperatur-Druck-Paar, für welche die gasförmige, flüssige und feste Phase nebeneinander im Gleichgewicht existieren. In Tabelle 9.3 sind einige Tripelpunkte aufgeführt.

Projizieren wir die (p — V — T)-Fläche der Abb. 9.23 auf die (V — p)-Ebene, erhalten wir die in Abb. 9.25 gezeichneten Kurven. Längs der Tripellinie koexistieren die beiden Mischphasen fest-gasförmig und flüssig-gasförmig für den Tripelpunktdruck p_{Tp}.

Tabelle 9.3

Substanz	Temperatur am Tripelpunkt °K	Druck am Tripelpunkt mm Hg
He^4	2,186	38,3 (λ-Pkt.)
Ne	24,56	323,5
Ar	83,81	516,86
Xe	161,37	612,2
N_2	63,18	94,0
CO_2	216,55	3885
H_2O	273.16	4,58

Da am Helium gewisse Quanteneffekte direkt makroskopisch beobachtet werden können, ist He eine besonders interessante Substanz. Die Zustandsflächen von He^4 sind deshalb in Abb. 9.26

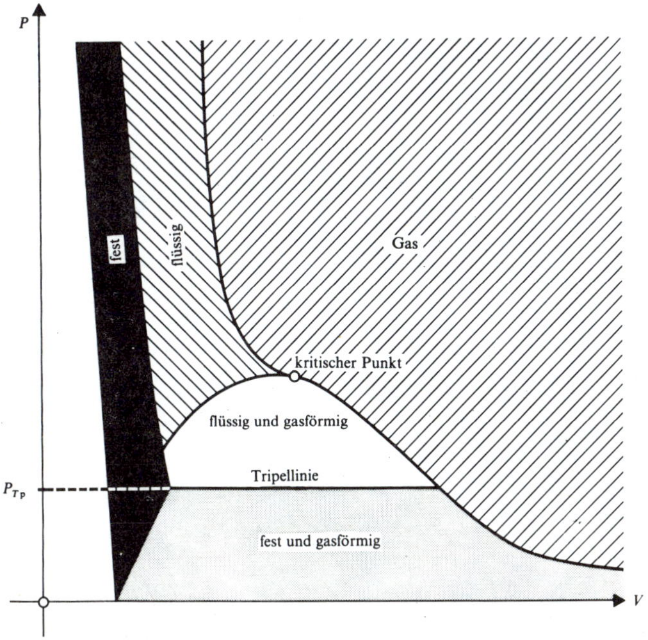

Abb. 9.25 $(V-p)$-Diagramm einer realen Substanz

dargestellt. Die beiden hervorstechendsten Eigenschaften erkennt man aus der Abbildung:

1. Helium hat keinen Tripelpunkt, in dem die drei Phasen nebeneinander existieren, da es zwei verschiedene flüssige Phasen, He I und He II gibt. In gewissem Sinne kann man von *zwei* Tripelpunkten sprechen. Im ersten, dem sogenannten *λ-Punkt* sind die beiden Flüssigkeiten He I und He II mit der gasförmigen Phase im Gleichgewicht, und im oberen Tripelpunkt sind die beiden flüssigen Phasen mit dem festen Helium koexistent.

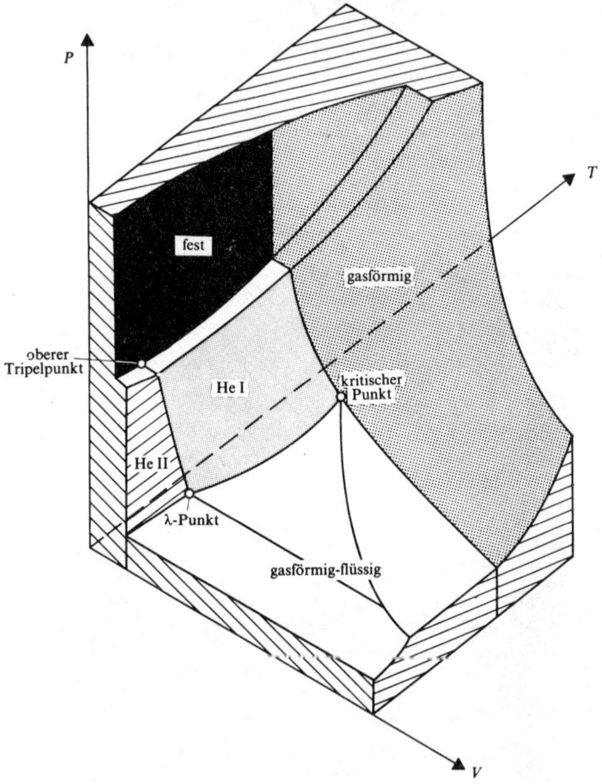

Abb. 9.26 Zustandsflächen von He^4 [nach SEARS und ZEMANSKY]

2. He^4 bleibt flüssig bis beliebig nahe am absoluten Nullpunkt. Um festes Helium zu erhalten, muß bei höheren

Drücken gearbeitet werden (ca. 30 at.). In der Literatur findet man meistens das $(T - p)$-Diagramm, also die Projektion der $(p - V - T)$-Flächen von Abb. 9.26 auf die $(T - p)$-Ebene, wiedergegeben in Abb. 9.27.

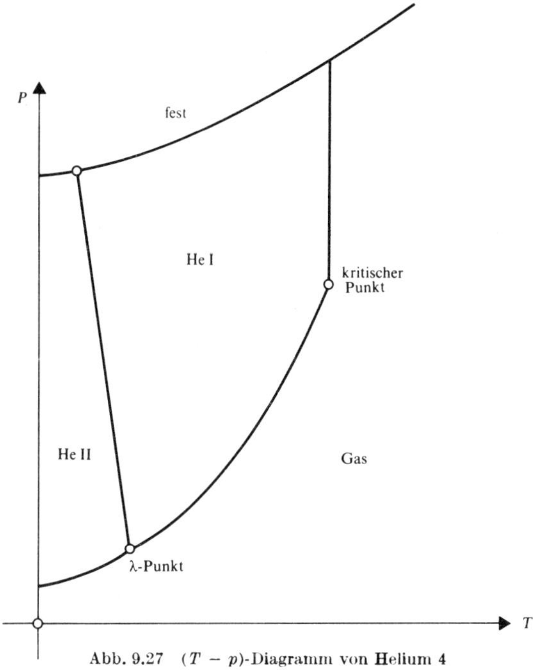

Abb. 9.27 $(T - p)$-Diagramm von Helium 4

Weitere Literatur über Helium:

W. H. Kesom, Helium, Elsevier Press, 1959;
K, R, Atkins, Liquid Helium, Cambridge Univ. Press, N. Y. 1959;
C. T. Lane, Superfluid Physics, McGraw Hill, N. Y. 1962.

9.6 *Thermodynamische Funktionen*

In der Thermodynamik wird die funktionelle Abhängigkeit einer Zustandsgröße oft nicht durch Angabe der expliziten Funktion $f(p, V, T)$, sondern durch ihren differentiellen Zuwachs[1] ausge-

[1] Zustandsvariable sind *vollständige* Differentiale. Es ist für den Anfang zweckmäßig die folgenden Bezeichnungen zu verwenden:
δ: differentielle Änderungen d: vollständiges Differential Δ: Differenz.

drückt. Betrachten wir ein beliebiges thermodynamisches System, das eine Zustandsänderung erfährt, z. B. sei ΔQ die vom System aufgenommene Wärmemenge (Energie). Dabei werden vom System die Arbeit ΔA geleistet. Die Differenz bezeichnen wir mit ΔU

$$\Delta U = \Delta Q - \Delta A . \tag{9.66}$$

Für alle Zustandsänderungen zwischen einem gegebenen Anfangszustand und einem gegebenen Endzustand ist die durch (9.66) definierte Größe ΔU gleich. D. h.: Bilden wir das Integral

$$\int_A^B \Delta U ,$$

so ist dieses Integral unabhängig vom Integrationsweg und hängt nur von den Integrationsgrenzen A und B ab. Dies ist lediglich eine andere Formulierung des Energieerhaltungssatzes und heißt „*Erster Hauptsatz der Thermodynamik*“ [1].

Diese neue Größe ΔU heißt *innere Energie* (engl. internal energy).

Betrachten wir eine infinitesimale Zustandsänderung, so fordert der 1. Hauptsatz, daß die jetzt als Differential geschriebene Diffezen-Beziehung (9.66) ein totales Differential sei, also

$$\mathrm{d}U = \delta Q - \delta A . \tag{9.67}$$

Dazu müssen wir uns an die Definition eines totalen Differentials aus der Mathematikvorlesung erinnern.

Es sei

$$\mathrm{d}Y = g\,(x\,y)\,\mathrm{d}x + h\,(x\,y)\,\mathrm{d}y \tag{9.68}$$

gegeben. $\mathrm{d}Y$ nennt man dann ein totales Differential, wenn die folgende Beziehung für die partiellen Ableitungen gilt

$$\frac{\partial g}{\partial y} = \frac{\partial h}{\partial x} . \tag{9.69}$$

Beweis: Definitionsgemäß ist

$$\begin{aligned} \mathrm{d}Y &= Y(x + \mathrm{d}x, y + \mathrm{d}y) - Y(x\,y) \\ &= \frac{\partial Y}{\partial x}\mathrm{d}x + \frac{\partial Y}{\partial y}\mathrm{d}y . \end{aligned} \tag{9.70}$$

Soll die Funktion Y durch die beiden Funktionen $g\,(x\,y)$ und $h\,(x\,y)$ beschrieben werden, dürfen diese nicht beliebig gewählt werden, denn durch einen Vergleich von (9.70) mit (9.68) folgt

[1] Die ersten Ansätze zum Energieerhaltungssatz in der Thermodynamik verdanken wir dem Grafen RUMFORD (der den Münchnern kein Unbekannter war), als er über die Wärmeentwicklung beim Bohren von Messingrohren für Kanonen nachdachte.

$$g\,(x\,y) = \frac{\partial Y}{\partial x} \tag{9.71}$$

und

$$h\,(x\,y) = \frac{\partial Y}{\partial y}\,. \tag{9.72}$$

Daraus folgt aber

$$\frac{\partial g}{\partial y} = \frac{\partial h}{\partial x}$$

also die Bedingung (9.69) q. e. d.

Überlegen wir uns einige Konsequenzen aus der Tatsache, daß dU ein totales Differential ist: Betrachten wir ein thermodynamisches System, beschrieben durch die Zustandsfläche

$$f\,(p, V, T)\,.$$

Je zwei dieser drei Veränderlichen kann man als unabhängige Variable betrachten, z. B. die innere Energie als Funktion von Druck und Volumen

$$U = U\,(p, V)\,. \tag{9.73}$$

Nach (9.70) ist das totale Differential dU gegeben durch

$$\mathrm{d}U = \left(\frac{\partial U}{\partial p}\right)_{V = \mathrm{const}} \cdot \mathrm{d}p + \left(\frac{\partial U}{\partial V}\right)_{p = \mathrm{const}} \cdot \mathrm{d}V\,^{1}\,. \tag{9.74}$$

Die Forderung (9.69) führt mit (9.74) zu folgender Beziehung

$$\frac{\partial}{\partial V}\left[\left(\frac{\partial U}{\partial p}\right)_V\right]_p = \frac{\partial}{\partial p}\left[\left(\frac{\partial U}{\partial V}\right)_p\right]_V\,. \tag{9.75}$$

Man kann mit Hilfe der Beziehung (9.75) eine Reihe von Gleichungen herleiten, die für spezielle Prozesse sehr nützlich, jedoch unpraktisch sind, da die partiellen Ableitungen der direkten Messung nicht zugänglich sind. Eine wichtige Aufgabe der Thermodynamik ist es, dafür nützlichere Formen zu finden.

Wir wollen hier zu dem überschaubar einfachen idealen Gas zurückkehren und dessen Änderung der inneren Energie U bei verschiedenen Bedingungen untersuchen. Dazu stellen wir in einem (V — p)-Diagramm (Abb. 9.28) zwei Isotherme für die Temperaturen T und $T + \mathrm{d}T$ dar.

Die innere Energie U eines idealen Gases hängt nur von der Temperatur ab (Joule-Thomson). Die beiden in Abb. 9.28 gezeichneten Isothermen sind daher auch Kurven konstanter innerer Ener-

[1] Statt $(\;)_{V=\mathrm{const}}$, schreibt man kurz $(\;)_V$ bzw. $(\;)_p$

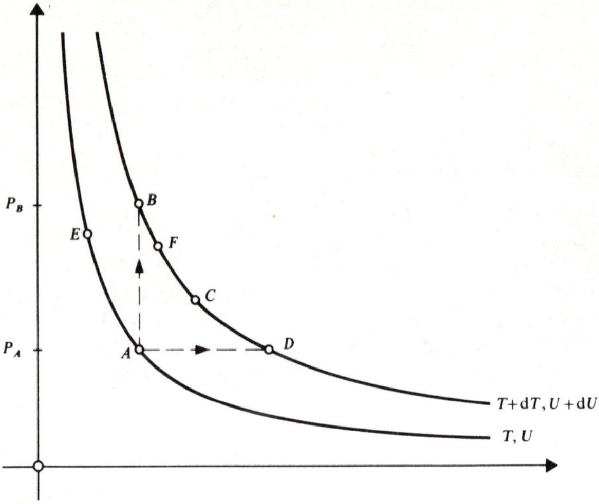

Abb. 9.28 Isotherme eines idealen Gases

gie. Ändern wir den Zustand des idealen Gases von einem beliebigen Punkt der Isotherme $T = \text{const}$, $U = \text{const}$ zu einem beliebigen Punkt auf der (zweiten gezeichneten) Isotherme $T + \mathrm{d}T = \text{const}$, $U + \mathrm{d}U = \text{const}$, z. B. $A \to B$, $A \to C$, $A \to D$, $E \to C$, $E \to F$ usw., so ist die Änderung der inneren Energie $\mathrm{d}U$ für alle diese Prozesse identisch.

Betrachten wir zuerst den Prozeß $A \to B$:

Da die Thermodynamik eine Lehre von technisch durchführbaren Operationen ist, überlegt man sich bei jedem Prozeß, welche experimentellen Manipulationen dazu notwendig sind. Für unseren

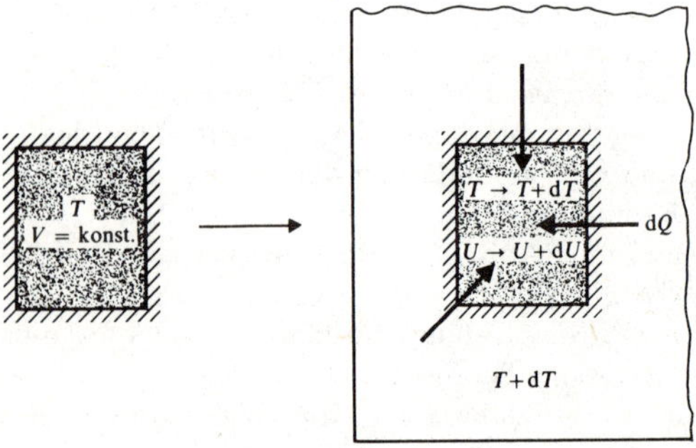

Abb. 9.29 Operative Darstellung des Prozesses $A \to B$

Prozeß $A \to B$ bringen wir unser ideales Gas der Temperatur T in einem Gefäß mit festen Wänden (V = konst) in ein (hinreichend großes) Bad der Temperatur $T + \mathrm{d}T$ (nach Abb. 9.29).

Die Temperatur des Gases steigt auf $T + \mathrm{d}T$, dabei fließt ein Wärmestrom δQ vom Bad ins Gas. Dieser Wärmestrom ist nach der Definition (9.62) bei konstantem Volumen gleich dem folgenden Ausdruck

$$\delta Q = N \cdot c_v \cdot \mathrm{d}T\,, \tag{9.76}$$

wobei N die Anzahl der Gasmoleküle bedeutet.

Während dieser Operation steigt der Druck des Gases nach Abb. 9.28 von p_A auf p_B.

Das Gas leistet keine Arbeit, da bei diesem Prozeß das Volumen konstant bleibt, also $\mathrm{d}V = 0$ ist. Daher gilt

$$\delta A = p \cdot \mathrm{d}V = 0\,.$$

Nach dem ersten Hauptsatz (9.67) wird deshalb

$$\mathrm{d}U = \delta Q - \delta A = \mathrm{d}Q - 0$$

und damit nach Gleichung (9.76)

$$\mathrm{d}U = N \cdot c_v\,\mathrm{d}T\,. \tag{9.77}$$

Diese Beziehung ist für alle Prozesse zwischen Isothermen gültig, selbst wenn der Druck nicht konstant bleibt. Wir werden im folgenden davon Gebrauch machen.

Als nächsten Schritt untersuchen wir den Prozeß $A \to D$:
Da bei diesem Vorgang das Volumen von V_A auf V_D vergrößert wird, benutzen wir dazu ein Gefäß mit einem Kolben nach Abb. 9.30.

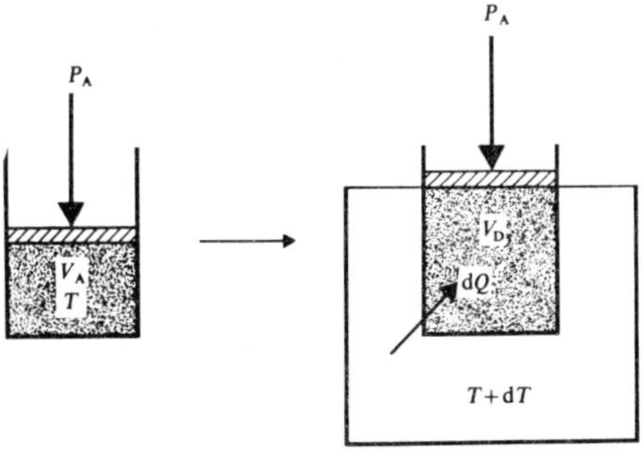

Abb. 9.30 Apparative Darstellung des Prozesses $A \to D$

Der Druck p_A bleibt dabei konstant. Die Wärmemenge δQ fließt in das Gas und ist nach der Definition der spezifischen Wärme c_p bei konstantem Druck gleich

$$\delta Q = N\, c_p\, \mathrm{d}T\,. \tag{9.78}$$

Die Arbeit, die das Gas dabei leistet, da es sich um das Volumen $\mathrm{d}V = V_D - V_A$ vergrößert, kann nach (9.58) folgendermaßen geschrieben werden

$$\delta A = p \cdot \mathrm{d}V\,. \tag{9.79}$$

Da p bei diesem Prozeß konstant bleibt, folgt aus der Zustandsgleichung für ideale Gase (9.65)

$$p \cdot V = N \cdot R \cdot T\,, \tag{9.80}$$

worin R die ideale Gaskonstante bedeutet,

$$p \cdot \mathrm{d}V = N \cdot R \cdot \mathrm{d}T \tag{9.81}$$

und mit (9.97)

$$\delta A = N \cdot R \cdot \mathrm{d}T\,. \tag{9.82}$$

Schreiben wir den ersten Hauptsatz der Thermodynamik an, indem wir für δQ den Wert aus (9.78), für $\mathrm{d}U$ den aus (9.77) und für δA denjenigen von (9.82) einsetzen, so ergibt sich aus

$$\mathrm{d}U = \delta Q - \delta A$$

die Beziehung

$$N\, c_v\, \mathrm{d}T = N\, c_p\, \mathrm{d}T - N\, R\, \mathrm{d}T\,, \tag{9.83}$$

oder nach Division mit $N \cdot \mathrm{d}T$

$$c_p = c_v + R\,,$$

was wir uns in folgender Form einprägen wollen

$$\boxed{c_p - c_v = R\,.} \tag{9.84}$$

Die spezifische Wärme eines idealen Gases bei konstantem Druck ist um den Betrag der universellen Gaskonstante $R = 8{,}31\,\dfrac{\text{Joule}}{\text{Grad}}$ größer als die spezifische Wärme bei konstantem Volumen. Den Gebräuchen der Chemiker folgend werden die spezifischen Wärmen und R meistens in

$$\frac{\text{cal}}{\text{Mol} \cdot \text{Grad}} \quad \text{tabelliert,} \quad R = 1{,}99\,\frac{\text{cal}}{\text{Mol} \cdot \text{Grad}}$$

(vgl. Tabelle 9.4).

Tabelle 9.4

(nach Sears und Zemansky)

Gas	Molekültyp	c_p	c_v	$c_p - c_v$	(9.84 erfüllt)
Ar	einatomig	4,97	2,98	1,99	+
N_2	zweiatomig	6,95	4,96	1,99	+
CO	zweiatomig	6,97	4,98	1,99	+
CO_2	dreiatomig	8,83	6,80	2,03	—
H_2S	dreiatomig	8,27	6,2	2,1	—

Wir erkennen aus diesen Zahlenangaben, daß die Beziehung (9.84) auch für ein- und zweiatomiges reales Gas bei hinreichend kleinem Druck gut erfüllt ist. Da drei- und mehratomige Gase wesentlich höhere Tripelpunkte besitzen, zeigen sie deshalb eine größere Abweichung vom Verhalten idealer Gase.

Wir wollen nun Zustandsänderungen eines idealen Gases untersuchen, bei denen die Zufuhr oder Abgabe von Wärme verhindert wird

$$\delta Q = 0 . \tag{9.85}$$

Nach dem ersten Hauptsatz muß daher

$$\delta A = -\,\mathrm{d}U \tag{9.86}$$

$$\text{und } \delta A \to \mathrm{d}A$$

sein, d. h. eine Arbeitsleistung muß auf Kosten der inneren Energie U geschehen. Mit den Beziehungen (9.79), (9.82) und (9.77) folgt aus (9.86)

$$c_v\,\mathrm{d}T + R\,\mathrm{d}T = 0$$

oder

$$c_v\,\mathrm{d}T + p\,\mathrm{d}V = 0 . \tag{9.87}$$

Setzen wir anstelle von p den Wert der Boyle-Mariotte-Gay-Lussac-Gleichung

$$p = \frac{R \cdot T}{V},$$

so wird aus (9.87)

$$c_v\,\mathrm{d}T + \frac{RT}{V}\,\mathrm{d}V = 0 \tag{9.88}$$

oder nach Separation der Variablen

$$\frac{\mathrm{d}T}{T} + \frac{R}{c_v}\frac{\mathrm{d}V}{V} = 0 . \tag{9.89}$$

Durch Integration von (9.89) erhalten wir

$$\ln T + \frac{R}{c_v} \ln V = \text{const}\,, \tag{9.90}$$

oder

$$T \cdot V^{R/c_v} = \text{const}\,. \tag{9.91}$$

Berücksichtigen wir die Beziehung (9.84)

$$c_p - c_v = R$$

und setzen für das Verhältnis

$$\frac{c_p}{c_v} = \varkappa\,, \tag{9.92}$$

so folgt aus Gleichung (9.91)

$$T \cdot V^{\varkappa - 1} = \text{const}\,. \tag{9.93}$$

Man nennt (9.93) oft auch die *Adiabatengleichung*, da man einen Prozeß, bei dem $\delta Q = 0$ ist, einen *adiabatischen* nennt.

Wegen der idealen Gasgleichung

$$R \cdot T = p \cdot V\,,$$

oder anders geschrieben

$$T = \text{const}\, p \cdot V\,,$$

muß laut (9.93) auch die folgende sogenannte *adiabatische Zustandsgleichung* gelten

$$p \cdot V^{\varkappa} = \text{const} \tag{9.94}$$

Bei adiabatischer Ausdehnung fällt der Druck stärker als bei der isothermen Ausdehnung, weil gleichzeitig auch die Temperatur abnimmt. In Abb. 9.31 sind eine *Isotherme* und eine *Adiabate* in einem $(V - p)$-Diagramm schematisch aufgezeichnet.

Nach dem Energieerhaltungssatz ist die Konstruktion eines *perpetuum mobile* unmöglich. Technisch könnte man diesen Satz umgehen, wenn eine Maschine konstruiert würde, die ihren Energiebedarf aus nur einem einzigen Wärmereservoir deckt. Also z. B. ein elektrisches Kraftwerk, das seinen Energiebedarf aus dem Wärmeinhalt des Bodensees beziehen würde. Eine derartige Maschine heißt man ein *perpetuum mobile zweiter Art.*

Der geniale französische Ingenieur Sadi Carnot, der Begründer der Thermodynamik, analysierte solche Prozesse, indem er studierte, wie man eine Maschine theoretisch konstruieren muß, damit ihr Wirkungsgrad η maximal wird.

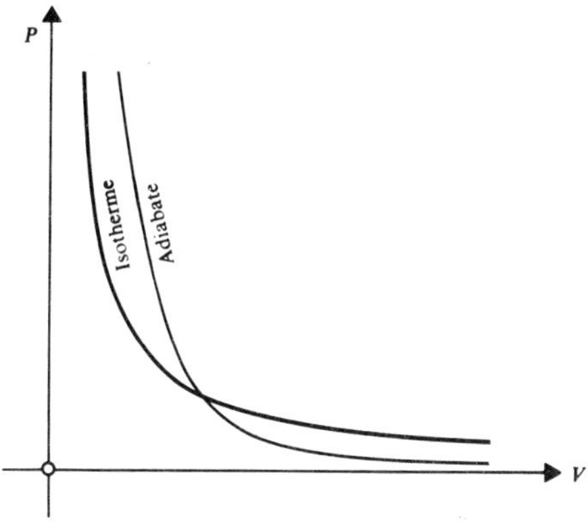

Abb. 9.31 Adiabate fällt im $(V - p)$-Diagramm stärker ab als Isotherme

CARNOT erkannte dabei, daß eine solche Maschine nicht existieren kann.

Es ist nicht möglich, eine periodisch arbeitende Maschine zu bauen, die Arbeit leistet und bei der nur ein Wärmereservoir abgekühlt wird.

Man nennt diese Aussage den *zweiten Hauptsatz der Thermodynamik*. CARNOT fand diesen Satz, bevor der erste Hauptsatz, der Energieerhaltungssatz, bekannt war.

CARNOT, Sadi (eigentlicher Vorname: Nicolas-Leonard-Sadi) (1796–1832), geboren in Paris als Sohn des Napoléon-Ministers und Mitbegründers der modernen Geometrie Lazare Carnot. Studierte an der berühmten Militärschule „École polytechnique" und trat nach Abschluß des Studiums als Ingenieur in den Militärdienst Frankreichs. Seinen grundlegenden Beitrag zur Thermodynamik veröffentlichte er unter dem Titel: „Réflexions sur la puissance motrice du feu". Carnot forderte darin eine Relation zwischen Wärme und Arbeit (Robert Mayers Arbeit erschien erst 1842). Er betrachtete die Wärme als Molekularbewegung. Mit nur 36 Jahren starb er als Opfer einer Cholera-Epidemie.

Sadi Carnot

Nur für Physiker:

Für die Physiker wollen wir das Maschinenmodell von Carnot, das einen Idealfall darstellt, kurz skizzieren:

Die Carnot-Maschine besteht aus einem Zylinder mit verschiebbarem Kolben. Der Zylinder enthalte z. B. 1 Mol eines idealen Gases. Dieser Behälter läßt sich nacheinander in Berührung bringen mit einem großen Wärmereservoir der Temperatur T_1 mit einem großen Wärmereservoir einer niedrigen Temperatur T_2 ($T_2 < T_1$), oder er läßt sich auch wärmeisoliert aufstellen.

Man führt mit dem eingeschlossenen Gas die folgenden vier Zustandsänderungen durch:

Schritt I

Der Zylinder wird mit dem Reservoir T_1 in Berührung gebracht. Das Gas nimmt die Temperatur T_1 an. Nun wird das Gas isotherm vom Volumen V_1 auf das Volumen V_2 gebracht.

Schritt II

Der Zylinder wird wärmeisoliert aufgestellt und das Gas adiabatisch auf das Volumen V_3 ausgedehnt. Dabei ändert sich die Temperatur von T_1 auf T_2.

Schritt III

Der Zylinder wird mit dem Reservoir T_2 in Kontakt gebracht und das Gas isotherm auf das Volumen V_4 komprimiert.

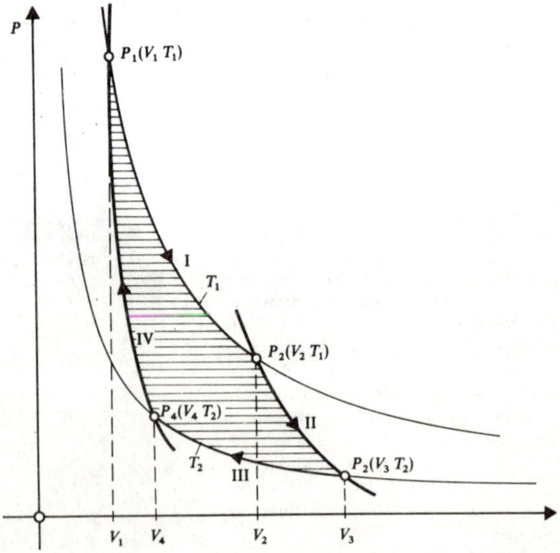

Abb. 9.32 Darstellung des Carnot-Kreisprozesses im ($V - p$)-Diagramm

Schritt IV

Der Zylinder wird wieder wärmeisoliert aufgestellt und das Gas adiabatisch vom Volumen V_4 auf das Volumen V_1 zurückgebracht. Die Temperatur ändert sich auf den Ausgangswert T_1.

Diese vier Operationen sind im $(V-p)$-Diagramm in Abb. 9.32 aufgezeichnet.

Dieser Kreisprozeß kann beliebig oft wiederholt werden. In der folgenden Tabelle 9.5 stellen wir die Buchhaltung der vier Einzelprozesse dar nach Gl. (9.79) und (9.80).

Tabelle 9.5

Schritt	Prozeß	Temperatur-änderung	Volumen-änderung	Nach außen geleistete Arbeit	Von den Reservoirs zugeführte Wärmemenge
I	Isotherme Ausdehnung	$T_1 = \text{konst}$	$V_1 \rightarrow V_2$	$RT_1 \cdot \ln \frac{V_2}{V_1}$	$RT_1 \ln \frac{V_2}{V_1}$
II	Adiabatische Ausdehnung	$T_1 \rightarrow T_2$	$V_2 \rightarrow V_3$	$c_v (T_1 - T_2)$	0
III	Isotherme Kompression	$T_2 = \text{konst}$	$V_3 \rightarrow V_4$	$-RT_2 \ln \frac{V_3}{V_4}$	$-RT_2 \ln \frac{V_3}{V_4}$
IV	Adiabatische Kompression	$T_2 \rightarrow T_1$	$V_4 \rightarrow V_1$	$c_v (T_2 - T_1)$	0

Die Bilanz ergibt daraus folgendes Bild:

Total gewonnene Arbeit:

$$A = R(T_1 - T_2) \ln \frac{V_2}{V_1}, \tag{9.95}$$

da

$$V_2^{R/c_v} \cdot T_1 = V_3^{R/c_v} \cdot T_2 \text{ und } V_4^{R/c_v}\, T_2 = V_1^{R/c_v}\, T_1$$

ist, folgt daraus

$$\frac{V_1}{V_2} = \frac{V_4}{V_3}.$$

Dem Wärmereservoir T_1 entnommene und verbrauchte Wärme:

$$Q_1 = R\, T_1 \ln \frac{V_2}{V_1}. \tag{9.96}$$

Dem Wärmereservoir T_2 unbenutzt zugeführte Wärme:

$$Q_2 = R\, T_2 \ln \frac{V_3}{V_4}. \tag{9.97}$$

Als Wirkungsgrad η dieser Idealmaschine von Carnot definiert man das Verhältnis der total gewonnenen Arbeit A zur verbrauchten Nutzwärme Q_1

$$\eta = \frac{A}{Q_1}\,. \tag{9.98}$$

Setzen wir die Werte (9.95) und (9.96) ein, so folgt

$$\eta = \frac{T_1 - T_2}{T_1}\,. \tag{9.99}$$

Beispiel:

Der Wirkungsgrad einer Dampfturbine mit der Eingangsdampftemperatur $T_1 = 500\,°\mathrm{K}$ und der Austrittstemperatur $T_2 = 350\,°\mathrm{K}$ wäre

$$\eta = \frac{500 - 350}{500} = 0{,}3 \quad \text{oder ca. } 30\,\% \,.$$

Die dem ersten Wärmereservoir entnommene Wärmemenge geht in unserem Beispiel nur zu 30 % in Arbeit über, während die restlichen 70 % unbenützt zum Wärmereservoir T_2 abgeleitet werden. Die Anforderungen an eine moderne Dampf-Turbine sind demnach kleine Endtemperatur T_2 oder/und möglichst hohe Eintrittstemperatur T_1 des Gases.

Ein Beispiel einer anderen Maschine, die zwischen zwei Temperaturen T_1 und T_2 arbeitet, ist ein Thermoelement, in dessen Stromkreis sich ein Elektromotor befindet (dargestellt in Abb. 9.33).

Die Arbeit A, welche der Motor nach außen leistet, stammt aus dem Wärmevorrat der beiden Reservoirs T_1 und T_2. Fließt ein Strom durch die Lötstellen des Thermoelements, so wird die eine Lötstelle abgekühlt und die andere erwärmt *(Peltier-Effekt)*.

Läßt man eine Carnot-Maschine rückwärts laufen, so erhält man eine Kältemaschine bzw. Wärmepumpe.

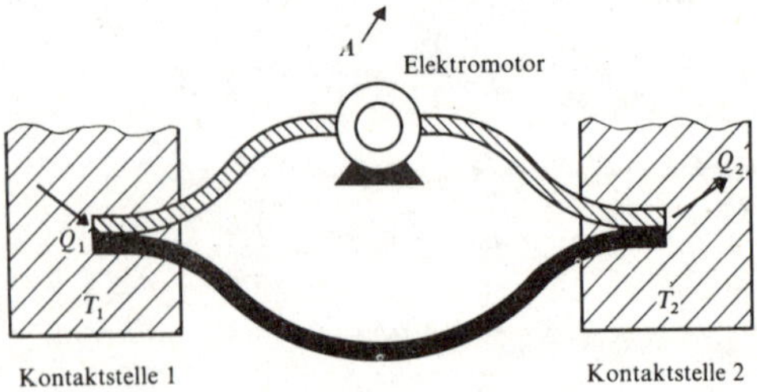

Abb. 9.33 Peltier-Effekt

Wir können die Aussage des zweiten Hauptsatzes nach CLAUSIUS und BOLTZMANN auch etwas anders fassen.

In der Natur gibt es Vorgänge, die von selbst ablaufen; nennen wir sie positive Prozesse. Zum Beispiel geht der Wärmeausgleich zwischen sich berührenden Körpern verschiedener Temperatur T_1 und T_2 von selbst vor sich (Abb. 9.34).

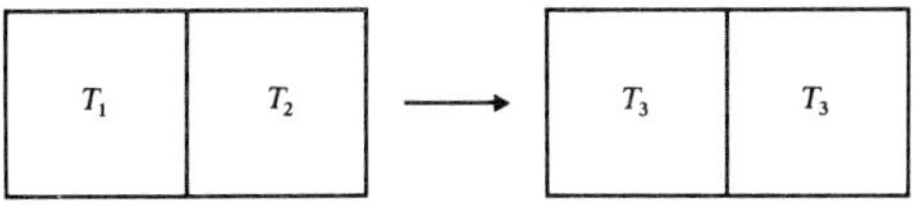

Abb. 9.34 Positiver Prozeß

Der umgekehrte Vorgang, bei welchem zwei sich berührende Körper gleicher Temperatur ohne äußere Wirkung verschiedene Temperaturen annehmen, ist äußerst unwahrscheinlich (kommt ca. alle

$$10^{10.000.000.000}$$

Jahre vor).

Andere positive Prozesse sind z. B. Ausströmen eines Gases ins Vakuum, Verwandlung mechanischer Energie in Wärmeenergie, Diffusion zweier Gase ineinander. Negative Prozesse sind die Umkehrung von obigen Vorgängen. Sie lassen sich nur künstlich durchführen, jedoch nur derart, daß gleichzeitig ein anderer positiver Prozeß ablaufen muß. Wenn z. B. ein Gas bei konstanter Temperatur ins Vakuum ausgeströmt ist, so kann dieser Prozeß rückgängig gemacht werden dadurch, daß das Gas auf sein ursprüngliches Volumen bei konstanter Temperatur komprimiert wird, was also einen negativen Prozeß darstellt. Gleichzeitig findet jedoch ein positiver Vorgang statt, da die bei der isothermen Kompression von außen zu leistende Arbeit in Wärme übergeht. Auch beim Carnot-Prozeß findet ein negativer und ein positiver Prozeß gleichzeitig statt, indem einerseits Wärme in Arbeit umgewandelt wird, aber andererseits „Wärme“ von höherer Temperatur zu tieferer Temperatur übergeht.

Dadurch ist mit statistisch erdrückender Wahrscheinlichkeit eine gewisse *Richtung im Naturgeschehen* ausgezeichnet. Der erste Hauptsatz macht keine Aussage über diesen ausgezeichneten Verlauf der Ereignisse, sondern beschreibt nur das Verhalten der Energie bei verschiedenen Prozessen. Man definiert eine neue Zustandsgröße, die *Entropie S*, aus deren Eigenschaften man die Richtung der Prozesse bestimmen kann. Jeder thermodynamische

Zustand kann durch die *Wahrscheinlichkeit*, seiner Existenz, charakterisiert werden. In der Mathematik ist die Wahrscheinlichkeit als Verhältnis der Zahl, der für das Ereignis günstigen Fälle zur Gesamtzahl der Fälle definiert, also z. B. die Wahrscheinlichkeit, eine Sechs zu würfeln, ist

$$W = \frac{1}{6}.$$

In der Thermodynamik benutzt man anstelle der Wahrscheinlichkeit einfach die *Anzahl der günstigen Fälle* N, oder mit anderem Namen „*das thermodynamische Gewicht eines Zustandes*".

Betrachten wir zwei voneinander unabhängige thermodynamische Systeme A und B. Beiden ordnen wir eine bisher noch nicht definierte Entropie S_A und S_B zu. Von dieser neuen Zustandsgröße fordern wir, daß sie additiv sein soll, d. h. die Entropie der Vereinigungsmenge bei System A + B sei die Summe der Entropien der Teilmengen A, B

$$S = S_A + S_B . \qquad (9.100)$$

Das thermodynamische Gewicht des Zustands A sei N_A und dasjenige für den Zustand B sei N_B. Das thermodynamische Gewicht N dafür, das System A im Zustand A und *gleichzeitig* das System B im Zustand B anzutreffen, ist gleich dem Produkt der Einzelwahrscheinlichkeiten N_A und N_B

$$N = N_{AB} = N_A \cdot N_B . \qquad (9.101)$$

Zwischen dem thermodynamischen Gewicht N und der Zustandsgröße „Entropie" S soll ein funktioneller Zusammenhang bestehen

$$S = S(N) . \qquad (9.102)$$

Für unsere beiden Systeme gilt für diese Entropie die Beziehung nach (9.100) und (9.101)

$$S = S_A + S_B = S(N_A) + S(N_B) = S(N_A \cdot N_B) . \qquad (9.103)$$

Diese Gleichung (9.103) ist nur erfüllt, wenn die Entropie logarithmisch mit dem Gewicht N verknüpft ist

$$S = \text{const} \cdot \ln N . \qquad (9.104)$$

In der statistischen Mechanik wird gezeigt werden, daß die Konstante in Gleichung (9.104) gleich der Boltzmannschen Konstante k ist

$$S = k \cdot \ln N . \qquad (9.105)$$

Ein abgeschlossenes System strebt immer einem Zustand größtmöglicher Entropie zu, d. h. es wird immer der wahrscheinlichste Zustand angestrebt. Im Gleichgewicht ist also

$$S = \text{maximal}\,. \tag{9.106}$$

Es ist im Prinzip durchaus denkbar, daß in anderen Milchstraßensystemen, die aus Antimaterie bestehen, die Richtung der Entropiezunahme zeitlich umgekehrt ist. Bislang hat man derartige Abweichungen vom zweiten Hauptsatz noch nicht gefunden. Daraus würde man schließen, daß die Welt als Ganzes eine ausgezeichnete Zeitrichtung besitzt. Ein Zusammenhang dieser bisher nicht widerlegten experimentellen Tatsache mit der anderen ebenfalls empirisch bekannten Tatsache der Expansion unseres Weltalls wäre denkbar.

In der technischen Thermodynamik benutzt man eine andere Definition für die Entropie, die dem Ausdruck (9.105) gleichwertig ist.

Einem Körper der Temperatur T wird eine bestimmte Wärmemenge δQ auf reversible Weise zugeführt, daher nimmt die Entropie um einen Betrag δS nach folgender Definition zu

$$\delta S = \mathrm{d}S = \frac{\text{reversibel zugeführte Wärme } \delta Q}{\text{Temperatur des Körpers } T} = \frac{\delta Q}{T}\,. \tag{9.107}$$

Die Gesamtentropie eines Körpers ergibt sich aus folgendem Integral

$$S = \int \frac{\delta Q}{T}\,. \tag{9.108}$$

S ist eine Zustandsvariable und T ist ein integrierender Nenner.

Beispiel:

Da man zum Schmelzen von 1 kg Eis 80 kcal Schmelzwärme braucht, ist die Entropieänderung bei diesem Schmelzvorgang

$$\Delta S = S_2 - S_1 = \int \frac{\delta Q}{T} = \frac{80\ \text{kcal}}{273\ ^\circ\text{K}} = 0{,}3\ \frac{\text{kcal}}{\text{Grad}}\,.$$

Die Entropie eines nach außen abgeschlossenen Systems kann nicht abnehmen. Abgeschlossen heißt hier: keine Arbeitsleistung nach außen, kein Wärmeaustausch mit der Umgebung. Erreicht die Entropie eines Systems ein Maximum, so ist der Prozeß zu Ende, und das System hat einen Gleichgewichtszustand erreicht.

9.7 *Spezifische Wärme von Metallen*
(für Physiker)

Wird einem Körper der Masse m die Wärmemenge $\mathrm{d}Q$ zugeführt, so nimmt die Temperatur um $\mathrm{d}T$ zu; dabei gelten folgende Proportionalitäten

$$\mathrm{d}Q \sim m\,,$$

$$\mathrm{d}Q \sim \mathrm{d}T\,,$$

die man zusammenfassen kann

$$\mathrm{d}Q = c \cdot m \cdot \mathrm{d}T \tag{9.109}$$

Die spezifische Wärme c hat wieder die Rolle eines Proportionalitätsfaktors. Für hinreichend hohe Temperaturen gilt die bereits im Abschnitt 9.5 erwähnte Regel von DULONG und PETIT, daß die Molwärme für alle festen Körper ungefähr $6\,\frac{\text{cal}}{\text{Mol}\cdot\text{Grad}}$ beträgt.

Für Blei gilt die Regel von Dulong und Petit oberhalb 300 °K, für Diamant zum Vergleich erst oberhalb 1000 °K, wie schematisch in Abb. 9.35 aufgezeichnet ist.

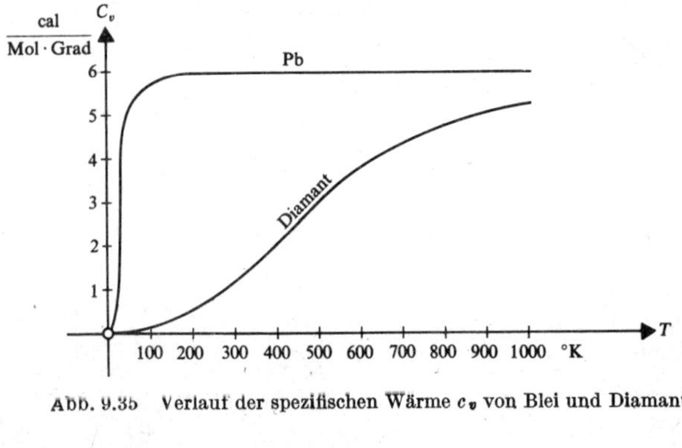

Abb. 9.35 Verlauf der spezifischen Wärme c_v von Blei und Diamant

In der Quantenmechanik kann man das Verhalten der spezifischen Wärme[1] c_v verstehen. Man betrachtet dabei nicht

$$c_v = c_v(T)\,,$$

[1] Da feste Körper bei Erwärmung ihr Volumen wenig ändern, spielt die Expansionsarbeit und damit der Unterschied zwischen c_p und c_v in einer ersten Näherung keine Rolle. Das Verhalten von c_v bei tiefen Temperaturen kann man nicht aufgrund der klassischen Physik verstehen

sondern bezieht die Temperatur auf eine bestimmte *charakteristische Temperatur*, auch *Einstein-Temperatur* Θ_E genannt

$$c_v = c_v \left(\frac{\Theta_E}{T}\right). \tag{9.110}$$

Für eine erste Orientierung kann man das abweichende Verhalten vom *Dulong-Petit-Gesetz* bei tiefen Temperaturen durch die folgende *Einstein-Beziehung* approximieren

$$c_v = 3\,R \left(\frac{\Theta_E}{T}\right)^2 e^{\frac{\Theta_E}{T}} \left(e^{\frac{\Theta_E}{T}} - 1\right)^{-2}. \tag{9.111}$$

Bei ganz tiefen Temperaturen ist diese Formel nicht anwendbar.

Da ein fester Körper im wesentlichen aus einem Gitter der Atome, Moleküle oder Ionen und einem „Gas" mehr oder weniger stark an dieses Gitter gebundenen Elektronen besteht (Abb. 9.36), müssen wir mehrere Beiträge zu der spezifischen Wärme eines solchen Körpers berücksichtigen.

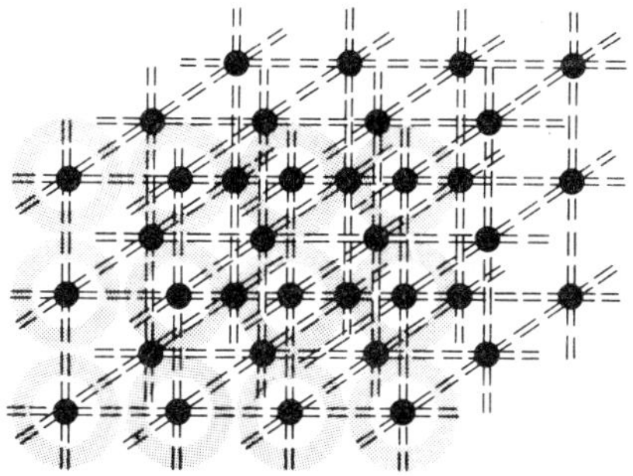

Abb. 9.36 Symbolische Darstellung eines festen Körpers (Metall). Die Distanzen zwischen den Gitterbausteinen sind stark übertrieben gezeichnet

Der Beitrag der Elektronen zur spezifischen Wärme ist sehr klein im Vergleich zum Beitrag des Kristallgitters und kann deshalb bei hinreichend großen Temperaturen ganz vernachlässigt werden. Er ist jedoch beobachtbar bei Temperaturen um 1 °K herum, da er bei $T \to 0$ langsamer gegen Null geht als der Gitterbeitrag (schematisch in Abb. 9.37 dargestellt).

Der elektronische Beitrag in diesem Temperaturbereich ist linear in T

$$c_v^{(\mathrm{el})} = a \cdot T\,. \tag{9.112}$$

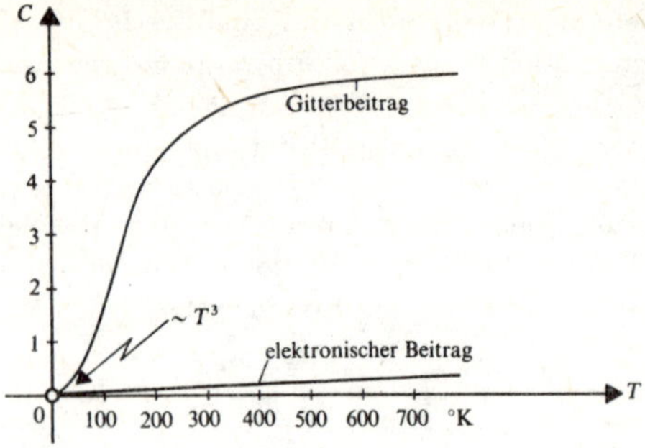

Abb. 9.37 Extrem günstiges Beispiel zur Demonstration des elektronischen und Gitterbeitrages zur spezifischen Wärme. Substanz: 20% Vanadium – 80% Chrom-Legierung. Literatur: C. CHENG, C. WEI und P. BECK, Phys. Rev. **120**, 426, 1960

Die Proportionalitätskonstante a hängt von der Dichte des Elektronengases ab; ist also groß für Metalle und verschwindet für Isolatoren. Einige Werte für a sind in Tabelle 9.6 aufgeführt.

Tabelle 9.6

(nach AJP-Handbook, N.Y. 1963)

Metall	a $\frac{\text{cal}}{\text{Mol} \cdot \text{Grad}^2}$
Al	$3{,}48 \cdot 10^{-4}$
Cu	$1{,}78 \cdot 10^{-4}$
Mg	$4{,}21 \cdot 10^{-4}$
Sn	$4{,}0 \cdot 10^{-4}$

Der analytische Ausdruck für diese Konstante a ist:

$$a = \frac{\pi^2}{3} \varrho \cdot k^2 , \tag{9.113}$$

wobei ϱ die Zustandsdichte[1] und k die Boltzmannsche Konstante bedeuten.

Der Beitrag der Gitterschwingungen zur spezifischen Wärme wurde bereits 1912 von PETER DEBYE abgeschätzt. Nach DEBYE betrachtet man den festen Körper als elastisches Kontinuum zum

[1] Die Zustandsdichte ist ein Maß für die Anzahl der Elektronen pro Mol in einem bestimmten Energiezustand und ist von der Fermienergie E_F abhängig, $\varrho(E_F)$.

Zwecke, die Frequenzen der Schwingungen zu finden. Man berücksichtigt nur solche Vibrationen, deren Wellenlängen größer als der Abstand der einzelnen Ionen im Gitter sind. Mit diesem Modell berechnete DEBYE den Beitrag des Gitters zur molaren Entropie S_M

$$S_M = 3\,N\,k\left[\frac{4}{3}\,D\left(\frac{\Theta_D}{T}\right) - \ln\left(1 - e^{-\frac{\Theta_D}{T}}\right)\right]; \qquad (9.114)$$

N: Anzahl der Ionen,

Θ_D: Funktion des Volumens, sogenannte *Debye-Temperatur*,

$D\left(\frac{\Theta_D}{T}\right)$: sogenannte *Debye-Funktion*.

Diese Debye-Funktion ist folgendermaßen definiert

$$D\left(\frac{\Theta_D}{T}\right) \equiv \frac{3\,T^2}{\Theta_D^2}\int\limits_0^{\frac{\Theta_D}{T}} \mathrm{d}t\,\frac{t^3}{e^t - 1}, \qquad (9.115)$$

mit der *Debye-Temperatur* Θ_D

$$\Theta_D = \frac{\hbar\,c}{k}\left(\frac{2\,\pi^2}{V_M}\right)^{\frac{1}{3}}, \qquad (9.116)$$

wobei c die Schallgeschwindigkeit,

$$\hbar = \frac{h}{2\pi} = \frac{6{,}625 \cdot 10^{-34}}{2\pi}\ \text{Joule sec},$$

V_M das Molvolumen

bedeuten.

Damit wird der Beitrag der Gitterschwingungen zur spezifischen Wärme von der folgenden Form

$$c_v^{(\mathrm{Gitter})} = T\left(\frac{\partial S_M}{\partial T}\right)_{\Theta_D} = 3\,N\,k\left[4\,D\left(\frac{\Theta_D}{T}\right) - \frac{\frac{3\,\Theta_D}{T}}{\left(e^{\frac{\Theta_D}{T}} - 1\right)}\right]. \qquad (9.117)$$

Entwickelt man diesen Ausdruck (9.117), so erhält man für niedrige Temperaturen $T \ll \Theta_D$ die folgende Näherung

$$c_v^{(\mathrm{Gitter})} = 3\,Nk\left[\frac{4}{5}\,\pi^4\left(\frac{T}{\Theta_D}\right)^3 + \dots\right]. \qquad (9.118)$$

Die spezifische Wärme geht also mit T^3 gegen den Nullpunkt, wie in Abb. 9.37 bereits angedeutet.

Für hohe Temperaturen $T \gg \Theta_D$ erhält man dagegen aus (9.117) die Näherung

$$c_v^{(\text{Gitter})} = 3\,Nk\left[1 - \frac{1}{20}\left(\frac{\Theta_D}{T}\right)^2 + \frac{1}{560}\left(\frac{\Theta_D}{T}\right)^4 + \ldots\right]. \qquad (9.119)$$

Wir erkennen aus (9.119), daß die Regel von Dulong und Petit für hohe Temperaturen approximiert wird, indem für $T \gg \Theta_D$ der quadratische Ausdruck

$$\left(\frac{\Theta_D}{T}\right)^2$$

vernachlässigbar klein wird und $c_v^{(\text{Gitter})}$ dem Wert $3\,Nk$ zustrebt

$$c_v^{(\text{Gitter})} \longrightarrow 3\,Nk\,.$$

Bemerkung: Die Debye-Temperatur Θ_D ist nach (9.116) eine Funktion des Molvolumens V_M. Aufgrund von Meßdaten machte GRÜNEISEN folgenden Vorschlag

$$\Theta_D = \text{const} \cdot V_M^{-\gamma_G}, \qquad (9.120)$$

wobei γ_G die *Grüneisen-Konstante* genannt wird. Einige empirische Werte für γ_G sind in Tabelle 9.7 zusammen mit den Debye-Temperaturen Θ_D aufgeschrieben.

Tabelle 9.7

Metall	Grüneisenkonstante	Debye-Temperatur
Al	2,1	375 °K
Cu	2,0	340 °K
Pb	2,3	95 °K
Sn	1,8	200 °K

9.8 Wärmeleitung in einem homogenen Stab

Rein phänomenologisch unterscheidet man folgende drei Arten von Wärmeausbreitung:

Konvektion,
Wärmeleitung,
Strahlung.

Wir werden hier lediglich die Wärmeleitung in einem homogenen Stab besprechen. Alle festen Körper leiten die Wärme, am besten die Metalle. Die besten Elektrizitätsleiter sind gleichzeitig die besten Wärmeleiter (Ag, Cu, Al, Au). Da die Elektrizitätsleitung mit den Eigenschaften der Valenzelektronen zusammenhängt, wird auch die Wärmeleitung zum mindesten partiell von diesen bestimmt sein.

Zunächst wollen wir die rein empirische Gleichung für die Wärmeleitung herleiten und nachher nochmals auf den Mechanismus zurückkommen.

Wärme fließt dann, wenn ein Temperaturgefälle (Temperaturgradient ∇T) vorhanden ist. Denken wir uns eine eindimensionale Anordnung nach Abb. 9.38.

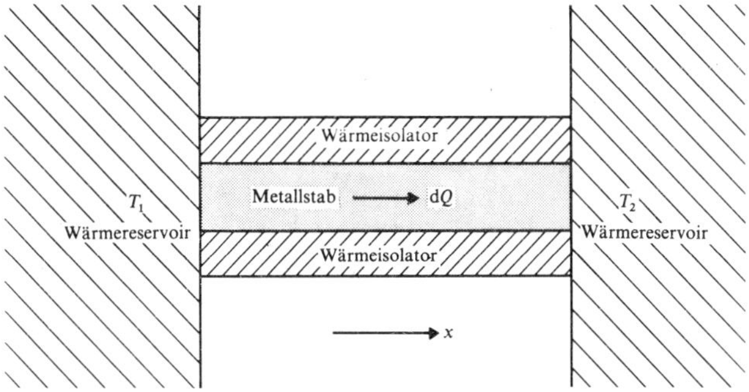

Abb. 9.38 Wärmeleitung in einem Stab

Betrachten wir einen beliebigen Querschnitt F des Stabes, so ist die in der Zeit $\mathrm{d}t$ durch F fließende Wärmemenge proportional zu F und zum Temperaturgradienten $\frac{\partial T}{\partial x}$

$$\mathrm{d}Q = -\gamma \frac{\partial T}{\partial x} F \,\mathrm{d}t\,. \qquad (9.121)$$

γ ist die sogenannte Wärmeleitzahl oder der Wärmeleitungskoeffizient. Das Minuszeichen steht, weil die Wärme von Stellen höherer Temperatur zu Stellen tieferer Temperatur strömt (in Abb. 9.38 $T_1 > T_2$).

Im allgemeinen ist die Temperatur als Funktion der beiden Variablen x und t nicht bekannt, sondern es ist die Temperaturverteilung

$$T = T(x)|_{t=t_1}$$

zu einer bestimmten Zeit gegeben sowie der zeitliche Verlauf an einer bestimmten Stelle

$$T = T(t)|_{x=x_1}\,.$$

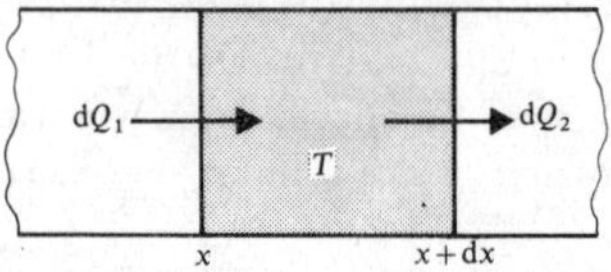

Abb. 9.39 Differentielles Element des Stabes

An der Stelle x fließe die Wärmemenge dQ_1 durch den Querschnitt F (vgl. Abb. 9.39), und es gilt:

$$dQ_1 = -\gamma \left(\frac{\partial T}{\partial x}\right)_x F\, dt\,, \tag{9.122}$$

und an der Stelle $x + dx$

$$dQ_2 = -\gamma \left(\frac{\partial T}{\partial x}\right)_{x+dx} F\, dt\,. \tag{9.123}$$

Benutzen wir die Taylor-Reihenentwicklung[1]

$$\left(\frac{\partial T}{\partial x}\right)_{x+dx} = \left(\frac{\partial T}{\partial x}\right)_x + \left(\frac{\partial^2 T}{\partial x^2}\right)_x dx + \cdots \tag{9.124}$$

und setzen in (9.123) ein, so wird

$$dQ_2 = -\gamma \left(\frac{\partial T}{\partial x}\right)_x \cdot F \cdot dt - \gamma \left(\frac{\partial^2 T}{\partial x^2}\right)_x \cdot F \cdot dt \cdot dx\,. \tag{9.125}$$

Die dem Stabelement der Länge dx zugeführte Wärmemenge pro Zeit dt ist mit (9.122) und (9.125) gleich

$$\Delta Q = dQ_1 - dQ_2 = \gamma \left(\frac{\partial^2 T}{\partial x^2}\right)_x \cdot F \cdot dt \cdot dx\,. \tag{9.126}$$

Nach (9.109) ist andererseits

$$\Delta Q = c \cdot \Delta m \cdot dT\,.$$

Sei die Dichte des Stabmaterials ϱ, so wird die Masse eines Elements

$$\Delta m = dx \cdot F \cdot \varrho$$

und damit die Gleichung (9.126)

$$\gamma \frac{\partial^2 T}{\partial x^2} F \cdot dx \cdot dt = c \cdot \varrho \cdot F \cdot dx \cdot dT\,. \tag{9.127}$$

[1] Da gilt: $f(x + dx) = f(x) + \left(\frac{\partial f}{\partial x}\right)_x \cdot dx + \ldots.$

Die Transportgleichung für die Wärmeleitung folgt dann aus (9.127) zu

$$\frac{\mathrm{d}T}{\mathrm{d}t} = \frac{\gamma}{\varrho \cdot c} \frac{\partial^2 T}{\partial x^2} . \qquad (9.128)$$

Die Wärmeleitungsgleichung ist eine partielle Differentialgleichung zweiter Ordnung. Andere Beispiele, die auf Differentialgleichungen vom gleichen Typus wie (9.128) führen, sind: Kabel ohne Selbstinduktion, Diffusion, Schrödingergleichung.

Die Wärmeleitungsgleichung darf nicht mit der allgemeinen Wellengleichung verwechselt werden, welche lautet

$$\frac{\partial^2 \xi}{\partial t^2} = u^2 \frac{\partial^2 \xi}{\partial x^2} ,$$

also nicht die *erste* wie in (9.128), sondern die *zweite* Ableitung nach der Zeit enthält.

Tabelle 9.8

Metall	thermische Leitfähigkeit cal/cm · sec · grad	Elektrische Leitfähigkeit $(\Omega \cdot m)^{-1}$
Ag	1,01	$6{,}15 \cdot 10^{+7}$
Cu	0,92	$5{,}82 \cdot 10^{+7}$
Al	0,50	$3{,}55 \cdot 10^{+7}$
Na	0,32	$2{,}10 \cdot 10^{+7}$
Fe	0,16	$1{,}00 \cdot 10^{+7}$

In Tabelle 9.8 sind einige experimentelle Werte für die Wärmeleitzahl γ aufgeführt und zum Vergleich ebenfalls die elektrische Leitfähigkeit σ, woraus man das analoge Verhalten erkennen kann.

Sind die Stabenden auf den Temperaturen T_1 bzw. T_2 (Abb. 9.38). so wird sich nach einer hinreichend langen Zeit τ eine lineare Temperaturverteilung längs des Stabes einstellen. In Abb. 9.40 sind schematisch einige nicht stationäre Zwischenzustände für Zeiten $\tau_1\ \tau_2\ \tau_3 \ldots < \tau$ aufgezeichnet. Die Länge des Stabes sei L.

Für den nach der Zeit τ erreichten stationären Temperaturverlauf, der sich einstellt, wenn keine Wärmeableitung längs des Stabes stattfindet, gelten

$$\frac{\mathrm{d}T}{\mathrm{d}t} = 0 ,$$

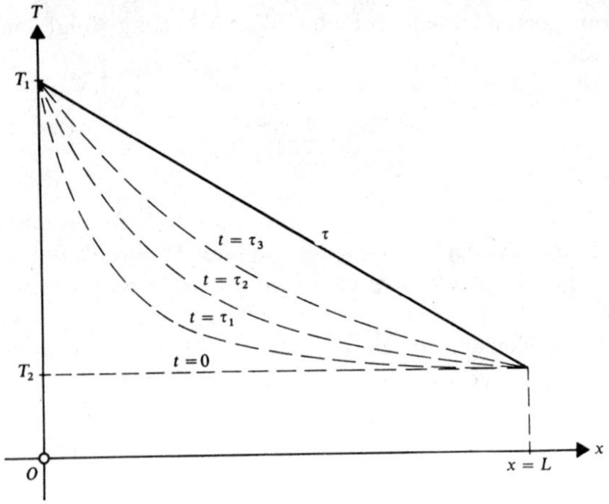

Abb. 9.40 Temperaturverlauf längs eines Stabes der Länge L

$$\frac{\partial^2 T}{\partial x^2} = 0 \,,$$

$$\text{für alle } 0 \leqq x \geqq L \text{ und für alle } t > \tau$$

und für $T(x)$ folgt die lineare Beziehung

$$T = a\,x + b \,.$$

Mit den Randbedingungen

$$x = 0 : T = T_1 \,,$$

$$x = L : T = T_2$$

erhält man die Temperaturfunktion

$$T(x) = \frac{T_2 - T_1}{L} \cdot x + T_1 \,. \tag{9.129}$$

Zur experimentellen Bestimmung der Wärmeleitung wird an einem Stab aus der betreffenden Substanz eine bestimmte Temperaturdifferenz gelegt und die längs des Stabes fließende Wärmemenge kalorimetrisch gemessen.

Beispiel:

Ein Stab werde an einem Ende periodisch heiß und kalt gemacht. Der Stab soll seitlich so isoliert sein, daß längs des Stabes keine Wärme abströmen kann. Die Zufuhr von Wärme Q folgt periodisch mit der Frequenz ω und nur in x-Richtung (nach Abb. 9.41).

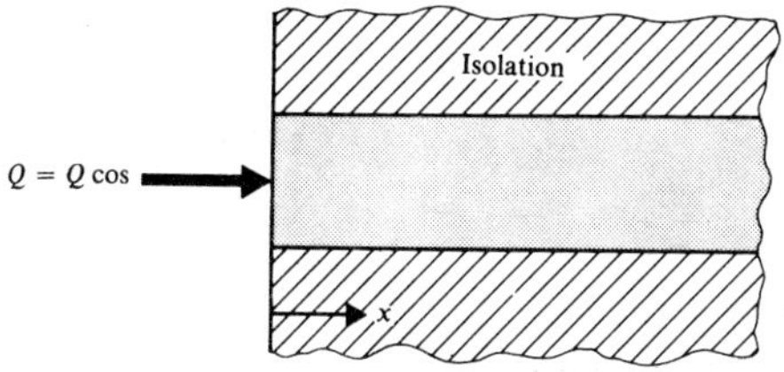

Abb. 9.41 Periodische Erwärmung eines Stabes

Mathematisch müssen wir die Differentialgleichung

$$\frac{\partial T}{\partial t} = \lambda \frac{\partial^2 T}{\partial x^2}, \tag{9.130}$$

wobei

$$\lambda = \frac{\gamma}{\varrho \cdot c}$$

ist, zu lösen versuchen mit der Randbedingung

$$\text{für} \quad x = 0 \quad \text{soll} \quad T = T_0 \cdot \cos \omega t \quad \text{sein.} \tag{9.131}$$

Wir machen dazu folgenden (periodischen) Ansatz[1]

$$T(x, t) = f(x) \cdot e^{i \omega t} \tag{9.132}$$

und setzen die entsprechenden Ableitungen in (9.130) ein, so erhalten wir die gewöhnliche Differentialgleichung

$$\lambda \cdot \frac{d^2}{dx^2} f(x) - i\, \omega\, f(x) = 0\,. \tag{9.133}$$

Die Lösung dieser Differentialgleichung (9.133) lautet allgemein

$$f(x) = a \cdot e^{b x}, \tag{9.134}$$

wobei

$$b = \pm \sqrt{\frac{\omega}{2\lambda}} \cdot (1 + i)$$

ist.

Beschränken wir uns auf das Eindringen von Wärmewellen in den Stab, müssen wir nur das negative Vorzeichen berücksichtigen. Wir erhalten damit die Lösung der Differentialgleichung (9.130)

$$T(x, t) = a \cdot e^{-x\sqrt{\frac{\omega}{2\lambda}}} \cdot e^{i\omega\left(t - \frac{x}{\sqrt{2\lambda\omega}}\right)}, \tag{9.135}$$

[1] In der Physik kann man eine Funktion zweier Variablen meistens durch ein Produkt zweier Funktionen mit je einer Veränderlichen ersetzen (allgem. Fourieransatz)

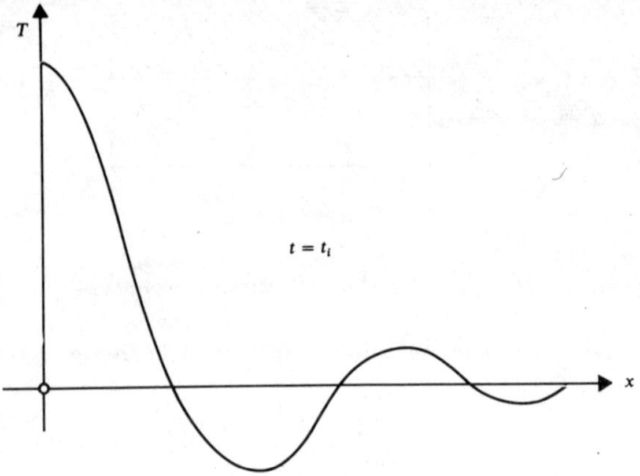

Abb. 9.42 Eindringen der Wärmewelle in einen periodisch aufgeheizten Stab. $T(x)$-Darstellung zu einer beliebigen Zeit $t = t_i$

d. h. die Temperatur dringt wie eine gedämpfte Welle (Abb. 9.42) in das Innere des Stabes ein.

Für schnelle Schwankungen ω ist die Eindringtiefe kleiner als für langsame Temperaturschwankungen, was aus dem Dämpfungsglied

$$e^{-x\sqrt{\frac{\omega}{2\lambda}}}$$

hervorgeht. Die Eindringgeschwindigkeit ist

$$u = \sqrt{2\,\lambda\,\omega}\,. \tag{9.136}$$

Schnelle Schwankungen dringen schneller ein als langsame. Die *Dispersion* der Eindringgeschwindigkeit

$$u = u\,(\omega) \tag{9.137}$$

ist die Ursache dafür, daß die Form der Temperaturschwankung wie sie dem Stab in $x = 0$ aufgezwungen wird, mit wachsendem x verzerrt wird, wie schematisch in Abb. 9.43 dargestellt ist.

Die thermische Energie hat ihren Ursprung im wesentlichen in den Gitterschwingungen, wovon die niederfrequenten die Schallwellen sind.

Nach der Quantentheorie ist die Energie der Gitterschwingungen wie bei linearen Oszillatoren quantisiert. Die Quanten der Gitterschwingung mit einer bestimmten Frequenz und Wellenzahl nennt man *Phononen*.

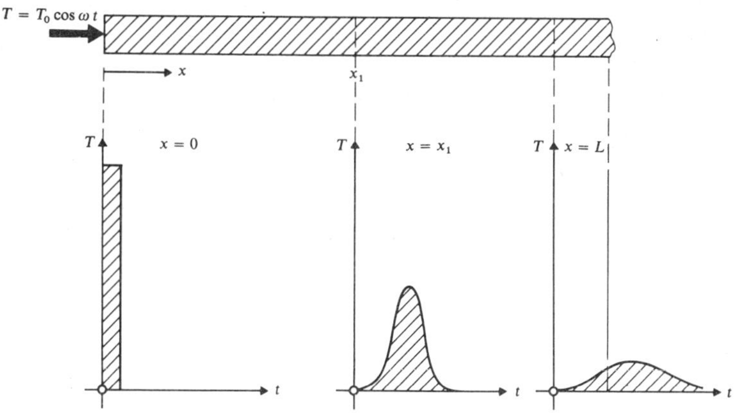

Abb. 9.43 Dispersion der Wärmeleitung

Die totale Energie eines festen Körpers setzt sich aus der thermischen Energie und einer Energie am absoluten Nullpunkt zusammen und wird die innere Energie U genannt. Z. B. wäre die Wärmekapazität c_v eine Ableitung von U bei konstantem Volumen

$$c_v = \left(\frac{\partial U}{\partial T}\right)_v . \tag{9.138}$$

Abb. 9.44 Gitteranordnung der Atome in einem festen Körper

Da die Wärmeleitung nicht ausschließlich über die Valenzelektronen geschieht und die Gitterschwingungen die thermische Energie bestimmen, kann Energie (Wärme) durch Stöße der einzelnen Gitteratome transportiert werden. Hier führt das oft gezeichnete (z. B. Abb. 9.36) Gittermodell zu falschen Vorstellungen, da die Atomabstände wegen der Übersichtlichkeit stark übertrieben gezeichnet wurden. Wenn man sich schon etwas vorstellen muß, was für die meisten Experimentalphysiker doch sehr nützlich ist, soll man sich die Atome eher sich berührend denken, wie als Beispiel in dem Photo der Abb. 9.44 gezeigt ist.

Da die Phononen sich mit der Schallgeschwindigkeit c fortpflanzen, würde man schließen, daß auch die Geschwindigkeit der Wärmeleitung[1] im Kristall gleich der Schallgeschwindigkeit c wäre. Die Nichtlinearität des Kraftgesetzes zwischen den Atomen ist die Ursache dafür, daß ein Phonon am andern gestreut wird (Phononen-Phononen-Streuung), und die freie Weglänge eines Phonons bei normaler Temperatur daher viel kleiner ist, als diejenige von Elektronen. Bei Metallen, bei denen viele Elektronen im sogenannten Leitungsband sind, ist deshalb der Anteil der Elektronen an der Wärmeleitung viel größer als der Phononenanteil

$$\gamma_{el} > \gamma_{ph} .$$

Im allgemeinen gilt für den spezifischen Koeffizienten der Wärmeleitung

$$\gamma = \gamma_{el} + \gamma_{ph} . \tag{9.139}$$

Der Energietransport durch Schallquanten ist klein.

Aufgaben zu Kapitel 9

Aufgabe 9.1. Kalorimeter:

Ein Körper ($m = 405$ g), dessen spezifische Wärme gemessen werden soll, wird durch Eintauchen in eine Flüssigkeit auf eine bekannte Temperatur (95° C) gebracht. Die Temperatur des Kalorimeters (gefüllt mit 1,1 Liter Wasser) steigt nach Einbringen dieses Körpers von 20 °C auf 26 °C. Man berücksichtige auch die Wärmekapazität der außer dem Wasser

[1] Tatsächlich transportieren die Schallwellen nur die Schallenergie mit Schallgeschwindigkeit, während die Wärmeenergie ausschließlich durch die gegenseitige Streuung der Phononen, verursacht durch die Nichtlinearität des Kraftgesetzes zwischen den Atomen, transportiert wird. Die *Fermi-Geschwindigkeit* der Elektronen ist wesentlich höher als die für den Ladungstransport verantwortliche mittlere Driftgeschwindigkeit

zu erwärmenden Teile des Kalorimeters: Ist es mit 1,0 l Wasser gefüllt, so steigt die Temperatur von 20 °C auf 43 °C, wenn man 0,5 l Wasser von 95 °C dazufüllt.

Aufgabe 9.2. Schmelzwärme:

Ein Aluminiumstab (Länge 10 cm, Querschnitt 1 cm^2) verbindet ein Reservoir, welches dauernd auf 100 °C gehalten wird, mit einem Behälter mit Eis-Wasser-Gemisch. Welche Zeit wird benötigt, um 10 g des Eises zu schmelzen? (Man betrachte nur den Wärmestrom im Stab; der Stabmantel sei gegenüber Wärmeaustausch isoliert).

Aufgabe 9.3. Geheizter Stab:

In einem Stab vom Querschnitt F, der Länge $2L$ und der Wärmeleitfähigkeit λ wird durch eine über den ganzen Stab verteilte gleichmäßige Heizwendel die Wärmemenge $q \dfrac{\text{cal}}{\text{cm s}}$ erzeugt. Welcher stationäre Temperaturverlauf stellt sich ein, wenn die Stabenden auf der Temperatur T_0 gehalten werden, und der Stabmantel gegen Wärmeabfluß isoliert ist?

Aufgabe 9.4. Radialer Wärmestrom durch Rohrwand:

Die Innenwand eines geraden zylindrischen Rohres von bekannten Dimensionen hat konstant die Temperatur T_i, die Außenwand T_a. Welcher stationäre Wärmestrom durchfließt die Wand?

Aufgabe 9.5. Temperaturverteilung:

Gegeben ein dünner Stab der Länge L, dessen Enden ($x = 0$, $x = L$) auf der Temperatur $T = 0$ °C gehalten werden und dessen Mantel gegen Wärmeabfluß isoliert ist. In ihm herrscht ohne weitere Wärmeerzeugung zur Zeit $t = 0$ eine bekannte Temperaturverteilung, welche durch eine Fourierreihe dargestellt sei

$$T(x) = \sum_{n=1}^{\infty} a_n \sin \frac{n\pi}{L} x.$$

Man finde den Temperaturverlauf zur Zeit t.

Aufgabe 9.6. Zustandsänderung:

Welche Zustandsänderung muß man mit einem einatomigen idealen Gas ohne Wärmeaustausch mit der Umgebung vornehmen, damit dabei die mittlere kinetische Energie der Moleküle vervierfacht wird? Welche Arbeit ist dazu nötig (auszudrücken in Zustandsgrößen des Ausgangszustandes)?

Aufgabe 9.7. Spezifische Wärme eines Mischgases:

In einem Gefäß befindet sich eine Mischung aus zwei Gassorten, von denen die eine einatomig (Index 1) und die andere dreiatomig (Index 3) ist. Das Verhältnis der Partialdrucke ist bekannt $\left(\frac{p_3}{p_1} = 2\right)$. Was läßt sich über die Anzahl der im Gefäß befindlichen Mole der beiden Gaskomponenten aussagen? Welches $\varkappa = \frac{c_p}{c_v}$ hat das Mischgas (ideale Gase)?

Aufgabe 9.8. Virialgleichung:

Man bestimme die zweiten Virialkoeffizienten für das ideale Gas und das van-der-Waalssche Gas.

Aufgabe 9.9. Maxwellsche Geschwindigkeitsverteilung:

a) Man berechne die in einem Gas bekannter Temperatur am häufigsten vorkommende Geschwindigkeit und vergleiche sie mit $\sqrt{\langle c^2 \rangle}$.

b) Aus der Geschwindigkeitsverteilung finde man die Energieverteilung.

Aufgabe 9.10. Mittleres Schwankungsquadrat*:

Im Anschluß an Aufg. 9.9. berechne man den Mittelwert der quadratischen Abweichung der Geschwindigkeit von der mittleren Geschwindigkeit.

Aufgabe 9.11. Schmelzpunktänderung durch Druck:

Mit Hilfe der Clausius-Clapeyronschen Gleichung schätze man ab, um wieviel Grad sich der Schmelzpunkt des Eises unter dem von einem Schlittschuhläufer ausgeübten Druck erniedrigt.

Aufgabe 9.12. Carnotsche Wärmepumpe (Kühlmaschine):

Gegeben sei eine Carnotsche Maschine, welche zwischen den Temperaturen $T_1 = 20\,°\mathrm{C}$ und $T_2 = 0\,°\mathrm{C}$ betrieben wird. Man zeige im $p\,v$-Diagramm, in welcher Richtung der Kreisprozeß durchlaufen werden muß, damit Wärme aus dem

Reservoir T_2 entnommen und nach 1 gebracht wird. Welche Arbeit ist nötig, um in 2 10 l Wasser von 0 °C einzufrieren? Welche Wärmemenge kommt in 1 an?

Aufgabe 9.13. Wirkungsgrad des Ottomotors:

Man berechne den Wirkungsgrad Arbeit/Verbrennungswärme q für den Ottomotor, dessen Wirkungsweise durch folgende Prozesse idealisiert sei: a) $v_1 \to v_2$ (adiabatisches Verdichten, wobei $p_1 \to p_2$; v_1/v_2 = Verdichtungsverhältnis ε); b) $p_2 \to p_3$ (v = const; Verbrennung unter Freisetzen von q); c) $v_2 \to v_1$ (adiabatisches Expandieren, wobei $p_3 \to p_4$); d) $p_4 \to p_1$ (v = const; Austausch der Gase, sodaß der Ausgangspunkt erreicht wird). An Konstruktionsdaten ist nur ε gegeben. (Man nehme vereinfachend ein unverändertes Arbeitsmedium mit c_v = const an.)

Aufgabe 9.14. Mischung zweier Gase:

Zwei Gasbehälter A und B, deren Volumina im Verhältnis c zueinander stehen, sind mit je einem idealen Gas im Zustand p_0, T_0 gefüllt. Die Moleküle in A und B sind voneinander verschieden. Um wieviel ändert sich die Entropie insgesamt, wenn beide Behälter verbunden werden, so daß beide Gase sich mischen?

Aufgabe 9.15. Reversible Temperaturangleichung:

Zwei gleiche feste Körper, welche die Temperatur T_1 und T_2 haben, werden in Wärmekontakt gebracht.

a) Ist es ein reversibler oder irreversibler Prozeß, wenn man nur die Temperatur sich angleichen läßt? Welche Entropiedifferenz besteht zwischen Anfangs- und Endzustand?

b) Welche Mischungstemperatur erhält man, wenn man die Temperaturangleichung reversibel durchführt? Welche Arbeit kann man dabei entnehmen?

Anhang

Tabelle der wichtigsten Konstanten und Größen

(nach E. R. Cohen und I. W. M. du Mond, Proc. 2nd Internat. Conf. on Nucl. Masses and Related Constants, Springer, Wien 1964)

Konstante/Größe	Symbol	Zahlenwert im MKSA
1. Allgemeine Größen:		
Lichtgeschwindigkeit im Vakuum	c	$2{,}997925 \cdot 10^{8}$ m · sec^{-1}
Gravitationskonstante	γ	$6{,}670 \cdot 10^{-11}$ New · m^{2} · kg^{-2}
Gravitationsbeschleunigung auf der Erdoberfläche	g	9,81 m · sec^{-2}
Masse der Erde	M_{E}	$5{,}98 \cdot 10^{24}$ kg
Mittlerer Erdradius	R_{E}	$6{,}37 \cdot 10^{6}$ m
Masse der Sonne	M_{S}	$1{,}99 \cdot 10^{30}$ kg
Mittlerer Sonnenradius	R_{S}	$6{,}96 \cdot 10^{8}$ m
Masse des Erdmondes	M_{M}	$7{,}34 \cdot 10^{22}$ kg
Mittlerer Mondradius	R_{M}	$1{,}74 \cdot 10^{6}$ m
Ångströmeinheit	Å	10^{-10} m
Lichtjahr	Ly	$9{,}46 \cdot 10^{15}$ m
Parsec	ps	$3{,}084 \cdot 10^{16}$ m
Astronomische Einheit	A. U.	$1{,}49 \cdot 10^{11}$ m
2. Gaskinetische Größen:		
Molvolumen	V_0	$22{,}4 \cdot 10^{-3}$ m^{3} Mol^{-1}
Loschmidtsche Zahl	n_0	$2{,}69 \cdot 10^{25}$ m^{-3}
Avogadro-Zahl	N_0	$6{,}0225 \cdot 10^{26}$ Mol^{-1}
Gas-Konstante	R	8,314 J · grad^{-1} · Mol^{-1}
Boltzmannsche Konstante	k	$1{,}3805 \cdot 10^{-23}$ J · grad^{-1}
3. Atomphysikalische Größen:		
Plancksche Konstante	$\hbar$	$1{,}0545 \cdot 10^{-34}$ J · sec
	h	$6{,}6256 \cdot 10^{-34}$ J · sec
Elektronenvolt	eV	$1{,}6021 \cdot 10^{-19}$ J
		8065,7 cm^{-1}
Elektronenmasse	m_{e}	$0{,}911 \cdot 10^{-30}$ kg
Bohrradius des Grundzustandes vom Wasserstoffatom	a_0	$0{,}529 \cdot 10^{-10}$ m
Elementarladung	e	$1{,}6021 \cdot 10^{-19}$ Coul
Protonen-Ruhemasse	m_{p}	$1{,}6725 \cdot 10^{-27}$ kg

Konstante/Größe	Symbol	Zahlenwert im MKSA
Neutronen-Ruhemasse	m_n	$1{,}6748 \cdot 10^{-27}$ kg
Spezifische Ladung eines Elektrons	$\frac{e}{m_e}$	$1{,}75879 \cdot 10^{11}$ Coul $\cdot$ kg^{-1}
Compton-Wellenlänge eines Elektrons	$\frac{h}{m_e \cdot c}$	$2{,}4262 \cdot 10^{-12}$ m
Elektronen-Radius	$\frac{e^2}{m_e \cdot c^2}$	$2{,}8177 \cdot 10^{-15}$ m

NAMEN- UND SACHVERZEICHNIS

G

T

Die wissenschaftlichen Veröffentlichungen aus dem Bibliographischen Institut

B. I.-Hochschultaschenbücher, Einzelwerke und Reihen

Mathematik, Physik, Astronomie, Philosophie, Chemie, Medizin, Ingenieurwissenschaften, Sprache, Literatur, Geowissenschaften, Völkerkunde

B·I·

Wissenschaftsverlag
Bibliographisches Institut

Inhaltsverzeichnis

Sachgebiete

Reihen

Stand: 1. Oktober 1975

Mathematik

Aitken, A. C.: Determinanten und Matrizen. 142 S. mit Abb. 1969. (Bd. 293)

Alefeld, G./J. Herzberger/O. Mayer: Einführung in das Programmieren mit ALGOL 60. 164 S. 1972. (Bd. 777)

Aumann, G.: Höhere Mathematik.
Band I: Reelle Zahlen, Analytische Geometrie, Differential- und Integralrechnung. 243 S. mit Abb. 1970. (Bd. 717)
Band II: Lineare Algebra, Funktionen mehrerer Veränderlicher. 170 S. mit Abb. 1970. (Bd. 718)
Band III: Differentialgleichungen. 174 S. 1971. (Bd. 761)

Bachmann, F./E. Schmidt: *n*-Ecke. 199 S. 1970. (Bd. 471)

Behrens, E.-A.: Ringtheorie. Etwa 400 S. 1975. (Wv)

Böhmer, K./G. Meinardus/W. Schempp (Hrsg.): Spline-Funktionen. Vorträge und Aufsätze. 415 S. 1974. (Wv)

Brandt, S.: Datenanalyse. Mit statistischen Methoden und Computerprogrammen. 342 S. mit Abb. 1975. (Wv)

Breuer, H.: Algol-Fibel. 120 S. mit Abb. 1973. (Bd. 506)

Breuer, H.: Fortran-Fibel. 85 S. mit Abb. 1969. (Bd. 204)

Breuer, H.: PL/I-Fibel. 106 S. 1973. (Bd. 552)

Brosowski, B.: Nicht-lineare Tschebyscheff-Approximation. 153 S. 1968. (Bd. 808)

Brosowski, B./R. Kreß: Einführung in die Numerische Mathematik.
Band I: Etwa 200 S. 1975. (Bd. 202)

Brunner, G.: Homologische Algebra. 213 S. 1973. (Wv)

Bundke, W.: 12stellige Tafel der Legendre-Polynome. 352 S. 1967. (Bd. 320)

Cartan, H.: Differentialformen. 250 S. 1974. (Wv)

Cartan, H.: Differentialrechnung. 236 S. 1974. (Wv)

Cartan, H.: Elementare Theorie der analytischen Funktionen einer oder mehrerer komplexen Veränderlichen. 236 S. mit Abb. 1966. (Bd. 112)

Degen, W./K. Böhmer: Gelöste Aufgaben zur Differential- und Integralrechnung.
Band I: Eine reelle Veränderliche. 254 S. 1971. (Bd. 762)
Band II: Mehrere reelle Veränderliche. 111 S. 1971. (Bd. 763)

Dinghas, A.: Einführung in die Cauchy-Weierstraß'sche Funktionentheorie. 114 S. 1968. (Bd. 48)

Dombrowski, P.: Differentialrechnung I und Abriß der Linearen Algebra. 271 S. mit Abb. 1970. (Bd. 743)

Elsgolc, L. E.: Variationsrechnung. 157 S. mit Abb. 1970. (Bd. 431)

Eltermann, H.: Grundlagen der praktischen Matrizenrechnung. 128 S. mit Abb. 1969. (Bd. 434)

Erwe, F.: Differential- und Integralrechnung.
Band I: Differentialrechnung. 364 S. mit Abb. 1962. (Bd. 30)
Band II: Integralrechnung. 197 S. mit Abb. 1973. (Bd. 31)

Erwe, F.: Gewöhnliche Differentialgleichungen. 152 S. mit 11 Abb. 1964. (Bd. 19)

Erwe F./E. Peschl: Partielle Differentialgleichungen erster Ordnung. 133 S. 1973. (Bd. 87)

Gericke, H.: Geschichte des Zahlbegriffs. 163 S. mit Abb. 1970. (Bd. 172)

Gericke, H.: Theorie der Verbände. 174 S. mit Abb. 1963. (Bd. 38)

Gröbner, W.: Algebraische Geometrie.
Band I: Allgemeine Theorie der kommutativen Ringe und Körper. 193 S. 1968. (Bd. 273)

Gröbner, W.: Matrizenrechnung. 276 S. mit Abb. 1966. (Bd. 103)

Gröbner, W./H. Knapp: Contributions to the Method of Lie Series. In englischer Sprache. 265 S. 1967. (Bd. 802)

Gröbner, W./P. Lesky: Mathematische Methoden der Physik.
Band I: 164 S. 1964. (Bd. 89)

Grotemeyer, K. P./E. Letzner/R. Reinhardt: Topologie. 187 S. mit Abb. 1969. (Bd. 836)

Grotemeyer, K. P./L. Tschampel: Lineare Algebra. 237 S. 1970. (Bd. 732)

Gundlach, K.-B.: Einführung in die Zahlentheorie. 311 S. 1972. (Bd. 772)

Gunning, R. C.: Vorlesungen über Riemannsche Flächen. 276 S. 1972. (Bd. 837)

Hämmerlin, G.: Numerische Mathematik.
Band I: 194 S. 1970. (Bd. 498)

Hardtwig, E.: Fehler- und Ausgleichsrechnung. 262 S. mit Abb. 1968. (Bd. 262)

Heesch, H.: Untersuchungen zum Vierfarbenproblem. 290 S. mit Abb. 1969. (Bd. 810)

Heil, E.: Differentialformen. 207 S. 1974. (Wv)

Hellwig, G.: Höhere Mathematik.
Band I/1. Teil: Zahlen, Funktionen, Differential- und Integralrechnung einer unabhängigen Variablen. 284, IX S. 1971. (Bd. 553)

Band I/2. Teil: Theorie der Konvergenz, Ergänzungen zur Integralrechnung, das Stieltjes-Integral. 137 S. 1972. (Bd. 560)

Hengst, M.: Einführung in die mathematische Statistik und ihre Anwendung. 259 S. mit Abb. 1967. (Bd. 42)

Henze, E.: Einführung in die Maßtheorie. 235 S. 1971. (Bd. 505)

Hirzebruch, F./W. Scharlau: Einführung in die Funktionalanalysis. 178 S. 1971. (Bd. 296)

Holmann, H.: Lineare und multilineare Algebra.
Band I: 212 S. 1970. (Bd. 173)

Holmann, H./H. Rummler: Alternierende Differentialformen. 257 S. 1972. (Wv)

Hoschek, J.: Liniengeometrie. VI, 263 S. mit Abb. 1971. (Bd. 733)

Hoschek, J.: Mathematische Grundlagen der Kartographie. 167 S. mit Abb. 1969. (Bd. 443)

Hoschek, J./G. Spreitzer: Aufgaben zur Darstellenden Geometrie. 229 S. mit Abb. 1974. (Wv)

Hotz, G./H. Walter: Automatentheorie und formale Sprachen I: Turingmaschinen und rekursive Funktionen. 184 S. 1968. (Bd. 821)

Hotz, G./V. Claus: Automatentheorie und formale Sprachen III: Formale Sprachen. 241 S. 1972. (Bd. 823)

Ince, E. L.: Die Integration gewöhnlicher Differentialgleichungen. 180 S. 1965. (Bd. 67)

Jordan-Engeln, G./F. Reutter: Formelsammlung zur numerischen Mathematik mit Fortran IV-Programmen. XIII, 303 S. mit Abb. 1974. (Bd. 106)

Jordan-Engeln, G./F. Reutter: Numerische Mathematik für Ingenieure. XIII, 352 S. mit Abb. 1973. (Bd. 104)

Kaiser, R./G. Gottschalk: Elementare Tests zur Beurteilung von Meßdaten. 68 S. 1972. (Bd. 774)

Kastner, G.: Einführung in die Mathematik für Naturwissenschaftler. 212 S. 1971. (Bd. 752)

Kießwetter, K.: Reelle Analysis einer Veränderlichen. Ein Lern- und Übungsbuch. 316 S. 1975. (Bd. 269)

Klingenberg, W./P. Klein: Lineare Algebra und analytische Geometrie.
Band I: Grundbegriffe, Vektorräume. XII, 288 S. 1971. (Bd. 748)
Band II: Determinanten, Matrizen, Euklidische und unitäre Vektorräume. XVIII, 404 S. 1972. (Bd. 749)

Klingenberg, W./P. Klein: Lineare Algebra und analytische Geometrie. Übungen zu Band I u. II. VIII, 172 S. 1973. (Bd. 750)

Laugwitz, D.: Ingenieurmathematik.
Band I: Zahlen, analytische Geometrie, Funktionen. 158 S. mit Abb. 1964. (Bd. 59)
Band II: Differential- und Integralrechnung. 152 S. mit Abb. 1964. (Bd. 60)
Band III: Gewöhnliche Differentialgleichungen. 141 S. 1964. (Bd. 61)
Band IV: Fourier-Reihen, verallgemeinerte Funktionen, mehrfache Integrale, Vektoranalysis, Differentialgeometrie, Matrizen, Elemente der Funktionalanalysis. 196 S. mit Abb. 1967. (Bd. 62)
Band V: Komplexe Veränderliche. 158 S. mit Abb. 1965. (Bd. 93)

Laugwitz, D./C. Schmieden: Aufgaben zur Ingenieurmathematik. 182 S. 1966. (Bd. 95)

Laugwitz, D./H.-J. Vollrath: Schulmathematik vom höheren Standpunkt.
Band I: 195 S. mit Abb. 1969. (Bd. 118)

Lebedew, N. N.: Spezielle Funktionen und ihre Anwendung. 372 S. mit Abb. 1973. (Wv)

Lighthill, M. J.: Einführung in die Theorie der Fourieranalysis und der verallgemeinerten Funktionen. 96 S. mit Abb. 1966. (Bd. 139)

Lingenberg, R.: Lineare Algebra. 161 S. mit Abb. 1969. (Bd. 828)

Lorenzen, P.: Metamathematik. 173 S. 1962. (Bd. 25)

Martensen, E.: Analysis.
Band I: Infinitesimalrechnung für Funktionen einer reellen Veränderlichen. 200 S. mit Abb. 1969. (Bd. 832)
Band II: Infinitesimalrechnung für Funktionen mehrerer reeller und einer komplexen Veränderlichen. 201 S. 1969. (Bd. 833)
Band III: Gewöhnliche Differentialgleichungen. V, 209 S. 1971. (Bd. 834)
Band V: Funktionalanalysis und Integralgleichungen. VI, 275 S. 1972. (Bd. 768)

Mell, W.-D./P. Preus/P. Sandner: Einführung in die Programmiersprache PL/I. 304 S. 1974. (Bd. 785)

Meschkowski, H.: Einführung in die moderne Mathematik. 214 S. mit Abb. 1971. (Bd. 75)

Meschkowski, H.: Grundlagen der Euklidischen Geometrie. 231 S. mit Abb. 1974. (Wv)

Meschkowski, H.: Mathematiker-Lexikon. 328 S. mit Abb. 1973. (Wv)

Meschkowski, H.: Mathematisches Begriffswörterbuch. 310 S. mit Abb. 1971. (Bd. 99)

Meschkowski, H.: Mehrsprachenwörterbuch mathematischer Begriffe. 135 S. 1972. (Wv)

Meschkowski, H.: Reihenentwicklungen in der mathematischen Physik. 151 S. mit Abb. 1963. (Bd. 51)

Meschkowski, H.: Unendliche Reihen. 160 S. mit Abb. 1962. (Bd. 35)

Meschkowski, H.: Ungelöste und unlösbare Probleme der Geometrie. Etwa 200 S. 1975. (Wv)

Meschkowski, H.: Wahrscheinlichkeitsrechnung. 233 S. mit Abb. 1968. (Bd. 285)

Meschkowski, H./I. Ahrens: Theorie der Punktmengen. 183 S. mit Abb. 1974. (Wv)

Meschkowski, H./G. Lessner: Aufgabensammlung zur Einführung in die moderne Mathematik. 136 S. mit Abb. 1969. (Bd. 263)

Mickel, K.-P.: Einführung in die Programmiersprache COBOL. 208 S. 1975. (Bd. 745)

Müller, D.: Programmierung elektronischer Rechenanlagen. 249 S. mit Abb. 1969. (Bd. 49)

Müller, K. H./I. Streker: Fortran. Programmierungsanleitung. 140 S. 1970. (Bd. 804)

Neukirch, J.: Klassenkörpertheorie. 308 S. 1970. (Bd. 713)

Noble, B.: Numerisches Rechnen.
Band I: Iteration, Programmierung und algebraische Gleichungen. 154 S. mit Abb. 1966. (Bd. 88)
Band II: Differenzen, Integration und Differentialgleichungen. 246 S. 1973. (Bd. 147)

Oberschelp, A.: Elementare Logik und Mengenlehre.
Band I: 254 S. 1974. (Bd. 407)

Patterson, E. M./D. E. Rutherford: Einführung in die abstrakte Algebra. 175 S. 1966. (Bd. 146)

Peschl, E.: Analytische Geometrie und lineare Algebra. 200 S. mit Abb. 1968. (Bd. 15)

Peschl, E.: Differentialgeometrie. 92 S. 1973. (Bd. 80)

Peschl, E.: Funktionentheorie.
Band I: 274 S. mit Abb. 1967. (Bd. 131)

Pflaumann, E./H. Unger: Funktionalanalysis.
Band I: Einführung in die Grundbegriffe in Räumen einfacher Struktur. 240 S. 1974. (Wv)
Band II: Abbildungen (Operatoren). 338 S. 1974. (Wv)

Preuß, G.: Grundbegriffe der Kategorientheorie. 105 S. 1975. (Bd. 739)

Reiffen, H.-J./G. Scheja/U. Vetter: Algebra. 272 S. mit Abb. 1969. (Bd. 110)

Reiffen, H.-J./H. W. Trapp: Einführung in die Analysis.
Band I: Mengentheoretische Topologie. IX, 320 S. 1972. (Bd. 776)
Band II: Theorie der analytischen und differenzierbaren Funktionen. 260 S. 1973. (Bd. 786)
Band III: Maß- und Integrationstheorie. 369 S. 1973. (Bd. 787)

Rohlfing, H.: SIMULA. 243 S. mit Abb. 1973. (Bd. 747)

Rottmann, K.: Mathematische Formelsammlung. 176 S. mit Abb. 1962. (Bd. 13)

Rottmann, K.: Mathematische Funktionstafeln. 208 S. 1959. (Bd. 14)

Rottmann, K.: Siebenstellige dekadische Logarithmen. 194 S. 1960. (Bd. 17)

Rottmann, K.: Siebenstellige Logarithmen der trigonometrischen Funktionen. 440 S. 1961. (Bd. 26)

Schließmann, H.: Programmierung mit PL/I. 150 S. 1975. (Bd. 740)

Schmidt, J.: Mengenlehre. Einführung in die axiomatische Mengenlehre.
Band I: 245 S. mit Abb. 1973. (Bd. 56)

Schwabhäuser, W.: Modelltheorie.
Band I: 176 S. 1971. (Bd. 813)
Band II: 123 S. 1972. (Bd. 815)

Schwartz, L.: Mathematische Methoden der Physik.
Band I: Summierbare Reihen, Lebesque-Integral, Distributionen, Faltung. 184 S. 1974. (Wv)

Schwarz, W.: Einführung in die Siebmethoden der analytischen Zahlentheorie. 215 S. 1974. (Wv)

Schwarz, W.: Einführung in Methoden und Ergebnisse der Primzahltheorie. 227 S. 1969. (Bd. 278)

Siegel, C. L.: Transzendente Zahlen. 87 S. 1967. (Bd. 137)

Sneddon, I. N.: Spezielle Funktionen der mathematischen Physik und Chemie. 166 S. mit 14 Abb. 1963. (Bd. 54)

Tamaschke, O.: Permutationsstrukturen. 276 S. 1969. (Bd. 710)

Tamaschke, O.: Projektive Geometrie.
Band II: XI, 397 S. mit Abb. 1972. (Bd. 838)

Tamaschke, O.: Schur-Ringe. 240 S. mit Abb. 1970. (Bd. 735)

Teichmann, H.: Physikalische Anwendungen der Vektor- und Tensorrechnung. 231 S. mit 64 Abb. 1968. (Bd. 39)

Tropper, A. M.: Matrizenrechnung in der Elektrotechnik. 99 S. mit Abb. 1964. (Bd. 91)

Uhde, K.: Spezielle Funktionen der mathematischen Physik.
Band I: Zylinderfunktionen. 267 S. 1964. (Bd. 55)
Band II: Elliptische Integrale, Thetafunktionen, Legendre-Polynome, Laguerresche Funktionen u. a. 211 S. 1964. (Bd. 76)

Valentine, F. A.: Konvexe Mengen. 247 S. mit Abb. 1968. (Bd. 402)

Voigt, A./J. Wloka: Hilberträume und elliptische Differentialoperatoren. 260 S. 1975. (Wv)

Volkovyskii, L. I./G. L. Lunts/I. G. Aramanovich: Aufgaben und Lösungen zur Funktionentheorie.
Band I: Komplexe Zahlen, Konforme Abbildungen, Integrale, Potenzreihen, Laurentreihen. 174 S. mit Abb. 1973. (Bd. 195)

Waerden, B. L. van der: Mathematik für Naturwissenschaftler. 280 S. mit 167 Abb. 1975. (Bd. 281)

Wagner, K.: Graphentheorie. 220 S. mit Abb. 1970. (Bd. 248)

Walter, W.: Einführung in die Potentialtheorie. 174 S. 1971. (Bd. 765)

Walter, W.: Einführung in die Theorie der Distributionen. 211 S. mit Abb. 1974. (Wv)

Weizel, R/J. Weyland: Gewöhnliche Differentialgleichungen. Formelsammlung mit Lösungsmethoden und Lösungen. 194 S. mit Abb. 1974. (Wv)

Wollny, W.: Reguläre Parkettierung der euklidischen Ebene durch unbeschränkte Bereiche. 316 S. mit Abb. 1970. (Bd. 711)

Wunderlich, W.: Darstellende Geometrie.
Band I: 187 S. mit Abb. 1966. (Bd. 96)
Band II: 234 S. mit Abb. 1967. (Bd. 133)

Mathematische Forschungsberichte Oberwolfach

Barner, M./W. Schwarz (Hrsg.): Zahlentheorie. 235 S. 1971. (M.F.O. 5).

Hasse, H./P. Roquette (Hrsg.): Algebraische Zahlentheorie. 272 S. 1966. (M.F.O. 2)

Klingenberg, W. (Hrsg.): Differentialgeometrie im Großen. 351 S. 1971. (M.F.O. 4)

Physik

Barut, A. O.: Die Theorie der Streumatrix für die Wechselwirkungen fundamentaler Teilchen.
Band I: 225 S. mit Abb. 1971. (Bd. 438)
Band II: 212 S. mit Abb. 1971. (Bd. 555)

Bensch, F./C. M. Fleck: Neutronenphysikalisches Praktikum.
Band I: Physik und Technik der Aktivierungssonden. 234 S. mit Abb. 1968. (Bd. 170)
Band II: Ausgewählte Versuche und ihre Grundlagen. 182 S. mit Abb. 1968. (Bd. 171)

Bjorken, J. D./S. D. Drell: Relativistische Quantenmechanik. 312 S. mit Abb. 1966. (Bd. 98)

Bleuler, K./H. R. Petry/D. Schütte (Hrsg.): Mesonic Effects in Nuclear Structure. 181 S. mit Abb. 1975. (Wv)

Bodenstedt, E.: Experimente der Kernphysik und ihre Deutung.
Band I: 290 S. mit Abb. 1972. (Wv)
Band II: XIV, 293 S. mit Abb. 1973. (WV)
Band III: 288 S. mit Abb. 1973. (Wv)

Borucki, H.: Einführung in die Akustik. 236 S. mit Abb. 1973. (Wv)

Chintschin, A. J.: Mathematische Grundlagen der statistischen Mechanik. 175 S. 1964. (Bd. 58)

Donner, W.: Einführung in die Theorie der Kernspektren.
Band I: Grundeigenschaften der Atomkerne, Schalenmodell, Oberflächenschwingungen und Rotationen. 197 S. mit Abb. 1971. (Bd. 473)
Band II: Erweiterung des Schalenmodells, Riesenresonanzen. 107 S. mit Abb. 1971. (Bd. 556)

Dreisvogt, H.: Spaltprodukt-Tabellen. 188 S. mit Abb. 1974. (Wv)

Eder, G.: Elektrodynamik. 273 S. mit Abb. 1967. (Bd. 233)

Eisenbud, L./E. P. Wigner: Einführung in die Kernphysik. 145 S. mit 15 Abb. 1961. (Bd. 16)

Emendörfer, D./K. H. Höcker: Theorie der Kernreaktoren.
Band I: Kernbau und Kernspaltung, Wirkungsquerschnitte, Neutronenbremsung und -thermalisierung. 232 S. mit Abb. 1969. (Bd. 411)
Band II: Neutronendiffusion (Elementare Behandlung und Transporttheorie). 147 S. mit Abb. 1970. (Bd. 412)

Feynman, R. P.: Quantenelektrodynamik. 249 S. mit Abb. 1969. (Bd. 401)

Fick, D.: Einführung in die Kernphysik mit polarisierten Teilchen. VI, 255 S. mit Abb. 1971. (Bd. 755)

Gasiorowicz, S.: Elementarteilchenphysik. 742 S. mit 119 Abb. 1975. (Wv)

Groot, S. R. de: Thermodynamik irreversibler Prozesse. 216 S. mit 4 Abb. 1960. (Bd. 18)

Groot, S. R. de/P. Mazur: Anwendung der Thermodynamik irreversibler Prozesse. 349 S. mit Abb. 1974. (Wv)

Heisenberg, W.: Physikalische Prinzipien der Quantentheorie. 117 S. mit Abb. 1958. (Bd. 1)

Henley, E. M./W. Thirring: Elementare Quantenfeldtheorie. 336 S. 1975. (Wv)

Hesse, K.: Halbleiter. Eine elementare Einführung.
Band I: 249 S. mit 116 Abb. 1974. (Bd. 788)

Huang, K.: Statistische Mechanik.
Band III: 162 S. 1965. (Bd. 70)

Hund, F.: Geschichte der physikalischen Begriffe. 410 S. 1972. (Bd. 543)

Hund, F.: Geschichte der Quantentheorie. 262 S. mit Abb. 1975. (Wv)

Hund, F.: Grundbegriffe der Physik. 234 S. mit Abb. 1969. (Bd. 449)

Källèen, G./J. Steinberger: Elementarteilchenphysik. 687 S. mit Abb. 1974. (Wv)

Kertz, W.: Einführung in die Geophysik.
Band I: Erdkörper. 232 S. mit Abb. 1969. (Bd. 275)
Band II: Obere Atmosphäre und Magnetosphäre. 210 S. mit Abb. 1971. (Bd. 535)

Kippenhahn, R./C. Möllenhoff: Elementare Plasmaphysik. 297 S. mit Abb. 1975. (Wv)

Libby, W. F./F. Johnson: Altersbestimmung mit der C^{14}-Methode. 205 S. mit Abb. 1969. (Bd. 403)

Lipkin, H. J.: Anwendung von Lieschen Gruppen in der Physik. 177 S. mit Abb. 1967. (Bd. 163)

Luchner, K.: Aufgaben und Lösungen zur Experimentalphysik.
Band I: Mechanik, geometrische Optik, Wärme. 158 S. mit Abb. 1967. (Bd. 155)
Band II: Elektromagnetische Vorgänge. 150 S. mit Abb. 1966. (Bd. 156)
Band III: Grundlagen zur Atomphysik. 125 S. mit Abb. 1973. (Bd. 157)

Lüscher, E.: Experimentalphysik.
Band I: Mechanik, geometrische Optik, Wärme.
1. Teil: 260 S. mit Abb. 1967. (Bd. 111)
Band I/2. Teil: 215 S. mit Abb. 1967. (Bd. 114)
Band II: Elektromagnetische Vorgänge. 336 S. mit Abb. 1966. (Bd. 115)
Band III: Grundlagen zur Atomphysik.
1. Teil: 177 S. mit Abb. 1970. (Bd. 116)
Band III/2. Teil: 160 S. mit Abb. 1970. (Bd. 117)

Mittelstaedt, P.: Philosophische Probleme der modernen Physik. 215 S. mit 12 Abb. 1972. (Bd. 50)

Mitter, H.: Quantentheorie. 316 S. mit Abb. 1969. (Bd. 701)

Möller, F.: Einführung in die Meteorologie.
Band I: 222 S. mit Abb. 1973. (Bd. 276)
Band II: 223 S. mit Abb. 1973. (Bd. 288)

Neuert, H.: Experimentalphysik für Mediziner, Zahnmediziner, Pharmazeuten und Biologen. 292 S. mit Abb. 1969. (Bd. 712)

Rollnik, H.: Teilchenphysik.
Band I: Grundlegende Eigenschaften von Elementarteilchen. 188 S. mit Abb. 1971. (Bd. 706)
Band II: Innere Symmetrien der Elementarteilchen. 158 S. mit Abb. z. T. farbig. 1971. (Bd. 759)

Rose, M. E.: Relativistische Elektronentheorie.
Band I: 193 S. mit Abb. 1971. (Bd. 422)
Band II: 171 S. mit Abb. 1971. (Bd. 554)

Scherrer, P./P. Stoll: Physikalische Übungsaufgaben.
Band I: Mechanik und Akustik. 96 S. mit 44 Abb. 1962. (Bd. 32)
Band II: Optik, Thermodynamik, Elektrostatik. 103 S. mit Abb. 1963. (Bd. 33)
Band III: Elektrizitätslehre, Atomphysik. 103 S. mit Abb. 1964. (Bd. 34)

Schulten, R./W. Güth: Reaktorphysik.
Band II: 164 S. mit Abb. 1962. (Bd. 11)

Schultz-Grunow, F. (Hrsg.): Elektro- und Magnetohydrodynamik. 308 S. mit Abb. 1968. (Bd. 811)

Schwartz, L.: Mathematische Methoden der Physik.
Band I: 184 S. 1974. (Wv)

Seiler, H.: Abbildungen von Oberflächen mit Elektronen, Ionen und Röntgenstrahlen. 131 S. mit Abb. 1968. (Bd. 428)

Sexl, R. U./H. K. Urbantke: Gravitationstheorie: 335 S. mit Abb. 1975. (Wv)

Streater, R. F./A. S. Wightman: Die Prinzipien der Quantenfeldtheorie. 235 S. mit Abb. 1969. (Bd. 435)

Süßmann, G.: Einführung in die Quantenmechanik.
Band I: 205 S. mit Abb. 1963. (Bd. 9)

Teichmann, H.: Einführung in die Atomphysik. 135 S. mit 47 Abb. 1966. (Bd. 12)

Teichmann, H.: Halbleiter. 156 S. mit Abb. 1969. (Bd. 21)

Wagner, C.: Methoden der naturwissenschaftlichen und technischen Forschung. 219 S. mit Abb. 1974. (Wv)

Wegener, H.: Der Mößbauer-Effekt und seine Anwendung in Physik und Chemie. 226 S. mit Abb. 1965. (Bd. 2)

Wehefritz, V.: Physikalische Fachliteratur. 171 S. 1969. (Bd. 440)

Weizel, W.: Einführung in die Physik.
Band I: Mechanik und Wärme. 174 S. mit Abb. 1963. (Bd. 3)
Band II: Elektrizität und Magnetismus. 180 S. mit Abb. 1963. (Bd. 4)
Band III: Optik und Atomphysik. 194 S. mit Abb. 1963. (Bd. 5)

Weizel, W.: Physikalische Formelsammlung.
Band II: Optik, Thermodynamik, Relativitätstheorie. 148 S. 1964. (Bd. 36)
Band III: Quantentheorie. 196 S. 1966. (Bd. 37)

Astronomie

Becker, F.: Geschichte der Astronomie. 201 S. mit Abb. 1968. (Bd. 298)

Bohrmann, A.: Bahnen künstlicher Satelliten. 163 S. mit Abb. 1966. (Bd. 40)

Giese, R.-H.: Erde, Mond und benachbarte Planeten. 250 S. mit Abb. 1969. (Bd. 705)

Schaifers, K.: Atlas zur Himmelskunde. 1969. (Bd. 308)

Scheffler, H./H. Elsässer: Physik der Sterne und der Sonne. 535 S. mit Abb. 1974. (Wv)

Schurig, R./P. Götz/K. Schaifers: Himmelsatlas (Tabulae caelestes). 8. Aufl. 1960. (Wv)

Voigt, H.-H.: Abriß der Astronomie. 556 S. mit Abb. 1975. (Wv)

Philosophie

Glaser, I.: Sprachkritische Untersuchungen zum Strafrecht am Beispiel der Zurechnungsfähigkeit. 131 S. 1970. (Bd. 516)

Kamlah, W.: Philosophische Anthropologie. Sprachkritische Grundlegung und Ethik. 192 S. 1973. (Bd. 238)

Kamlah, W.: Utopie, Eschatologie, Geschichtsteleologie. 106 S. 1969. (Bd. 461)

Kamlah, W.: Von der Sprache zur Vernunft. Philosophie und Wissenschaft in der neuzeitlichen Profanität. 230 S. 1975. (Wv)

Kamlah, W./P. Lorenzen: Logische Propädeutik. Vorschule des vernünftigen Redens. 239 S. 1973. (Bd. 227)

Leinfellner, W.: Einführung in die Erkenntnis- und Wissenschaftstheorie. 226 S. 1967. (Bd. 41)

Lorenzen, P.: Normative Logic and Ethics. 89 S. 1969. (Bd. 236)

Lorenzen, P./O. Schwemmer: Konstruktive Logik, Ethik und Wissenschaftstheorie. 256 S. mit Abb. 1975. (Bd. 700)

Mittelstaedt, P.: Philosophische Probleme der modernen Physik. 215 S. mit Abb. 1972. (Bd. 50)

Mittelstaedt, P.: Die Sprache der Physik. 139 S. 1972. (Wv)

Chemie

Cordes, J. F. (Hrsg.): Chemie und ihre Grenzgebiete. 199 S. mit Abb. 1970. (Bd. 715)

Freise, V.: Chemische Thermodynamik. 288 S. mit Abb. 1972. (Bd. 213)

Grimmer, G.: Biochemie. 376 S. mit Abb. 1969. (Bd. 187)

Kaiser, R.: Chromatographie in der Gasphase.
Band I: Gas-Chromatographie. 220 S. mit Abb. 1973. (Bd. 22)
Band II: Kapillar-Chromatographie. 346 S. mit Abb. 1975. (Bd. 23)
Band III: Tabellen.
1. Teil: 181 S. mit Abb. 1969. (Bd. 24)
Band III/2. Teil: 165 S. mit Abb. 1969. (Bd. 468)
Band IV: Quantitative Auswertung.
1. Teil: 185 S. mit Abb. 1969. (Bd. 92)
Band IV/2. Teil: 118 S. mit Abb. 1969 (Bd. 472)

Laidler, K. J.: Reaktionskinetik.
Band I: Homogene Gasreaktionen. 216 S. mit Abb. 1970. (Bd. 290)
Band II: Reaktionen in Lösung. 169 S. 1973. (Bd. 291)

Murrell, J. N.: Elektronenspektren organischer Moleküle. 359 S. mit Abb. 1967. (Bd. 250)

Preuß, H.: Quantentheoretische Chemie.
Band I: Die halbempirischen Regeln. 94 S. mit Abb. 1963. (Bd. 43)
Band II: Der Übergang zur Wellenmechanik, die allgemeinen Rechenverfahren. 238 S. mit Abb. 1965. (Bd. 44)
Band III: Wellenmechanische und methodische Ausgangspunkte. 222 S. mit Abb. 1967. (Bd. 45)

Riedel, L.: Physikalische Chemie. Eine Einführung für Ingenieure. 406 S. mit Abb. 1974. (Wv)

Schmidt, M.: Anorganische Chemie. Band I: Hauptgruppenelemente. 301 S. mit Abb. 1967. (Bd. 86)
Band II: Übergangsmetalle. 221 S. mit Abb. 1969. (Bd. 150)

Schneider, G.: Pharmazeutische Biologie. Etwa 380 S. 1975. (Wv)

Staude, H.: Photochemie. 159 S. mit 40 Abb. 1966. (Bd. 27)

Steward, F. C./A. D. Krikorian/ K.-H. Neumann: Pflanzenleben. 268 S. mit Abb. 1969. (Bd. 145)

Wagner, C.: Methoden der naturwissenschaftlichen und technischen Forschung. 219 S. mit Abb. 1974 (Wv)

Wilk, M.: Organische Chemie. 372 S. mit Abb. 1970. (Bd. 71)

Medizin

Forth, W./D. Henschler/W. Rummel (Hrsg.): Allgemeine und spezielle Pharmakologie und Toxikologie. Für Studenten der Medizin, Pharmazie, Chemie, Biologie sowie für Ärzte und Apotheker. 606 S. Über 400 meist zweifarbige Abb., sowie ca. 280 Tabellen. Format 19x27 cm. 1975. (Wv)

Das Standardwerk für den Bereich der Pharmakologie und Toxikologie. Lehrbuchmäßige Darstellung des gesamten Stoffes für Studenten der Medizin, Pharmazie, Chemie, Biologie. Geeignet zum Selbststudium, zur Vorbereitung auf Seminare, als Repetitorium – vor allem aber auch als umfassendes Handbuch und Nachschlagewerk für den praktisch tätigen Arzt, den Apotheker und für Wissenschaftler verwandter Gebiete.

Ingenieurwissenschaften

Beneking, H.: Praxis des Elektronischen Rauschens. 255 S. mit Abb. 1971. (Bd. 734)

Billet, R.: Grundlagen der thermischen Flüssigkeitszerlegung. 150 S. mit Abb. 1962. (Bd. 29)

Billet, R.: Optimierung in der Rektifiziertechnik unter besonderer Berücksichtigung der Vakuumrektifikation. 129 S. mit Abb. 1967. (Bd. 261)

Billet, R.: Trennkolonnen für die Verfahrenstechnik. 151 S. mit Abb. 1971. (Bd. 548)

Böhm, H.: Einführung in die Metallkunde. 236 S. mit Abb. 1968. (Bd. 196)

Bosse, G.: Grundlagen der Elektrotechnik.
Band I: Das elektrostatische Feld und der Gleichstrom. Unter Mitarbeit von W. Mecklenbräuker. 141 S. mit Abb. 1966. (Bd. 182)
Band II: Das magnetische Feld und die elektromagnetische Induktion. Unter Mitarbeit von G. Wiesemann. 153 S. mit Abb. 1967. (Bd. 183)
Band III: Wechselstromlehre, Vierpol- und Leitungstheorie. Unter Mitarbeit von A. Glaab. 136 S. 1969. (Bd. 184)
Band IV: Drehstrom, Ausgleichsvorgänge in linearen Netzen. Unter Mitarbeit von J. Hagenauer. 164 S. mit Abb. 1973. (Bd. 185)

Denzel, P.: Dampf- und Wasserkraftwerke. 231 S. mit Abb. 1968. (Bd. 300)

Feldtkeller, E.: Dielektrische und magnetische Materialeigenschaften.
Band I: 242 S. mit Abb. 1973. (Bd. 485)
Band II: 188 S. mit Abb. 1974. (Bd. 488)

Glaab, A./J. Hagenauer: Übungen in Grundlagen der Elektrotechnik III, IV. 228 S. mit Abb. 1973. (Bd. 780)

Großkopf, J.: Wellenausbreitung.
Band I: Grundbegriffe, die bodennahe und troposphärische Ausbreitung. 215 S. mit Abb. 1970. (Bd. 141)

Heilmann, A.: Antennen.
Band I: Einführung, lineare Strahler, Kenngrößen von Antennen. 164 S. mit Abb. 1970. (Bd. 140)
Band II: Strahlergruppen, strahlende Flächen, Strahlungskopplung. 219 S. mit Abb. 1970. (Bd. 534)
Band III: Spezielle (u. a. Linsen-, Spiegel-, Schlitz-)Antennen. 184 S. mit Abb. 1970. (Bd. 540)

Jordan-Engeln, G./F. Reutter: Numerische Mathematik für Ingenieure. XIII, 352 S. mit Abb. 1973. (Bd. 104)

Klein, W.: Vierpoltheorie. 159 S. mit Abb. 1972. (Wv)

Klingbeil, E.: Tensorrechnung für Ingenieure. 197 S. mit Abb. 1966. (Bd. 197)

MacFarlane, A. G. J.: Analyse technischer Systeme. 312 S. mit Abb. 1967. (Bd. 81)

Mahrenholtz, O.: Analogrechnen in Maschinenbau und Mechanik. 208 S. mit Abb. 1968. (Bd. 154)

Marguerre, K./H.-T. Woernle: Elastische Platten. 242 S. mit 125 Abb. 1975. (Wv)

Mesch, F. (Hrsg.): Meßtechnisches Praktikum. 224 S. mit Abb. 1970. (Bd. 736)

Pestel, E.: Technische Mechanik.
Band I: Statik. 284 S. mit Abb. 1969. (Bd. 205)
Band II: Kinematik und Kinetik.
1. Teil: 196 S. mit Abb. 1969. (Bd. 206)
Band II/2. Teil: 204 S. mit Abb. 1971. (Bd. 207)

Piefke, G.: Feldtheorie.
Band I: 265 S. mit Abb. 1971. (Bd. 771)
Band II: 231 S. mit Abb. 1973. (Bd. 773)

Prassler, H.: Energiewandler der Starkstromtechnik.
Band I: 178 S. mit Abb. 1969. (Bd. 199)

Rößger, E./K.-B. Hünermann: Einführung in die Luftverkehrspolitik. 165, LIV S. mit Abb. 1969. (Bd. 824)

Sagirow, P.: Satellitendynamik. 191 S. 1970. (Bd. 719)

Schrader, K.-H.: Die Deformationsmethode als Grundlage einer problemorientierten Sprache. 137 S. mit Abb. 1969. (Bd. 830)

Stüwe, H. P.: Einführung in die Werkstoffkunde. 192 S. mit Abb. 1969. (Bd. 467)

Stüwe, H. P./G. Vibrans: Feinstrukturuntersuchungen in der Werkstoffkunde. 138 S. mit Abb. 1974. (Wv)

Waller, H./W. Krings: Matrizenmethoden in der Maschinen- und Bauwerksdynamik. 377 S. mit 159 Abb. 1975. (Wv)

Wasserrab, Th.: Gaselektronik.
Band I: Atomtheorie. 223 S. mit Abb. 1971. (Bd. 742)
Band II: Niederdruckentladungen, Technik der Gasentladungsventile. 230 S. mit Abb. 1972. (Bd. 769)

Wiesemann, G./ W. Mecklenbräuker: Übungen in Grundlagen der Elektrotechnik.
Band I: 179 S. mit Abb. 1973. (Bd. 778)

Wolff, I.: Grundlagen und Anwendungen der Maxwellschen Theorie.
Band I: Mathematische Grundlagen, die Maxwellschen Gleichungen, Elektrostatik. 326 S. mit Abb. 1968. (Bd. 818)
Band II: Strömungsfelder, Magnetfelder, quasistationäre Felder, Wellen. 263 S. mit Abb. 1970. (Bd. 731)

Zimmermann, G./P. Marwedel: Elektrotechnische Grundlagen der Informatik I. Elektrostatik, Oszillograph, Logikschaltungen, Digitalspeicher. 204 S. 1974. (Bd. 789)

Zimmermann, G./J. Höffner: Elektrotechnische Grundlagen der Informatik II. Wechselstromlehre, Leitungen, analoge u. digitale Verarbeitung kontinuierlicher Signale. 196 S. 1974. (Bd. 790)

Literatur und Sprache

Kraft, H. (Hrsg.): Andreas Streichers Schiller-Biographie. 459 S. mit Abb. 1974. (Wv)

Storz, G.: Klassik und Romantik. 247 S. 1972. (Wv)

Trojan, F./H. Schendl: Biophonetik. 264 S. 1975. (Wv)

Geographie – Geologie – Völkerkunde

Ganssen, R.: Grundsätze der Bodenbildung. 135 S. mit Zeichnungen und einer mehrfarbigen Tafel. 1965. (Bd. 327)

Gierloff-Emden, H.-G./ H. Schroeder-Lanz: Luftbildauswertung.
Band I: Grundlagen. 154 S. mit Abb. 1970. (Bd. 358)
Band II: Optische Begriffe. 157 S. mit Abb. 1970. (Bd. 367)

Henningsen, D.: Paläogeographische Ausdeutung vorzeitlicher Ablagerungen. 170 S. mit Abb. 1969. (Bd. 839)

Kertz, W.: Einführung in die Geophysik.
Band I: Erdkörper. 232 S. mit Abb. 1969. (Bd. 275)
Band II: Obere Atmosphäre und Magnetosphäre. 210 S. mit Abb. 1971. (Bd. 535)

Lindig, W.: Vorgeschichte Nordamerikas. 399 S. mit Abb. 1973. (Wv)

Möller, F.: Einführung in die Meteorologie.
Band I: Meteorologische Elementarphänomene. 222 S. mit Abb. und 6 Farbtafeln. 1973. (Bd. 276)
Band II: Komplexe meteorologische Phänomene. 223 S. mit Abb. 1973. (Bd. 288)

Schaarschmidt, F.: Paläobotanik.
Band I: 121 S. mit Abb. und Farbtafeln. 1968. (Bd. 357)
Band II: 102 S. mit Abb. und Farbtafeln. 1968. (Bd. 359)

Schmithüsen, J.: Geschichte der Geographischen Wissenschaft von den ersten Anfängen bis zum Ende des 18. Jahrhunderts. 190 S. 1970. (Bd. 363)

Schwidetzky, I.: Grundlagen der Rassensystematik. 180 S. mit Abb. 1974. (Wv)

Wunderlich, H.-G.: Bau der Erde. Geologie der Kontinente und Meere.
Band I: Afrika, Amerika, Europa. 151 S., Tabellen und farbige Abb. 1973. (Wv)
Band II: Asien, Australien, Geologie der Ozeane. 164 S., Tabellen und 16 S. farbige Abb. 1975. (Wv)

Wunderlich, H.-G.: Einführung in die Geologie.
Band I: Exogene Dynamik. 214 S. mit Abb. und farbigen Bildern. 1968. (Bd. 340)
Band II: Endogene Dynamik. 231 S. mit Abb. und farbigen Bildern. 1968. (Bd. 341)

B. I.-Hochschulatlanten

Dietrich, G./J. Ulrich (Hrsg.): Atlas zur Ozeanographie. 1968 (Bd. 307)

Ganssen, R./F. Hädrich (Hrsg.): Atlas zur Bodenkunde. 1965 (Bd. 301)

Schaifers, K. (Hrsg.): Atlas zur Himmelskunde. 1969 (Bd. 308)

Schmithüsen, J./R. Hegner (Hrsg.): Atlas zur Biogeographie. 1975. (Bd. 303)

Wagner, K. (Hrsg.): Atlas zur Physischen Geographie (Orographie). 1971. (Bd. 304)

Reihe: Methoden und Verfahren der mathematischen Physik

Herausgegeben von Prof. Dr. Bruno Brosowski, Universität Göttingen, und Prof. Dr. Erich Martensen, Universität Karlsruhe.

Diese Reihe bringt Originalarbeiten aus dem Gebiet der angewandten Mathematik und der mathematischen Physik für Mathematiker, Physiker und Ingenieure.

Band 1: 183 S. mit Abb. 1969. (Bd. 720)
Band 2: 179 S. mit Abb. 1970. (Bd. 721)
Band 3: 176 S. mit Abb. 1970. (Bd. 722)
Band 4: 177 S. 1971. (Bd. 723)
Band 5: 199 S. 1971. (Bd. 724)
Band 6: 163 S. 1972. (Bd. 725)
Band 7: 176 S. 1972. (Bd. 726)
Band 8: 222 S. mit Abb. 1973. (Wv)
Band 9: 201 S. mit Abb. 1973. (Wv)
Band 10: 184 S. 1973. (Wv)
Band 11: 190 S. mit Abb. 1974. (Wv)
Band 12: 214 S. mit Abb. 1975. Mathematical Geodesy, Part 1. (Wv)
Band 13: 206 S. mit Abb. 1975. Mathematical Geodesy, Part 2. (Wv)
Band 14: 176 S. mit Abb. 1975. Mathematical Geodesy, Part 3. (Wv)

Reihe: Jahrbuch Überblicke Mathematik

Herausgegeben von Prof. Dr. Benno Fuchssteiner, Gesamthochschule Paderborn, Prof. Dr. Ulrich Kulisch, Universität Karlsruhe, Prof. Dr. Detlef Laugwitz, Techn. Hochschule Darmstadt, Prof. Dr. Roman Liedl, Universität Innsbruck.

Das Jahrbuch Überblicke Mathematik bringt Informationen über die aktuellen wissenschaftlichen, wissenschaftsgeschichtlichen und didaktischen Fragen der Mathematik. Es wendet sich an Mathematiker, die nach abgeschlossenem Studium in der Forschung, in der Lehre des Sekundar- und Tertiärbereiches und in der Industrie tätig sind und die den Kontakt zur neueren Entwicklung halten wollen.

Jahrbuch Überblicke Mathematik 1975. 181 S. mit Abb. 1975. (Wv)

Reihe: Überblicke Mathematik

Herausgegeben von Prof. Dr. Detlef Laugwitz, Techn. Hochschule Darmstadt.

Diese Reihe bringt kurze und klare Übersichten über neuere Entwicklungen der Mathematik und ihrer Randgebiete für Nicht-Spezialisten; seit 1975 erscheint an Stelle dieser Reihe das neu konzipierte „Jahrbuch Überblicke Mathematik"

Band 1: 213 S. mit Abb. 1968. (Bd. 161)
Band 2: 210 S. mit Abb. 1969. (Bd. 232)
Band 3: 157 S. mit Abb. 1970. (Bd. 247)
Band 4: 123 S. 1972 (Wv)
Band 5: 186 S. 1972 (Wv)
Band 6: 242 S. mit Abb. 1973. (Wv)
Band 7: 265, II S. mit Abb. 1974. (Wv)

Reihe: Mathematik für Physiker

Herausgegeben von Prof. Dr. Detlef Laugwitz, Techn. Hochschule Darmstadt, Prof. Dr. Peter Mittelstaedt, Universität Köln, Prof. Dr. Horst Rollnik, Universität Bonn, Prof. Dr. Georg Süßmann, Universität München.

Diese Reihe ist in erster Linie für Leser bestimmt, denen die Beschäftigung mit der Mathematik nicht Selbstzweck ist. Besonderer Wert wird darauf gelegt, mit Beispielen und Motivationen den speziellen Anforderungen der Physiker zu genügen.

Band 1: Meschkowski, H., Zahlen. 174 S. mit Abb. 1970. (Wv)

Band 2: Meschkowski, H., Funktionen. 179 S. mit Abb. 1970. (Wv)

Band 3: Meschkowski, H., Elementare Wahrscheinlichkeitsrechnung und Statistik. 188 S. 1972. (Wv)

Band 4: Lingenberg, R., Lineare Algebra. 235 S. 1975. (Wv)

Band 9: Fuchssteiner, B./ D. Laugwitz, Funktionalanalysis. 219 S. 1974. (Wv)

Reihe: Informatik

Herausgegeben von Prof. Dr. Karl Heinz Böhling, Universität Bonn, Prof. Dr. Ulrich Kulisch und Prof. Dr. Hermann Maurer, Universität Karlsruhe.

Diese Reihe enthält einführende Darstellungen zu verschiedenen Teildisziplinen der Informatik. Sie ist hervorgegangen aus der Zusammenlegung der Reihen „Skripten zur Informatik" (Hrsg. K. H. Böhling) und „Informatik" (Hrsg. U. Kulisch).

Band 1: Maurer, H., Theoretische Grundlagen der Programmiersprachen. Theorie der Syntax. 254 S. 1969. (Bd. 404)

Band 2: Heinhold, J./U. Kulisch, Analogrechnen. 242 S. mit Abb. 1969. (Bd. 168)

Band 4: Böhling, K. H./D. Schütt, Endliche Automaten.
Teil II: 104 S. 1970. (Bd. 704)

Band 5: Brauer, W./K. Indermark, Algorithmen, rekursive Funktionen und formale Sprachen. 115 S. 1968. (Bd. 817)

Band 6: Heyderhoff, P./ Th. Hildebrand, Informationsstrukturen. Eine Einführung in die Informatik. 218 S. 1973. (Wv)

Band 7: Kameda, T./K. Weihrauch, Einführung in die Codierungstheorie.
Teil I: 218 S. 1973. (Wv)

Band 8: Reusch, B., Lineare Automaten. 149 S. mit Abb. 1969. (Bd. 708)

Band 9: Henrici, P., Elemente der numerischen Analysis.
Teil I: Auflösung von Gleichungen. 227 S. 1972. (Bd. 551)
Teil II: Interpolation und Approximation, praktisches Rechnen. IX, 195 S. 1972. (Bd. 562)

Band 10: Böhling, K. H./G. Dittrich, Endliche stochastische Automaten. 138 S. 1972. (Bd. 766)

Band 11: Seegmüller, G., Einführung in die Systemprogrammierung. 480 S. mit Abb. 1974. (Wv)

Band 12: Alefeld, G./J. Herzberger, Einführung in die Intervallrechnung. XIII, 398 S. mit Abb. 1974. (Wv)

Band 14: Böhling, K. H./B. v. Braunmühl, Komplexität bei Turingmaschinen. 324 S. mit Abb. 1974. (Wv)

Band 15: Peters, F. E., Einführung in mathematische Methoden der Informatik. 348 S. 1974. (Wv)

Band 16: Wedekind, H., Datenbanksysteme I. 227 S. mit Abb. 1975. (Wv)

Band 17: Holler, E./O. Drobnik, Rechnernetze. 195 S. mit Abb. 1975. (Wv)

Reihe: Mathematik für Wirtschaftswissenschaftler

Herausgegeben von Prof. Dr. Martin Rutsch, Universität Karlsruhe.

Diese im Aufbau befindliche Reihe bringt Einführungen, die nach Konzeption, Themenauswahl, Darstellungsweise und Wahl der Beispiele auf die Bedürfnisse von Studenten der Wirtschaftswissenschaften zugeschnitten sind.

Band 1: Rutsch, M., Wahrscheinlichkeit.
Teil I: 350 S. mit Abb. 1974. (Wv)

Band 3: Rutsch, M./K.-H. Schriever, Aufgaben zur Wahrscheinlichkeit.
267 S. mit Abb. 1974. (Wv)

Reihe: Theoretische und experimentelle Methoden der Regelungstechnik

Herausgegeben von Gerhard Preßler, Hartmann & Braun, Frankfurt.

Die Reihe wendet sich an Studenten und praktizierende Ingenieure, die mit der Entwicklung in diesem Gebiet der technischen Wissenschaften Schritt halten wollen.

Isermann, R.: Experimentelle Analyse der Dynamik von Regelsystemen (Identifikation I). 276 S. mit Abb. 1971. (Bd. 515)

Isermann, R.: Theoretische Analyse der Dynamik industrieller Prozesse (Identifikation II).
Teil I: 122 S. mit Abb. 1971. (Bd. 764)

Klefenz, G.: Die Regelung von Dampfkraftwerken. 229 S. mit Abb. 1975. (Wv)

Preßler, G.: Regelungstechnik.
348 S. mit Abb. 1967. (Bd. 63)

Schlitt, H./F. Dittrich: Statistische Methoden der Regelungstechnik.
169 S. 1972. (Bd. 526)

Starkermann, R.: Die harmonische Linearisierung.
Band I: 201 S. mit Abb. 1970. (Bd. 469)
Band II: 83 S. mit Abb. 1970. (Bd. 470)

Starkermann, R.: Mehrgrößen-Regelsysteme.
Band I: 173 S. mit Abb. 1974. (Wv)